高等职业教育系列教材

JavaScript 程序设计教程

张兵义　朱　立　朱　清　主编

机 械 工 业 出 版 社

本书系统全面地介绍了 JavaScript 网站开发所涉及的各类知识，共 11 章，主要内容包括：Web 前端设计基础知识、JavaScript 语言基础、JavaScript 面向对象程序设计、BOM 和 DOM 编程、JavaScript 网页特效、JavaScript 在 HTML5 中的应用、jQuery 基础、jQuery 选择器、jQuery 的常用操作、jQuery 的事件处理和美肤堂综合案例网站。

本书内容全面，实例丰富，通俗易懂，所有例题、习题均采用案例驱动的讲述方式，通过大量实例深入浅出、循序渐进地引导读者学习。

本书内容紧扣国家对高校培养高级应用型、复合型人才的技能水平和知识结构的要求，以美肤堂网站的开发思路为主线，采用模块分解、任务驱动、子任务实现和代码设计 4 层结构，通过对模块中每个任务相应知识点的讲解，引导读者学习网页制作、设计、规划的基本知识以及项目开发、测试的完整流程。

本书不仅可以作为高等院校、职业院校计算机及相关专业课程的教材，也可作为网站建设、相关软件开发人员和计算机爱好者的参考书。

本书配有授课电子课件，需要的教师可登录 www.cmpedu.com 免费注册、审核通过后下载，或联系编辑索取（QQ：1239258369，电话：010-88379739）。

图书在版编目(CIP)数据

JavaScript 程序设计教程 / 张兵义，朱立，朱清主编．—北京：机械工业出版社，2018.6（2023.7 重印）
高等职业教育系列教材
ISBN 978-7-111-60114-2

Ⅰ. ①J… Ⅱ. ①张… ②朱… ③朱… Ⅲ. ①Java 语言-程序设计-高等学校-教材 Ⅳ. ①TP312.8

中国版本图书馆 CIP 数据核字(2018)第 115529 号

机械工业出版社(北京市百万庄大街 22 号 邮政编码 100037)
策划编辑：鹿 征　　责任编辑：王海霞
责任校对：张艳霞　　责任印制：单爱军

北京虎彩文化传播有限公司印刷

2023 年 7 月第 1 版・第 5 次印刷
184mm×260mm・17.5 印张・427 千字
标准书号：ISBN 978-7-111-60114-2
定价：49.80 元

电话服务
客服电话：010-88361066
010-88379833
010-68326294

网络服务
机 工 官 网：www.cmpbook.com
机 工 官 博：weibo.com/cmp1952
金 书 网：www.golden-book.com
机工教育服务网：www.cmpedu.com

高等职业教育系列教材
计算机专业编委会成员名单

出版说明

《国家职业教育改革实施方案》（又称“职教20条”）指出：到2022年，职业院校教学条件基本达标，一大批普通本科高等学校向应用型转变，建设50所高水平高等职业学校和150个骨干专业（群）；建成覆盖大部分行业领域、具有国际先进水平的中国职业教育标准体系；从2019年开始，在职业院校、应用型本科高校启动“学历证书+若干职业技能等级证书”制度试点（即1+X证书制度试点）工作。在此背景下，机械工业出版社组织国内80余所职业院校（其中大部分院校入选“双高”计划）的院校领导和骨干教师展开专业和课程建设研讨，以适应新时代职业教育发展要求和教学需求为目标，规划并出版了“高等职业教育系列教材”丛书。

该系列教材以岗位需求为导向，涵盖计算机、电子、自动化和机电等专业，由院校和企业合作开发，多由具有丰富教学经验和实践经验的“双师型”教师编写，并邀请专家审定大纲和审读书稿，致力于打造充分适应新时代职业教育教学模式、满足职业院校教学改革和专业建设需求、体现工学结合特点的精品化教材。

归纳起来，本系列教材具有以下特点：

1）充分体现规划性和系统性。系列教材由机械工业出版社发起，定期组织相关领域专家、院校领导、骨干教师和企业代表召开编委会年会和专业研讨会，在研究专业和课程建设的基础上，规划教材选题，审定教材大纲，组织人员编写，并经专家审核后出版。整个教材开发过程以质量为先，严谨高效，为建立高质量、高水平的专业教材体系奠定了基础。

2）工学结合，围绕学生职业技能设计教材内容和编写形式。基础课程教材在保持扎实理论基础的同时，增加实训、习题、知识拓展以及立体化配套资源；专业课程教材突出理论和实践相统一，注重以企业真实生产项目、典型工作任务、案例等为载体组织教学单元，采用项目导向、任务驱动等编写模式，强调实践性。

3）教材内容科学先进，教材编排展现力强。系列教材紧随技术和经济的发展而更新，及时将新知识、新技术、新工艺和新案例等引入教材；同时注重吸收最新的教学理念，并积极支持新专业的教材建设。教材编排注重图、文、表并茂，生动活泼，形式新颖；名称、名词、术语等均符合国家有关技术质量标准和规范。

4）注重立体化资源建设。系列教材针对部分课程特点，力求通过随书二维码等形式，将教学视频、仿真动画、案例拓展、习题试卷及解答等教学资源融入到教材中，使学生学习课上课下相结合，为高素质技能型人才的培养提供更多的教学手段。

由于我国高等职业教育改革和发展的速度很快，加之我们的水平和经验有限，因此在教材的编写和出版过程中难免出现疏漏。恳请使用本系列教材的师生及时向我们反馈相关信息，以利于我们今后不断提高教材的出版质量，为广大师生提供更多、更适用的教材。

机械工业出版社

前　言

Web前端技术发展迅速，日新月异，如何开发Web应用程序，设计精美、独特的网页已经成为当前的热门技术之一。许多高校的相关专业都开设了网页制作及程序开发类课程。党的二十大报告指出，加快建设国家战略人才力量，努力培养造就更多大师、战略科学家、一流科技领军人才和创新团队、青年科技人才、卓越工程师、大国工匠、高技能人才。为适应现代技术的飞速发展，培养出技术能力强、能快速适应网站开发行业需求的高级技能型人才，帮助众多喜爱网站开发的人员提高网站的设计及编码水平，作者结合自己多年从事教学工作和Web应用开发的实践经验，按照教学规律精心编写了本书。

HTML5、CSS3和JavaScript三者共同使用可以使网页包含更多活跃的元素和更加精彩的内容。在Web应用程序中，大多数网页是由HTML语言设计的。在HTML语言中可以嵌入JavaScript语言，为HTML网页添加动态交互功能。而jQuery是一套轻量级的JavaScript脚本库，它是目前最热门的Web前端开发技术之一。jQuery的语法很简单，它的核心理念是“write less, do more”（少写多做）。与其他语言相比，实现同样的功能时，使用jQuery需要编写的代码更少。目前，很多高校的计算机专业和IT培训班都将JavaScript+jQuery作为教学内容之一，这对培养学生的计算机应用能力具有非常重要的意义。

本书以实际网站中流行的网页特效为载体，强化Web前端工程师所需要掌握的技能，提升动手能力，是一本应用当前流行前端技术实现客户端特效的实用教程。在任务驱动学习的具体实施中，以网站建设和网页设计为中心，以实例为引导，把介绍知识与实例设计、制作、分析融于一体，自始至终贯穿于本书之中。在实例的设计、制作过程中，把知识点融于实例之中，使读者能够快速掌握概念和操作方法。本书的主要特色是基于Web标准，所有案例都通过了W3C标准检验。本书通过一个完整的美肤堂化妆品网站的讲解，将相关知识点分解到实例网站的具体制作环节中，针对性强；同时提供了许多案例，具有可操作性；语言通俗易懂，简单明了，读者能够轻松地掌握有关知识。本书充分考虑学生认知规律，化解知识难点，知识结构安排合理，循序渐进，适合教师教学与学生自学。

本书系统全面地介绍了JavaScript网站开发所涉及的各类知识，共11章，主要内容包括：Web前端设计基础知识、JavaScript语言基础、JavaScript面向对象程序设计、BOM和DOM编程、JavaScript网页特效、JavaScript在HTML5中的应用、jQuery基础、jQuery选择器、jQuery的常用操作、jQuery的事件处理和美肤堂综合案例网站。

本书以美肤堂化妆品网站的设计与制作为讲解主线，围绕网站栏目的设计，全面系统地介绍了网页制作、设计、规划的基本知识以及网站开发的完整流程。考虑到网页制作较强的实践性，本书配备大量的页面例题和丰富的运行效果图，能够有效地帮助读者理解所学习的理论知识，系统全面地掌握网页制作技术。本书所有例题、习题均采用案例驱动的讲述方式，通过大量实例深入浅出、循序渐进地引导读者学习。本书在每章之后附有大量的实践操作习题，并在教学课件中给出习题答案，供读者在课外巩固所学的内容。

本书条理清晰、内容完整、实例丰富、图文并茂、系统性强，不仅可以作为高等院校、职业院校计算机及相关专业课程的教材，也可作为网站建设、相关软件开发人员和计算机爱好者的参考书。

本书由张兵义、朱立、朱清主编，张兵义编写第 1、2、5 章，朱立编写第 3、4 章，朱清编写第 6、10 章，吕振雷编写第 7、8 章，王淑英编写第 9 章，第 11、12 章及教学资源的制作、资源的整理由马海洲、莫丽娟、高欣、殷莺、刘瑞新、刘克纯、彭春芳、刘大学、庄建新、缪丽丽、王金彪、孙明建、骆秋容、崔瑛瑛、孙洪玲、李索、翟丽娟、刘大莲、徐云林、韩建敏、庄恒、李建彬、刘有荣、李刚、徐维维、杨丽香、杨占银负责完成。全书由刘瑞新教授主审。参加编写的大部分人员都是具有多年计算机教学与培训经验的教师。限于作者水平，书中难免有不足之处，恳请读者提出宝贵意见和建议。

编　者

目　录

第1章 Web前端设计基础知识

Web前端开发是从网页制作演变而来的。在Web 1.0时代，网站的主要内容都是静态的，那时并没有Web前端开发技术的说法，Web前端开发的所有工作就是网页制作。随着Web 2.0和Web 3.0时代的先后到来，静态网页设计已经不是Web前端开发工程师的主要工作了，使用JavaScript和jQuery程序开发动态网页已经是Web前端开发的重要组成部分。为了使读者了解阅读本书的背景和意义，本章首先介绍Web前端开发技术的基本情况。

1.1 Web标准

大多数网页设计人员都有这样的体验，每次主流浏览器版本的升级，都会使之前建立的网站变得过时，此时就需要升级或者重建网站。同样，每当新的网络技术和交互设备出现，设计人员也需要制作一个新版本来支持这种新技术或新设备。

解决这些问题的方法就是建立一种普遍认同的标准来结束这种无序和混乱，在W3C（W3C.org）的组织下，Web标准开始建立（以2000年10月6日发布XML 1.0为标志），并在网站标准组织（WebStandards.org）的督促下推广执行。

1.1.1 什么是Web标准

Web标准不是某一种标准，而是一系列标准的集合。网页主要由3部分组成：结构（Structure）、表现（Presentation）和行为（Behavior）。对应的标准也分为3类：结构化标准语言主要包括XHTML和XML，表现标准语言主要为CSS，行为标准主要包括对象模型W3C DOM、ECMAScript等。这些标准大部分由W3C起草和发布，也有一些是其他标准组织制定的标准，如ECMA（European Computer Manufacturers Association）的ECMAScript标准。

1. 结构化标准语言

（1）HTML

HTML是HyperText Markup Language的缩写，中文通常称为超文本标记语言，来源于标准通用置标语言（SGML），它是Internet上用于编写网页的主要语言。

（2）XML

XML是The eXtensible Markup Language（可扩展置标语言）的缩写。目前推荐遵循的标准是W3C于2000年10月6日发布的XML 1.0。和HTML一样，XML同样来源于SGML，但XML是一种能定义其他语言的语言。XML最初设计的目的是弥补HTML的不足，以强大的扩展性满足网络信息发布的需要，后来逐渐用于网络数据的转换和描述。

（3）XHTML

XHTML是The eXtensible HyperText Markup Language（可扩展超文本置标语言）的缩写。XHTML 1.0在2000年1月26日成为W3C的推荐标准。XML虽然数据转换能力强大，完全可以替代 HTML，但面对成千上万已有的站点，直接采用 XML 还为时过早。因此，在 HTML 4.0 的基础上，用 XML 的规则对其进行扩展，得到了 XHTML。

2. 表现标准语言

CSS 是 Cascading Style Sheets（层叠样式表）的缩写。W3C 创建 CSS 标准的目的是以 CSS 取代 HTML 表格式布局、帧和其他表现的语言。纯 CSS 布局与结构式 HTML 相结合能帮助设计师分离外观与结构，使站点的访问及维护更加容易。

3. 行为标准

（1）DOM

DOM 是 Document Object Model（文档对象模型）的缩写。根据 W3C DOM 规范，DOM 是一种与浏览器、平台和语言相关的接口，通过 DOM 用户可以访问页面其他的标准组件。简单理解，DOM 解决了 Netscape 的 JavaScript 和 Microsoft 的 JScript 之间的冲突，给予 Web 设计师和开发者一个标准的方法，来解决站点中的数据、脚本和表现层对象的访问问题。

（2）ECMAScript

ECMAScript 是 ECMA（European Computer Manufacturers Association）制定的标准脚本语言（JavaScript）。目前，推荐遵循的标准是 ECMAScript 262。

1.1.2 建立 Web 标准的优点

对于网站设计和开发人员来说，遵循网站标准就是建立和使用 Web 标准。建立 Web 标准的优点如下：

- 提供最大利益给最多的网站用户。
- 确保任何网站文档都能够长期有效。
- 简化代码，降低建设成本。
- 让网站更容易使用，能适应更多不同用户和更多网络设备。
- 当浏览器版本更新或者出现新的网络交互设备时，确保所有应用能够继续正确执行。

1.1.3 理解表现和结构相分离

了解了 Web 标准之后，本节将介绍如何理解表现和结构相分离，在此以一个实例来详细说明。首先必须先明白一些基本的概念：内容、结构、表现和行为。

1. 内容

内容就是页面实际要传达的真正信息，包含数据、文档或图片等。注意这里强调的“真正”，是指纯粹的数据信息本身，不包含任何辅助信息，如图 1-1 所示的诗歌页面等。

登鹳雀楼 作者：王之涣 白日依山尽，黄河入海流。欲穷千里目，更上一层楼。

图 1-1 诗歌的内容

2. 结构

上图显示的文本信息本身已经完整，但是混乱一团，难以阅读和理解，必须将其格式化一下。把其分成标题、作者、段落和列表等，如图 1-2 所示。

3. 表现

虽然定义了结构，但是内容还是原来的样式没有改变，例如标题字体没有变大，正文的颜色也没有变化，没有背景，没有修饰等。所有这些用来改变内容外观的东西，称为“表现”。对文本用表现处理过后的效果如图 1-3 所示。

登鹳雀楼
作者：王之涣
•白日依山尽，
•黄河入海流。
•欲穷千里目，
•更上一层楼。

图 1-2　诗歌的结构

图 1-3　诗歌的表现

4. 行为

行为是对内容的交互及操作效果。例如，使用 JavaScript 可以使内容动起来，可以判断一些表单提交，进行相应的操作。

所有 HTML 页面都由结构、表现和行为 3 个方面内容组成。内容是基础层，然后是附加上的结构层和表现层，最后再对这 3 个层做点“行为”。

1.2　Web 前端开发实用技术概述

1.2.1　什么是 Web 前端开发

Web 前端开发是近几年才真正开始受到重视的一个新兴领域，所谓 Web 前端开发，从字面理解，就是设计前端用户浏览的界面。Web 前端开发工程师的前身就是美工，在 Web 1.0 时代，网站多由 HTML 文件组成，Web 前端开发工程师的主要工作就是设计静态网页，他们使用的工具多为 Dreamweaver 和 Photoshop。随着 Web 2.0 和 Web 3.0 时代的相继到来，静态网页设计已经不是 Web 前端开发工程师的主要工作了。Web 应用程序越来越向桌面软件靠拢，使用 JavaScript 和 jQuery 程序开发动态网页已经是 Web 前端开发的重要组成部分。

1.2.2　Web 前端开发的任务

Web 前端主要是通过 HTML、CSS、JavaScript、jQuery、DOM 等前端技术，实现网站在客户端的正确显示与交互功能，其主要任务是设计网页的架构、显示风格、特效和一些客户端功能。通常由美工设计网页中需要使用的图片和 Flash 等资源，再使用 Dreamweaver 设计网页的界面，包括网页的基本框架和网页中的静态元素，例如表格、静态图像和静态文本等，然后使用 JavaScript 和 jQuery 程序实现网页特效和客户端功能。

随着 HTML5、CSS3 和 jQuery 时代的到来，Web 前端的应用功能将会更加灵活。

1.3　HTML5 简介

HTML 是制作网页的基础语言，是初学者必学的内容。虽然现在有许多所见即所得的网页制作工具（如 Dreamweaver、FrontPage 等），但是这些工具生成的代码仍然是以 HTML 为基础的，学习 HTML 代码对设计网页非常重要。

1.3.1 HTML 的发展历史

HTML 最早源于 SGML（Standard General Markup Language，标准通用化标记语言），它由 Web 的发明者 Tim Berners-Lee 和其同事 Daniel W. Connolly 于 1990 年创立。在互联网发展的初期，互联网由于没有一种网页技术呈现的标准，所以多家软件公司就合力打造了 HTML 标准，其中最著名的就是 HTML4，这是一个具有跨时代意义的标准。HTML4 依然有缺陷和不足，人们仍在不断地改进它，使它更加具有可控制性和弹性，以适应网络上的应用需求。2000 年，W3C 组织公布发行了 XHTML 1.0 版本。

XHTML 1.0 是一种在 HTML4 基础上优化和改进的新语言，目的是基于 XML 应用，它的可扩展性和灵活性将适应未来网络应用更多的需求。不过 XHTML 并没有成功，大多数的浏览器厂商认为 XHTML 作为一个过渡化的标准并没有太大必要，所以 XHTML 并没有成为主流，而 HTML5 便因此孕育而生。

HTML5 的前身名为 Web Applications 1.0，由 WHATWG 在 2004 年提出，于 2007 年被 W3C 接纳。W3C 随即成立了新的 HTML 工作团队，团队包括 AOL、Apple、Google、IBM、Microsoft、Mozilla、Nokia、Opera 以及数百个其他的开发商。这个团队于 2009 年公布了第一份 HTML5 正式草案，HTML5 将成为 HTML 和 HTMLDOM 的新标准。2012 年 12 月 17 日，W3C 宣布凝结了大量网络工作者心血的 HTML5 规范正式定稿，确定了 HTML5 在 Web 网络平台奠基石的地位。

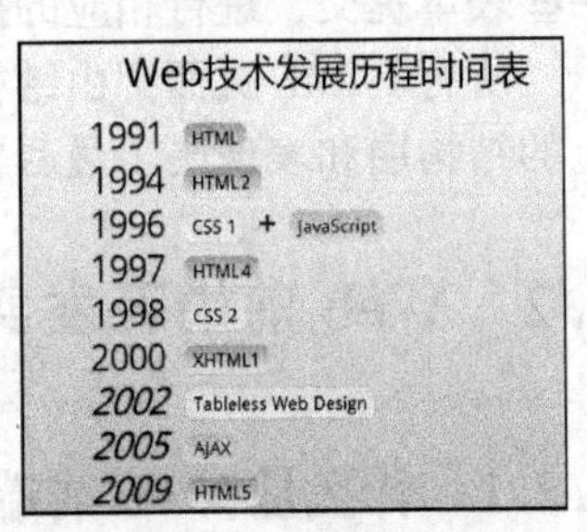

图 1-4 Web 技术发展历程时间表

Web 技术发展历程时间表如图 1-4 所示。

1.3.2 HTML5 的特性

HTML4 主要用于在浏览器中呈现富文本内容和实现超链接，HTML5 继承了这些特点，但更侧重于在浏览器中实现 Web 应用程序。对于网页的制作，HTML5 主要有两方面的改动，即实现 Web 应用程序和用于更好地呈现内容。

（1）实现 Web 应用程序

HTML5 引入新的功能，以帮助 Web 应用程序的创建者更好地在浏览器中创建富媒体应用程序，这是当前 Web 应用的热点。多媒体应用程序目前主要由 Ajax 和 Flash 来实现，HTML5 的出现增强了这种应用。HTML5 用于实现 Web 应用程序的功能如下：

① 绘画的 Canvas 元素，该元素就像在浏览器中嵌入一块画布，程序可以在画布上绘画。

② 更好的用户交互操作，包括拖放、内容可编辑等。

③ 扩展的 HTMLDOM API（Application Programming Interface，应用程序编程接口）。

④ 本地离线存储。

⑤ Web SQL 数据库。

⑥ 离线网络应用程序。

⑦ 跨文档消息。

⑧ Web Workers 优化 JavaScript 执行。

（2）更好地呈现内容

基于 Web 表现的需要，HTML5 引入了更好地呈现内容的元素，主要有以下几项：

① 用于视频、音频播放的 video 元素和 audio 元素。

② 用于文档结构的 article、footer、header、nav、section 等元素。

③ 功能强大的表单控件。

1.3.3 HTML5 元素

根据内容类型的不同，可以将 HTML5 的标签元素分为 7 类，见表 1-1。

表 1-1 HTML5 的内容类型

内容类型	描　述
内嵌	向文档中添加其他类型的内容，如 audio、video、canvas 和 iframe 等
流	在文档和应用的 body 中使用的元素，如 form、h1 和 small 等
标题	段落标题，如 h1、h2 和 hgroup 等
交互	与用户交互的内容，如音频和视频的控件、button 和 textarea 等
元数据	通常出现在页面的 head 中，设置页面其他部分的表现和行为，如 script、style 和 title 等
短语	文本和文本标签元素，如 mark、kbd、sub 和 sup 等
片段	用于定义页面片段的元素，如 article、aside 和 title 等

其中的一些元素如 canvas、audio 和 video，在使用时往往需要其他 API 来配合，以实现细粒度控制，但它们同样可以直接使用。

1.3.4 HTML5 的基本结构与编写规范

每个网页都有其基本的结构，包括 HTML 的语法结构、文档结构、标签的格式以及代码的编写规范等。

1. HTML5 语法结构

（1）标签

HTML 文档由标签和被标签的内容组成。标签能产生所需要的各种效果，其功能类似于一个排版软件，将网页的内容排成理想的效果。标签（tag）是用一对尖括号“<”和“>”括起来的单词或单词缩写，各种标签的效果差别很大，但总的表示形式却大同小异，大多数都成对出现。在 HTML 中，通常标签都是由开始标签和结束标签组成的，开始标签用“<标签>”表示，结束标签用“</标签>”表示。其格式为：

```
<标签> 受标签影响的内容 </标签>
```

例如，一级标题标签<h1>表示为：

```
<h1>学习 JavaScript</h1>
```

需要注意以下两点。

① 每个标签都要用“<”和“>”括起来，如<p>，<table>，以表示这是 HTML 代码而

非普通文本。注意，“<”“>”与标签名之间不能留有空格或其他字符。

② 在标签名前加上符号“/”便是其结束标签，表示该标签内容的结束，如</h1>。标签也有不用</标签>结尾的，称为单标签。例如，换行标签
。

(2) 属性

标签仅仅规定这是什么信息，但是要想显示或控制这些信息，就需要在标签后面加上相关的属性。标签通过属性来制作出各种效果，通常都是以“属性名="值"”的形式来表示，用空格隔开后，还可以指定多个属性，并且在指定多个属性时不用区分顺序。其格式为：

```
<标签  属性1="属性值1"  属性2="属性值2" …> 受标签影响的内容 </标签>
```

例如，一级标题标签<h1>有属性 align，align 表示文字的对齐方式，表示为：

```
<h1 align="left">学习 JavaScript</h1>
```

(3) 元素

元素指的是包含标签在内的整体，元素的内容是开始标签与结束标签之间的内容。没有内容的 HTML 元素称为空元素，空元素是在开始标签中关闭的。

例如，以下代码片段所示：

```
<h1>学习 JavaScript</h1>          <!--该 h1 元素为有内容的元素-->
<br/>                             <!--该 br 元素为空元素,在开始标签中关闭-->
```

2. HTML5 编写规范

页面的 HTML 代码书写必须符合 HTML 规范，这是用户编写拥有良好结构文档的基础，这些文档可以很好地工作于所有的浏览器，并且可以向后兼容。

(1) 标签的规范

标签的规范包括以下几点。

- 标签分单标签和双标签，双标签往往是成对出现，所有标签（包括空标签）都必须关闭，如
、<img/>、<p>…</p>等。
- 标签名和属性建议都用小写字母。
- 多数 HTML 标签可以嵌套，但不允许交叉。
- HTML 文件一行可以写多个标签，但标签中的一个单词不能分两行写。

(2) 属性的规范

属性的规范包括以下几点。

- 根据需要可以使用该标签的所有属性，也可以只用其中的几个属性。在使用时，属性之间没有顺序。
- 属性值都要用双引号括起来。
- 并不是所有的标签都有属性，如换行标签
就没有。

(3) 元素嵌套的规范

元素嵌套的规范包括以下几点。

- 块级元素可以包含行级元素或其他块级元素，但行级元素却不能包含块级元素，它只能包含其他的行级元素。

- 有几个特殊的块级元素只能包含行级元素，不能再包含块级元素，这几个特殊的标签是<h1>、<h2>、<h3>、<h4>、<h5>、<h6>、<p>、<dt>。

（4）代码的缩进

HTML 代码并不要求在书写时缩进，但为了文档的构性和层次性，建议初学者使用标记时首尾对齐，内部的内容向右缩进几格。

3. HTML5 文档结构

HTML5 文档是一种纯文本格式的文件，文档的基本结构为：

```
<!doctype html>
<html>
  <head>
    <meta charset="gb2312">
    <title>文档标题</title>
  </head>
  <body>
    网页内容
  </body>
</html>
```

（1）文档类型

在编写 HTML5 文档时，要求指定文档类型，用于向浏览器说明当前文档使用的是哪种 HTML 标准。文档类型声明的格式如下：

```
<!doctype html>
```

这行代码称为 doctype 声明，doctype 是 document type（文档类型）的简写。要建立符合标准的网页，doctype 声明是必不可少的关键组成部分。doctype 声明必须放在每一个 HTML 文档的最顶部，在所有代码和标签之前。

（2）HTML 文档标签<html>…</html>

HTML 文档标签的格式为：

```
<html>HTML 文档的内容 </html>
```

<html>处于文档的最前面，表示 HTML 文档的开始，即浏览器从<html>开始解释，直到遇到</html>为止。每个 HTML 文档均以<html>开始，以</html>结束。

（3）HTML 文档头标签<head>…</head>

HTML 文档包括头部（head）和主体（body）。HTML 文档头标签的格式为：

```
<head>头部的内容 </head>
```

文档头部内容在开始标签<html>和结束标签</html>之间定义，其内容可以是标题名或文本文件地址、创作信息等网页信息说明。

（4）HTML 文档编码

HTML5 文档直接使用 meta 元素的 charset 属性指定文档编码，格式如下：

```
<meta charset="gb2312">
```

为了被浏览器正确解释和通过 W3C 代码校验，所有的 HTML 文档都必须声明它们所使用的编码语言。文档声明的编码应该与实际的编码一致，否则就会呈现为乱码。对于中文网页的设计者来说，用户一般使用 gb2312（简体中文）。

（5）HTML 文档主体标签<body>…</body>

HTML 文档主体标签的格式为：

```
<body>
  网页的内容
</body>
```

主体位于头部之后，以<body>为开始标签，</body>为结束标签。它定义网页上显示的主要内容与显示格式，是整个网页的核心，网页中要真正显示的内容都包含在主体中。

下面通过美肤堂网站页面的一段 HTML 代码（见图 1-5）和相应的网页结构（见图 1-6）来简单地认识 HTML。

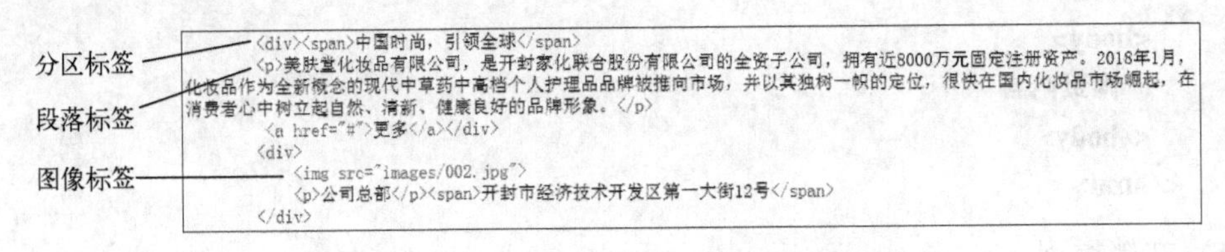

图 1-5　美肤堂网站页面的一段 HTML 代码

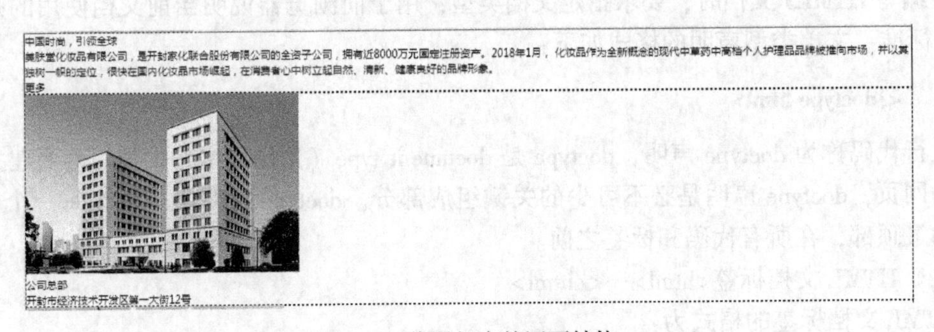

图 1-6　代码相应的网页结构

从图 1-5 中可以看出，网页内容是通过 HTML 标签（图中带有“< >”的符号）组织的，网页文件其实是一个纯文本文件。

1.4　CSS3 简介

CSS（Cascading Style Sheets，层叠样式表单）简称为样式表，是用于（增强）控制网页样式并允许将样式信息与网页内容分离的一种标记性语言。CSS 是目前最好的网页表现语言，所谓表现就是赋予结构化文档内容显示的样式，包括版式、颜色和大小等，它扩展了 HTML 的功能，使网页设计者能够以更有效的方式设置网页格式。现在几乎所有漂亮的网页都用了 CSS，CSS 已经成为网页设计必不可少的工具之一。

1.4.1 CSS 的发展历史

伴随着 HTML 的飞速发展，CSS 也以各种形式应运而生。1996 年 12 月，W3C 推出了 CSS 规范的第一个版本 CSS1.0。这一规范立即引起了各方的积极响应，随即 MicroSoft 公司和 Netscape 公司纷纷表示自己的浏览器能够支持 CSS1.0，从此 CSS 技术的发展几乎一马平川。1998 年 W3C 发布了 CSS2.0/2.1 版本，这也是至今流行最广并且主流浏览器都采用的标准。随着计算机软件、硬件及互联网日新月异的发展，浏览者对网页的视觉和用户体验提出了更高的要求，开发人员对如何快速提供高性能、高用户体验的 Web 应用也提出更高的要求。

早在 2001 年 5 月，W3C 就着手开发 CSS 第 3 版规范——CSS3 规范，它被分为若干个相互独立的模块。CSS3 的产生大大简化了编程模型，它不是仅对已有功能的扩展和延伸，而更多的是对 Web UI 设计理念和方法的革新。虽然完整的、规范权威的 CSS3 标准还没有尘埃落定，但是各主流浏览器已经开始支持其中的绝大部分特性。

1.4.2 CSS3 的特点

Web 开发者可以借助 CSS3 设计圆角、多背景、用户自定义字体、3D 动画、渐变、盒阴影、文字阴影、透明度等来提高 Web 设计的质量，开发者将不必再依赖图片或者 JavaScript 去完成这些任务，极大地提高了网页的开发效率。

1. CSS3 在选择符上的支持

利用属性选择符用户可以根据属性值的开头或结尾很容易选择某个元素，利用兄弟选择符可以选择同级兄弟节点或紧邻下一个节点的元素，利用伪类选择符可以选择某一类元素，CSS3 在选择符上的丰富支持让用户可以灵活地控制样式。

2. CSS3 在样式上的支持

CSS3 在样式上的新增的功能如下。

- 开发者最期待 CSS3 的特性是“圆角”，这个功能可以给网页设计工程师省去很多时间和精力去切图拼凑一个圆角。
- CSS3 可以轻松地实现阴影、盒阴影、文本阴影、渐变等特效。
- CSS3 对于连续文本换行提供了一个属性 word-wrap，用户可以设置其为 normal（不换行）或 break-word（换行），解决了连续英文字符出现页面错位的问题。
- 使用 CSS3 还可以给边框添加背景。

3. CSS3 对于动画的支持

CSS3 支持的动画类型有 transform 变换动画、transition 过渡动画和 animation 动画。

1.4.3 使用 CSS 美化页面的外观

样式就是格式，在网页中，像文字的大小、颜色以及图片位置等，都是设置显示内容的样式。图 1-6 显示的美肤堂网站页面只是定义了网页的结构，显示效果并不美观，使用 CSS 就能够很轻松地美化页面的外观。下面的代码在美肤堂网站页面结构的基础上添加 CSS 样式，如图 1-7 所示，页面美化后的效果如图 1-8 所示。

```
<div class="company01"><span>中国时尚，引领全球</span>
<p>美肤堂化妆品有限公司，是开封家化联合股份有限公司的全资子公司，拥有近8000万元固定注册资产。2018年1月，化妆品作为全新概念的现代中草药中高档个人护理品品牌被推向市场，并以其独树一帜的定位，很快在国内化妆品市场崛起，在消费者心中树立起自然、清新、健康良好的品牌形象。</p><a href="#">更多</a></div>
<div class="company02">
    <img src="images/002.jpg">
    <p>公司总部</p><span>开封市经济技术开发区第一大街12号</span>
</div>
```

图 1-7 为网页结构添加 CSS 样式

图 1-8 页面美化后的效果

1.4.4 网页中引用 CSS 的方法

众所周知，用 HTML 编写网页并不难，但对于一个由几百个网页组成的网站来说，统一采用相同的格式就困难了，CSS 能够实现将样式的定义与 HTML 文件内容分离。要想在浏览器中显示出样式表的效果，就要让浏览器识别并调用。当浏览器读取样式表时，要依照文本格式来读。这里介绍 4 种在页面中引入 CSS 样式表的方法：定义行内样式、定义内部样式表、链入外部样式表和导入外部样式表。

1. 行内样式

行内样式是各种引用 CSS 方式中最直接的一种。行内样式就是通过直接设置各个元素的 style 属性，从而达到设置样式的目的。这样的设置方式，使得各个元素都有自己独立的样式，但是会使整个页面变得更加臃肿。即便两个元素的样式是一模一样的，用户也需要写两遍。

元素的 style 属性值可以包含任何 CSS 样式声明。用这种方法，可以很简单地对某个标签单独定义样式表。这种样式表只对所定义的标签起作用，并不对整个页面起作用。行内样式的格式为：

```
<标签 style="属性:属性值; 属性:属性值 …">
```

需要说明的是，行内样式由于将表现和内容混在一起，不符合 Web 标准，所以慎用这种方法，当样式仅需要在一个元素上应用一次时可以使用行内样式。

2. 内部样式表

内部样式表是指样式表的定义处于 HTML 文件一个单独的区域，与 HTML 的具体标签分离开来，从而可以对整个页面范围的内容显示进行统一的控制与管理。与行内样式只能对所在标签进行样式设置不同，内部样式表处于页面的<head>与</head>标签之间。单个页面需要应用样式时，最好使用内部样式表。

内部样式表的格式为：

```
<style type="text/css">
<!--
  选择符 1{属性:属性值; 属性:属性值 …}        /* 注释内容 */
  选择符 2{属性:属性值; 属性:属性值 …}
    …
  选择符 n{属性:属性值; 属性:属性值 …}
-->
</style>
```

<style>…</style>标签对用来说明所要定义的样式。type 属性指定 style 使用 CSS 的语法来定义。当然，也可以指定使用像 JavaScript 之类的语法来定义。属性和属性值之间用冒号“:”隔开，定义之间用分号“;”隔开。

3. 链入外部样式表

外部样式表通过在某个 HTML 页面中添加链接的方式生效。同一个外部样式表可以被多个网页甚至是整个网站的所有网页所采用，这就是它最大的优点。如果说内部样式表在总体上定义了一个网页的显示方式，那么外部样式表可以说在总体上定义了一个网站的显示方式。

外部样式表把声明的样式放在样式文件中，当页面需要使用样式时，通过<link>标签连接外部样式表文件。使用外部样式表，可以通过改变一个文件就能改变整个站点的外观。

<link>标签必须放到页面的<head>…</head>标签对内。其格式为：

```
<head>
  …
  <link rel="stylesheet" href="外部样式表文件名.css" type="text/css">
  …
</head>
```

其中，<link>标签表示浏览器从“外部样式表文件.css”文件中以文档格式读出定义的样式表。rel="stylesheet"属性定义在网页中使用外部的样式表，type="text/css"属性定义文件的类型为样式表文件，href 属性用于定义.css 文件的 URL。

4. 导入外部样式表

导入外部样式表是指在内部样式表的<style>标签里导入一个外部样式表，当浏览器读取 HTML 文件时，复制一份样式表到这个 HTML 文件中。其格式为：

```
<style type="text/css">
<!--
  @import url("外部样式表的文件名 1.css");
  @import url("外部样式表的文件名 2.css");
  其他样式表的声明
-->
</style>
```

导入外部样式表的使用方式与链入外部样式表很相似，都是将样式定义保存为单独文件。两者的本质区别是：导入方式在浏览器下载 HTML 文件时将样式文件的全部内容复制到@import 关键字位置，以替换该关键字；而链入方式仅在 HTML 文件需要引用 CSS 样式文件中的某个样式时，浏览器才链接样式文件，读取需要的内容并不进行替换。

以上4种定义与使用CSS样式表的方法中，最常用的还是先将样式表保存为一个样式表文件，然后使用链入外部样式表的方法在网页中引用CSS。

1.5 JavaScript/jQuery 简介

在Web标准中，使用HTML设计网页的结构，使用CSS设计网页的表现，使用JavaScript和jQuery制作网页的特效。

1.5.1 JavaScript 简介

CSS样式表可以控制和美化网页的外观，但是对网页的交互行为却无能为力，此时脚本语言提供了解决方案。JavaScript是一种由Netscape公司的LiveScript发展而来的客户端脚本语言，Netscape公司最初将其脚本语言命名为LiveScript，在Netscape公司与Sun公司（后被Oracle收购）合作之后将其改名为JavaScript。

JavaScript的开发环境很简单，不需要Java编译器，而是直接运行在浏览器中，JavaScript通过嵌入或调入到HTML文档中实现其功能。通过JavaScript可以实现网页中常见的特效，例如，循环滚动的字幕、下拉菜单、Tab切换栏、幻灯片播放广告等。如图1-9所示的就是使用JavaScript实现的循环播放的产品广告，每隔一段时间，广告自动切换到下一幅画面；用户也可以单击两侧的箭头直接切换到下一幅广告画面。

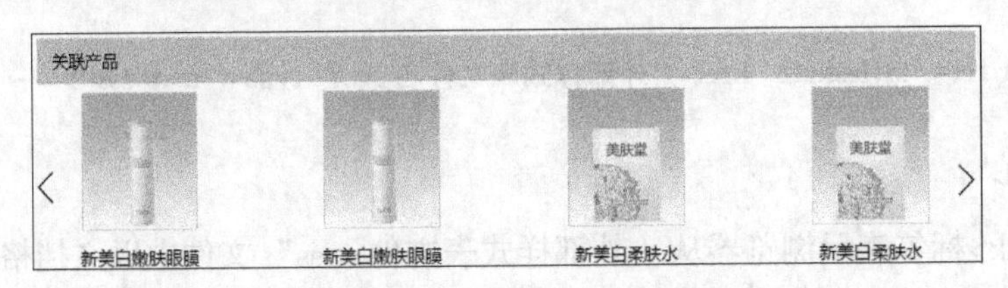

图1-9 使用JavaScript实现的循环播放的产品广告

1.5.2 jQuery 简介

在Web前端开发技术中jQuery非常流行，深受前端开发人员的欢迎。jQuery是JavaScript的一个脚本库，它的语法很简单，其核心理念是“Write less，do more”（少写，多做）。相比而言，实现同样的功能时需要编写的代码更少，据估算，5行jQuery就可以实现30行标准JavaScript代码的功能，这无疑减少了程序员的工作量。

如图1-10所示的就是使用jQuery实现的Tab选项卡切换效果，当鼠标经过选项卡标题栏时将显示当前选项卡中的内容。

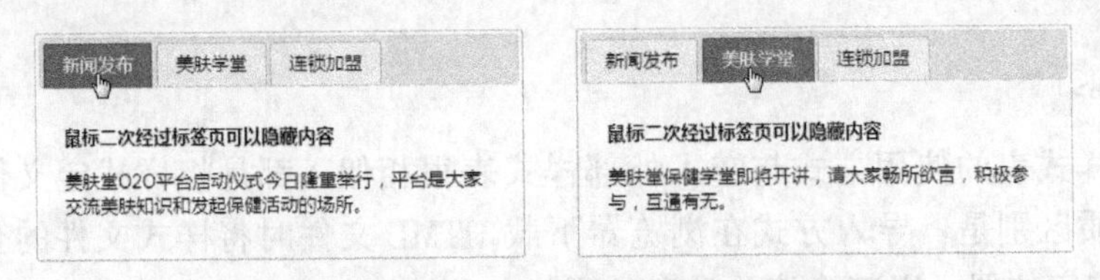

图1-10 使用jQuery实现的Tab选项卡切换效果

1.6 Web 前端开发使用的浏览器

对于 Web 前端开发的设计者而言，在动手制作网页之前，应该先了解浏览器的基础知识。

1.6.1 浏览器简介

浏览器实际上就是用于网上浏览的应用程序，其主要作用是显示网页和解释脚本。对一般设计者而言，不需要知道有关浏览器实现的技术细节，只要知道如何熟练掌握和使用它即可。用户只需要操作鼠标，就可以得到来自世界各地的文档、图片或视频等信息。

浏览器种类很多，目前常用的有微软的 Internet Explorer（简称 IE）、Google 的 Chrome、Mozilla 的 Firefox、Opera、Apple 的 Safari、360 安全浏览器等。

不同的浏览器对网页会有不同的显示效果，在某种浏览器中显示美观的页面，用其他浏览器浏览显示可能是一团糟。因此，最好把每个网页都放在不同的浏览器里看看，有什么问题马上解决。

1.6.2 搭建 Web 前端开发的浏览器环境

尽管各主流厂商的最新版浏览器都对 HTML5 提供了很好的支持，但 HTML5 毕竟是一种全新的 HTML 标签语言，许多功能必须在搭建好相应的浏览环境后才可以正常浏览。因此，在正式执行一个 HTML5 页面之前，必须先搭建支持 HTML5 的浏览器环境，并检查浏览器是否支持 HTML5 标签。

Google 公司开发的 Chrome 浏览器在稳定性和兼容性方面都比较出色，本书所有的应用实例均是在 Windows 7 操作系统下的 Chrome 浏览器中运行的。

【例 1-1】制作简单的 HTML5 文档检测浏览器是否支持 HTML5，本例文件 1-1.html 在 Chrome 浏览器中的显示效果如图 1-11 所示。代码如下：

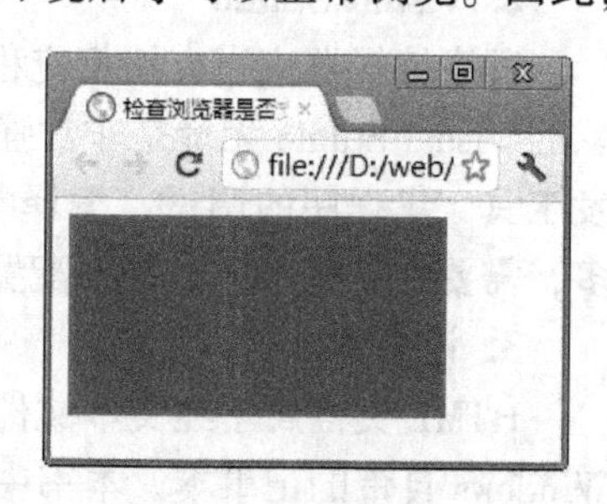

图 1-11　页面显示效果

```
<!doctype html>
<html>
  <head>
    <meta charset="gb2312">
    <title>检查浏览器是否支持 HTML5</title>
  </head>
  <body>
    <canvas id="my" width="200" height="100" style="border:3px solid #f00;
    background-color:#00f">          <!--HTML5 的 canvas 画布标签-->
    该浏览器不支持 HTML5
    </canvas>
  </body>
</html>
```

【说明】在 HTML 页面中插入一段 HTML5 的 canvas 画布标签，当浏览器支持该标签时，将显示一个矩形；反之，则在页面中显示“该浏览器不支持 HTML5”的提示。

1.7 Web 前端开发的常用工具

“工欲行其事，必先利其器”，Web 前端开发的第一件事就是选择一种网页编辑工具。随着互联网的普及，HTML 技术的不断发展和完善，随之产生了众多网页编辑器。网页编辑器基本上可以分为“所见即所得”网页编辑器和“非所见即所得”网页编辑器（即源代码编辑器）两类，二者各有千秋。

“所见即所得”网页编辑器的优点就是直观、使用方便、容易上手，但它同时也存在难以精确达到与浏览器完全一致的显示效果的缺点。也就是说，在“所见即所得”网页编辑器中制作的网页放到浏览器中是很难达到真正想要的效果的。“非所见即所得”的网页编辑器就不存在这个问题，因为所有的 HTML 代码都是在用户的编辑下产生的。

1. Dreamweaver

Dreamweaver 是 Adobe 公司推出的“所见即所得”的主页编辑工具。Dreamweaver 采用了多种先进技术，能够快速高效地创建极具表现力和动感效果的网页，使网页创作过程变得非常简单。值得称道的是，Dreamweaver 不仅提供了强大的网页编辑功能，而且提供了完善的站点管理机制，可以说，它是一个集网页创作和站点管理两大利器于一身的创作工具。

2. Visual Studio

程序编辑器应当支持相应程序的自动语法检查，最好还应当支持程序的调试与编译。微软的 Visual Studio 无疑是非常强大的编辑器，Visual Studio 内置有 VB、C#、VC++等程序开发工具，集程序的调试、编译等功能于一身。但是，由于 Visual Studio 本身带有的部件太多，需要计算机有比较高的配置，否则运行速度会非常缓慢。

3. 记事本

HTML 文档属于纯文本文件，它能用任意的文本编写器书写，最常见的文本编辑器就是 Windows 自带的记事本。本书中所有的网页源代码均采用在记事本中手工输入，有助于设计人员对网页结构和样式有更深入的了解。

习题 1

1）什么是 Web 标准？举例说明网页的表现和结构相分离的含义。

2）什么是 Web 前端开发？Web 前端开发的任务是什么？

3）HTML5+CSS3+JavaScript 技术组合中的每种技术分别对应哪种 Web 标准？

4）简答 HTML5 的语法结构、文档结构和编码规范。

5）什么是 CSS？网页中引用 CSS 的方法有哪些？

6）JavaScript 和 jQuery 各有什么特点？二者有什么样的关联？

7）打开新浪网（http://www.sina.com.cn）主页，说明页面中网页的结构、外观、交互和特效各有哪些。

8）简答 WWW 浏览常用的浏览器。编写一个简单的程序检测浏览器是否支持 HTML5。

9）简述常见的网页编辑工具有哪些。

第2章 JavaScript 语言基础

使用 HTML 可以搭建网页的结构，使用 CSS 可以控制和美化网页的外观，但是对网页的交互行为和特效却无能为力，此时 JavaScript 脚本语言提供了解决方案。JavaScript 是制作网页的行为标准之一，本章主要讲解 JavaScript 语言的基本知识。

2.1 JavaScript 概述

JavaScript 是一种脚本语言，是一种介于 HTML 与高级编程语言（Java、VB 和 C++等）之间的特殊语言。脚本是一种能完成某些功能的小程序段，该程序段由一组可以在 Web 服务器或客户端浏览器运行的命令组成。脚本语言可以嵌入 HTML 页面，并被浏览器解释执行。

客户端脚本常用来响应用户动作、验证表单数据，以及显示各种自定义内容，如对话框、动画等。使用客户端脚本时，由于脚本程序随网页同时下载到客户端计算机上，因此在对网页进行验证或响应用户动作时，无需通过网络与 Web 服务器进行通信，从而降低了网络的传输量和服务器的负荷，改善了系统的整体性能。目前，JavaScript 和 VBScript 是两种使用最广泛的脚本。VBScript 仅被 Internet Explorer 支持，而 JavaScript 则几乎被所有浏览器支持。

JavaScript 是一种基于对象（Object）和事件驱动（Event Driven），并具有安全性能的脚本语言。它可与 HTML、CSS 一起实现在一个 Web 页面中链接多个对象，与 Web 客户交互的作用，从而开发出客户端的应用程序。JavaScript 通过嵌入或调入到 HTML 文档中实现其功能，它弥补了 HTML 语言的不足，是 Java 与 HTML 折中的选择。JavaScript 的开发环境很简单，不需要 Java 编译器，而是直接运行在浏览器中，因而倍受网页设计者的喜爱。

JavaScript 语言的前身叫作 LiveScript，自从 Sun 公司推出著名的 Java 语言后，Netscape 公司引进了 Sun 公司有关 Java 的程序概念，将 LiveScript 重新进行设计，并改名为 JavaScript。

目前流行的多数浏览器都支持 JavaScript，如 Netscape 公司的 Navigator 3.0 以上版本，Microsoft 公司的 Internet Explorer 3.0 以上版本。

2.2 在网页中插入 JavaScript 的方法

在网页中插入 JavaScript 有 3 种方法：在 HTML 文档中嵌入脚本程序、链接脚本文件和在 HTML 标签内添加脚本。

2.2.1 在 HTML 文档中嵌入脚本程序

JavaScript 的脚本程序包括在 HTML 中，使之成为 HTML 文档的一部分。其格式为：

```
<script type="text/javascript">
  JavaScript 语言代码;
  JavaScript 语言代码;
    …
</script>
```

语法说明如下。

script：脚本标记。它必须以<script type="text/javascript">开头，以<script>结束，界定程序开始的位置和结束的位置。

script 在页面中的位置决定了什么时候装载脚本，如果希望在其他所有内容之前装载脚本，就要确保脚本在页面的<head>…</head>之间。

JavaScript 脚本本身不能独立存在，它是依附于某个 HTML 页面，在浏览器端运行的。在编写 JavaScript 脚本时，可以像编辑 HTML 文档一样，在文本编辑器中输入脚本的代码。

【例 2-1】 在 HTML 文档中嵌入 JavaScript 的脚本，本例文件 2-1. html 在浏览器中显示的效果如图 2-1 和图 2-2 所示。

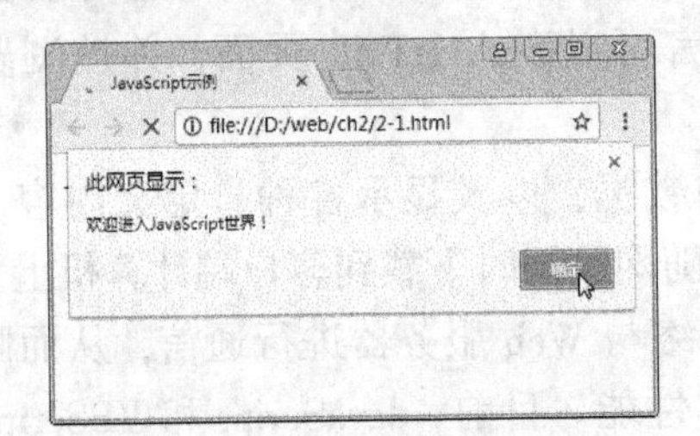

图 2-1　加载时的运行结果

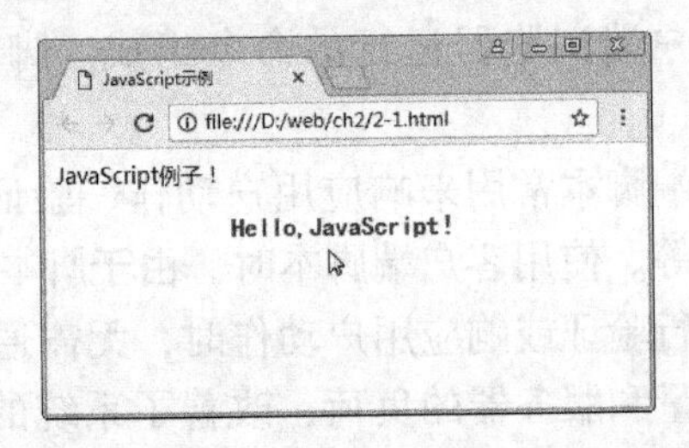

图 2-2　单击“确定”按钮后的运行结果

代码如下：

```
<html>
  <head>
    <title>JavaScript 示例</title>
    <script language="JavaScript">
      document. write("JavaScript 例子!");
      alert("欢迎进入 JavaScript 世界!");
    </script>
    </head>
    <body>
      <h3 style="font:12pt; font-family:'黑体'; color:blue; text-align:center">Hello,JavaScript!
</h3>
   </body>
  </html>
```

【说明】

① document. write( )是文档对象的输出函数，其功能是将括号中的字符或变量值输出到窗口。alert( )是 JavaScript 的窗口对象方法，其功能是弹出一个对话框并显示其中的字符串。

② 如图 2-1 所示为浏览器加载时的显示结果，图 2-2 所示为单击自动弹出对话框中的

"确定"按钮后的最终显示结果。从上面的例题中可以看出，在用浏览器加载 HTML 文件时，是从文件头向后解释并处理 HTML 文档的。

③ 在<script language ="JavaScript">…</script>中的程序代码有大、小写之分，例如将 document. write()写成 Document. write()，程序将无法正确执行。

2.2.2 链接脚本文件

如果已经存在一个脚本文件（以 js 为扩展名），则可以使用 script 标记的 src 属性引用外部脚本文件的 URL。采用引用脚本文件的方式，可以提高程序代码的利用率。其格式为：

```
<head>
  …
  <script type="text/javascript" src="脚本文件名.js"></script>
  …
</head>
```

type="text/javascript"属性定义文件的类型是 javascript。src 属性定义 .js 文件的 URL。

如果使用 src 属性，则浏览器只使用外部文件中的脚本，并忽略任何位于<script>…</script>之间的脚本。脚本文件可以用任何文本编辑器（如记事本）打开并编辑，一般脚本文件的扩展名为 .js，内容是脚本，不包含 HTML 标记。其格式为：

```
JavaScript 语言代码;          // 注释
  …
JavaScript 语言代码;
```

例如，将例 2-1 改为链接脚本文件，运行过程和结果与例 2-1 相同。

```
<html>
  <head>
    <title>JavaScript 示例</title>
    <script type="text/javascript" src="test.js">  </script>          <!-- URL 为 test.js -->
  </head>
  <body>
    <h3 style="font:12pt; font-family:'黑体'; color:blue; text-align:center">Hello,JavaScript!
</h3>
  </body>
</html>
```

脚本文件 test. js 的内容为：

```
document.write("JavaScript 例子!");
alert("欢迎进入 JavaScript 世界!");
```

2.2.3 在 HTML 标签内添加脚本

用户可以在 HTML 表单的输入标签内添加脚本，以响应输入的事件。

【例 2-2】在标签内添加 JavaScript 的脚本，本例文件 2-2. html 在浏览器中显示的效果如图 2-3 和图 2-4 所示。

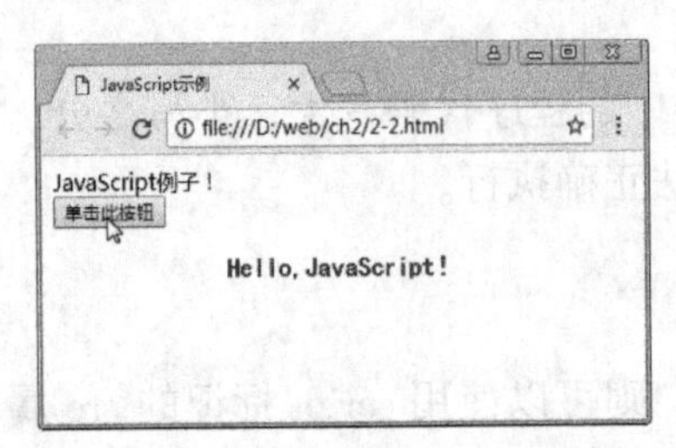

图 2-3　初始显示

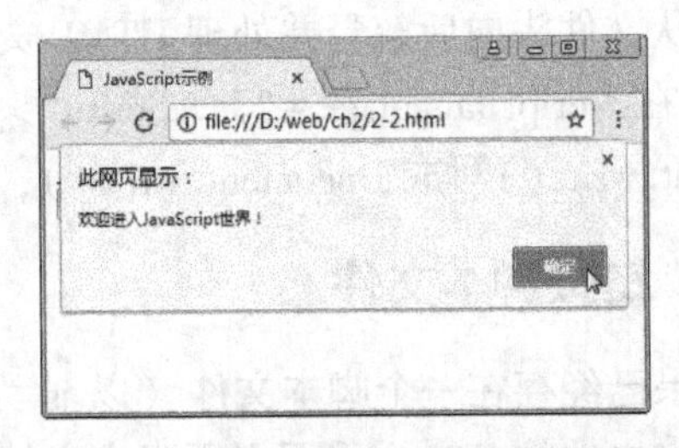

图 2-4　单击按钮后的运行结果

代码如下：

```
<html>
  <head><title>JavaScript 示例</title></head>
  <body>
    JavaScript 例子！
    <form>
      <input type="button" onClick="JavaScript:alert('欢迎进入 JavaScript 世界！');" value=
"单击此按钮">
      </form>
    <h3 style="font:12pt; font-family:'黑体'; text-align:center">Hello,JavaScript! </h3>
  </body>
</html>
```

2.2.4　多脚本网页

在一个 HTML 文档中，可以有多个脚本程序块，它们可以放在<head>和<body>中，浏览器将依次执行。

【例 2-3】在下面 HTML 文档中有 3 段脚本代码，本例文件 2-3. html 在浏览器中显示的效果如图 2-5 所示。代码如下：

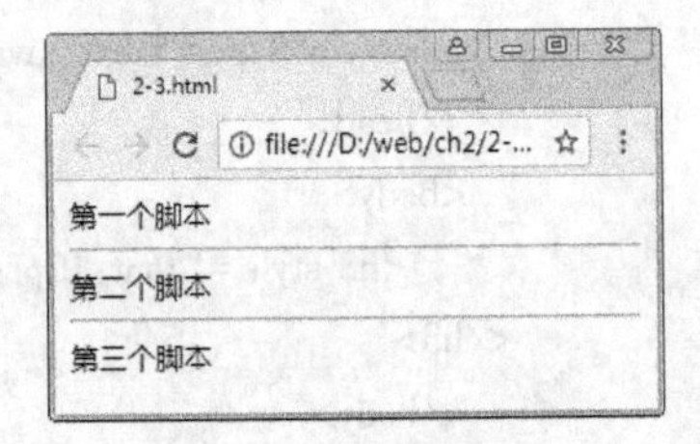

图 2-5　多脚本网页

```
<html>
  <head>
    <script language="JavaScript">
      document. write("第一个脚本");
    </script>
  </head>
  <body>
    <hr>
    <script language="JavaScript">
      document. write("第二个脚本");
    </script>
    <hr>
```

```
        <script language="JavaScript">
          document.write("第三个脚本");
        </script>
      </body>
    </html>
```

2.3 调试 JavaScript 程序

用户可以使用浏览器定位 JavaScript 程序中的错误。因为 JavaScript 程序多运行于浏览器，所以可以借助各种浏览器的开发人员工具分析来定位 JavaScript 程序中的错误。

例如，下面就是一个有错误的 JavaScript 程序。

```
<!doctype html>
  <head>
    <title>有错误的 JavaScript</title>
    <script language="JavaScript">
      document.writ("JavaScript 例子!");
      alert("欢迎进入 JavaScript 世界!");
    </script>
  </head>
</html>
```

上面的代码中将 document.write()方法错误地写为 document.writ()，当该程序在 Chrome 浏览器中浏览时，Chrome 浏览器的开发者工具窗口将显示出错误的位置和明细信息。

打开 Chrome，然后选择“工具”→“开发者工具”菜单项，会在网页内容下面打开开发者工具窗口，这种布局更利于对照网页内容进行调试。然后在开发者工具窗口单击 Console 选项卡，可以看到网页中错误的位置和明细信息，如图 2-6 所示。

图 2-6 错误的位置和明细信息

2.4 JavaScript 的基本数据类型和表达式

JavaScript 脚本语言同其他计算机语言一样，有它自身的基本数据类型、运算符和表达式。

2.4.1 基本数据类型及类型转换

1. 基本数据类型

JavaScript 有以下 4 种基本的数据类型。

number（数值）类型：可为整数和浮点数。在程序中并没有把整数和实数分开，这两种数据可在程序中自由转换。整数可以为正数、0 或者负数；浮点数可以包含小数点、也可以包含一个“e”（大小写均可，表示 10 的幂），或者同时包含这两项。

string（字符）类型：字符是用单引号“'”或双引号“" ”来说明的。

boolean（布尔）类型：布尔型的值为 true 或 false。

object（对象）类型：对象也是 JavaScript 中的重要组成部分，用于说明对象。

JavaScript 的基本类型中的数据可以是常量，也可以是变量。由于 JavaScript 采用弱类型的形式，因而一个数据的变量或常量不必首先作声明，而是在使用或赋值时自动确定其数据的类型。当然也可以先声明该数据的类型。

JavaScript 还有一个特殊的数据类型 undefined（未定义），undefined 类型是指一个变量被创建后，还没有赋予任何初值，这时该变量没有类型，称为未定义的，在程序中直接使用会发生错误。

2. 类型转换

数据类型之间的转换可以分为隐式类型转换和显式类型转换。

（1）隐式类型转换

程序运行时，系统根据当前上下文的需要，自动将数据从一种类型转换为另一种类型的过程称为隐式类型转换。此前的代码中，大量使用了 window 对象的 alert 方法和 document 对象的 write 方法。用户可以向这两个方法中传入任何类型的数据，这些数据最终都被自动转换为字符串型。

【例 2-4】 隐式类型转换，本例文件 2-4. html 在浏览器中显示的效果如图 2-7 所示。

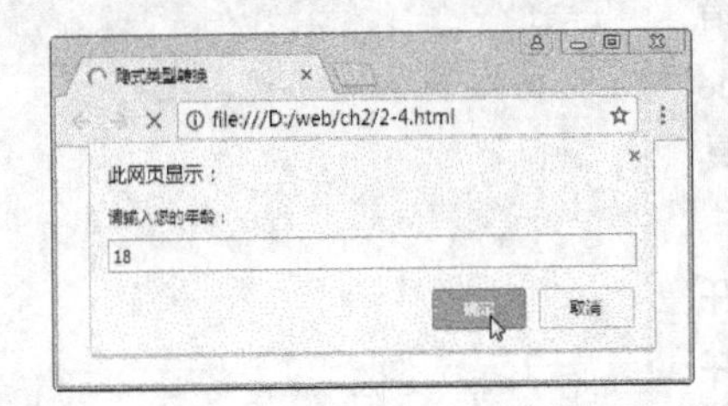

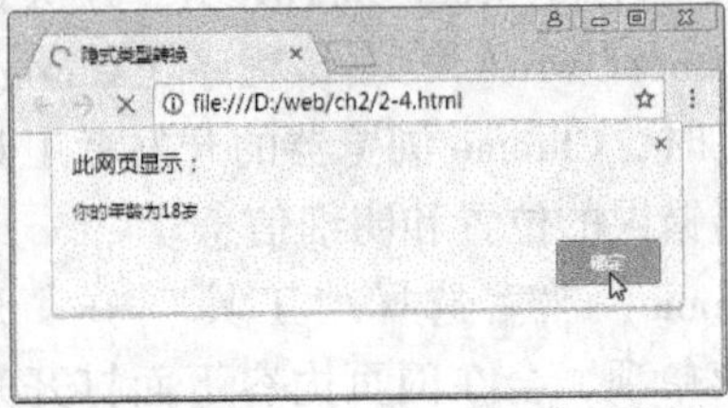

图 2-7　页面显示效果

代码如下：

```
<!doctype html>
<head>
<title>隐式类型转换</title>
<script language="javascript">
  var age = prompt("请输入您的年龄:","0");
  if( age <= 0 )                              //如果输入的数字小于或等于 0,则视为非法
  {
    alert("您输入的数据不合法!");               // 输入非法时警告并忽略
  }
  else{
    alert( "你的年龄为" + age + "岁" );        // 输出年龄
```

```
}
</script>
</head>
</html>
```

【说明】 年龄 age 本身是数值，在 alert 方法中被自动转换为字符串型。

（2）显式类型转换

与隐式类型转换相对应的是显式类型转换，此过程需要手动转换到目标类型。要将某一类型的数据转换为另一类型的数据需要用到特定的方法，比如 parseInt、parseFloat 等方法，关于这些方法的用法将在本书后面的章节讲解。

2.4.2 常量

常量通常又称为字面常量，它是不能改变的数据。

1. 基本常量

（1）字符型常量

使用单引号“'”或双引号“"”括起来的一个或几个字符，如"123"、'abcABC123'、"This is a book of JavaScript"等。

（2）数值型常量

整型常量：整型常量可以使用十进制、十六进制、八进制表示其值。

实型常量：实型常量由整数部分加小数部分表示，如 12.32、193.98，可以使用科学或标准方法表示：6E8、2.6e5 等。

（3）布尔型常量

布尔常量只有两个值：True 或 False。它主要用来说明或代表一种状态或标志，以说明操作流程。JavaScript 只能用 True 或 False 表示其状态，不能用 1 或 0 表示。

JavaScript 除上面 3 种基本常量外，还有两种特殊的常量值。

2. 特殊常量

（1）空值

JavaScript 中有一个空值 null，表示什么也没有。例如，试图引用没有定义的变量，则返回一个 null 值。

（2）控制字符

与 C/C++语言一样，JavaScript 中同样有以反斜杠“\”开头的不可显示的特殊字符，通常称为控制字符（这些字符前的“\”叫转义字符）。例如：

\b：表示退格　　\f：表示换页　　\n：表示换行　　\r：表示回车

\t：表示 Tab 符号　　\'：表示单引号本身　　\"：表示双引号本身

2.4.3 变量

变量用来存放程序运行过程中的临时值，这样在需要用这个值的地方就可以用变量来代表。对于变量必须明确变量的命名、变量的类型、变量的声明及其作用域。

1. 变量的命名

JavaScript 中的变量命名同其他计算机语言非常相似，变量名称的长度是任意的，但要区分大小写。另外，还必须遵循以下规则：

1）第一个字符必须是字母（大小写均可）、下画线“_”或美元符“$”。

2）后续字符可以是字母、数字、下画线或美元符。除下画线“_”字符外，变量名中不能有空格、“+”“-”“,”或其他特殊符号。

3）不能使用 JavaScript 中的关键字作为变量。在 JavaScript 中定义了 40 多个类键字，这些关键字是 JavaScript 内部使用的，如 var、int、double、true，它们不能作为变量。

在对变量命名时，最好把变量的意义与其代表的意思对应起来，以方便记忆。

2. 变量的类型

JavaScript 是一种对数据类型变量要求不太严格的语言，所以不必声明每一个变量的类型，但在使用变量之前先进行声明是一种好的习惯。

变量的类型是在赋值时根据数据的类型来确定的，变量的类型有字符型、数值型、布尔型。

3. 变量的声明

JavaScript 变量可以在使用前先作声明，并可赋值。通过使用 var 关键字对变量作声明。对变量作声明的最大好处就是能及时发现代码中的错误，因为 JavaScript 是采用动态编译的，而动态编译不易发现代码中的错误，特别是变量命名方面。

变量的声明和赋值语句 var 的语法为：

var 变量名称 1 [= 初始值 1]，变量名称 2 [= 初始值 2] … ;

一个 var 可以声明多个变量，其间用“,”分隔。

4. 变量的作用域

变量的作用域是变量的重要概念。在 JavaScript 中同样有全局变量和局部变量，全局变量是定义在所有函数体之外，其作用范围是全部函数；而局部变量是定义在函数体之内，只对该函数可见，而对其他函数不可见。

5. 使用 typeof 运算返回变量的类型

用户可以使用 typeof 运算返回变量的类型，语法如下：

typeof 变量名

【例 2-5】使用 typeof 运算返回变量的类型，本例文件 2-5.html 在浏览器中显示的效果如图 2-8 所示。代码如下：

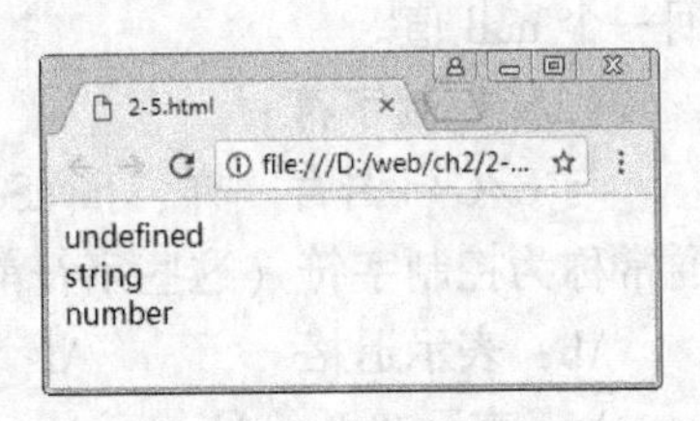

图 2-8　页面显示效果

```
<!doctype html>
<html>
<body>
<script type="text/javascript">
  var temp;
  document.write(typeof temp);              //输出 "undefined"
  document.write("<br>");
  temp = "Hello,JavaScript!";
  document.write(typeof temp);             //输出 "string"
  temp = 200;
```

```
    document.write("<br>");
    document.write(typeof temp);          //输出 "number"
  </script>
  </body>
  </html>
```

2.4.4 运算符和表达式

运算符是程序设计语言的最基本元素，表达式则由常量、变量和运算符等组成。表达式可以分为算术表述式、字符串表达式、布尔表达式。

运算符是完成操作的一系列符号，在 JavaScript 中有算术运算符、字符串运算符、比较运算符、布尔运算符等。运算符又分为双目运算符和单目运算符。单目运算符，只需一个操作数，其运算符可在前或后。双目运算符格式如下：

操作数 1　运算符　操作数 2

即双目运算符由两个操作数和一个运算符组成，如 3+5、"This"+"that" 等。

1. 算术运算符

JavaScript 中的算术运算符有单目运算符和双目运算符。

双目运算符：+（加）、-（减）、*（乘）、/（除）、%（取模）。

单目运算符：++（递加 1）、--（递减 1）。

2. 字符串运算符

字符串运算符"+"用于连接两个字符串，例如"abc"+"123"。

3. 比较运算符

比较运算符首先对操作数进行比较，然后再返回一个 true 或 false 值。有 6 个比较运算符：<（小于）、<=（小于等于）、>（大于）、>=（大于等于）、==（等于）、!=（不等于）。

4. 布尔运算符

在 JavaScript 中增加了几个布尔逻辑运算符：!（取反）、&=（与之后赋值）、&（逻辑与）、|=（或之后赋值）、|（逻辑或）、^=（异或之后赋值）、^（逻辑异或）、?:（三目操作符）、||（或）、==（等于）、|=（不等于）。

其中三目操作符主要格式如下：

操作数 ? 结果 1 : 结果 2

若操作数的结果为真，则表达式的结果为结果 1，否则为结果 2。

5. 位运算符

位运算符分为位逻辑运算符和位移动运算符。

位逻辑运算符：&（位与）、|（位或）、^（位异或）、-（位取反）、~（位取补）。

位移动运算符：<<（左移）、>>（右移）、>>>（右移，零填充）。

6. 运算符的优先顺序

表达式的运算是按运算符的优先级进行的，下列运算符按其优先顺序由高到低排列。

算术运算符：++、--、*、/、%、+、-。

字符串运算符：+。

位移动运算符：<<、>>、>>>。

位逻辑运算符有：&、|、^、-、~。

比较运算符：<、<=、>、>=、==、!=。

布尔运算符：!、&=、&、|=、|、^=、^、?:、||、==、!=。

2.5 JavaScript 的程序结构

变量如同语言的单词，表达式如同语言中的词组，而只有语句才是语言中完整的句子。在任何编程语言中，程序都是通过语句来实现的。在 JavaScript 中包含完整的一组编程语句，用于实现基本的程序控制和操作功能。

在 JavaScript 中，每条语句后面以一个分号结尾。但是，JavaScript 的要求并不严格，在编写脚本语言时，语句后面也可以不加分号。不过，建议加上分号，这是一种良好的编程习惯。

JavaScript 脚本程序是由控制语句、函数、对象、方法、属性等组成的。JavaScript 所提供的语句分为以下几大类。

2.5.1 简单语句

1. 赋值语句

赋值语句的功能是把右边表达式赋值给左边的变量。其格式为：

```
变量名 = 表达式;
```

像 C 语言一样，JavaScript 也可以采用变形的赋值运算符，如 x+=y 等同于 x=x+y，其他运算符也一样。

2. 注释语句

在 JavaScript 的程序代码中，可以插入注释语句以增加程序的可读性。注释语句有单行注释和多行注释之分。

单行注释语句的格式为：

```
//注释内容
```

多行注释语句的格式为：

```
/*注释内容
  注释内容 */
```

3. 输出字符串

在 JavaScript 中常用的输出字符串的方法是利用 document 对象的 write()方法、window 对象的 alert()方法。

(1) 用 document 对象的 write()方法输出字符串

document 对象的 write()方法的功能是向页面内写文本，其格式为：

```
document.write(字符串 1, 字符串 2, …);
```

(2) 用 window 对象的 alert( )方法输出字符串

window 对象的 alert( )方法的功能是弹出提示对话框，其格式为：

alert(字符串);

4. 输入字符串

在 JavaScript 中常用的输入字符串的方法是利用 window 对象的 prompt( )方法以及表单的文本框。

(1) 用 window 对象的 prompt( )方法输入字符串

window 对象的 prompt( )方法的功能是弹出对话框，让用户输入文本，其格式为：

prompt(提示字符串，默认值字符串);

例如，下面代码用 prompt( )方法得到字符串，然后赋值给变量 name。

```
<html>
<body>
<script language="JavaScript">
  var name=prompt("请输入您的姓名:","");
  document.write("您好!"+name);
</script>
</body>
</html>
```

(2) 用文本框输入字符串

使用 Blur 事件和 onBlur 事件处理程序，可以得到在文本框中输入的字符串。Blur 事件和 onBlur 事件的具体解释可参考第 4 章中事件处理程序的相关内容。

【例 2-6】下面代码执行时，在文本框中输入的文本将在对话框中输出，本例文件 2-6.html 在浏览器中的显示效果如图 2-9 所示。

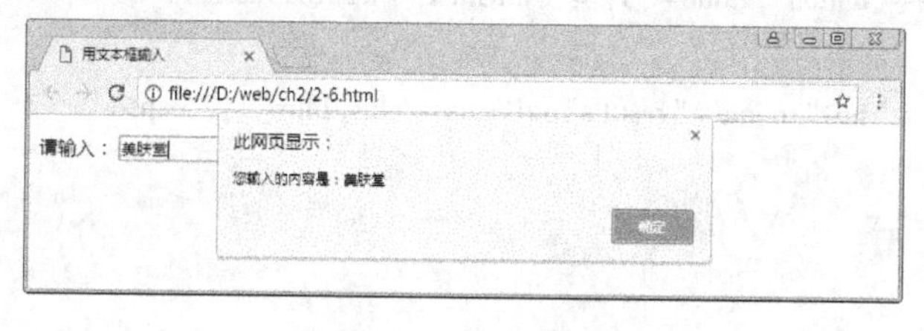

图 2-9　页面显示效果

代码如下：

```
<html>
<head>
<title>用文本框输入</title>
<script language="JavaScript">
  function test(str) {
   alert("您输入的内容是:"+str);
  }
```

```
</script>
</head>
<body>
  <form name = " chform"  method = " post" >
    <p>请输入：
    <input type = " text"  name = " textname"  onBlur = " test( this. value) "  value = " "  size = " 10" ></p>
  </form>
</body>
</html>
```

【例 2-7】下面代码执行时，单击“计算”按钮可得到算术表达式的值，本例文件 2-7. html 在浏览器中的显示效果如图 2-10 所示。代码如下：

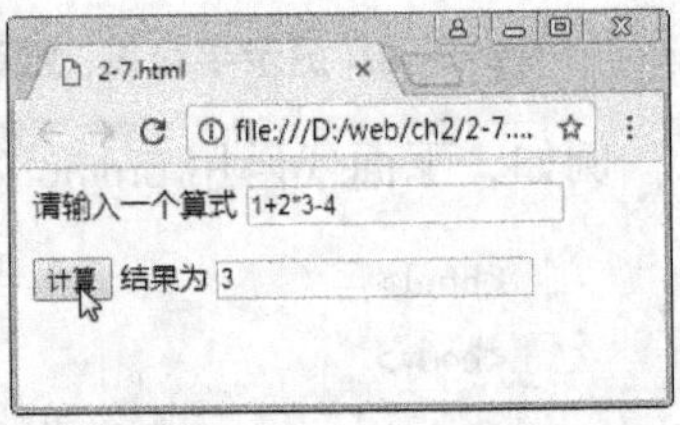

图 2-10　页面显示效果

```
<html>
<head>
<script language = " JavaScript" >
  function c1( form) {
  myform. results. value = eval( myform. entry. value) ;
  //得到文本框的值;表单名 . 文本框名 . value
  }
</script>
</head>
<body>
<form name = " myform"  method = " post" >
  请输入一个算式
  <input type = " text"  name = " entry"  value = " 1+2 * 3-4" ><p>
  <input type = " button"  value = " 计算"  onClick = " c1( this. form) ; " >
  结果为
  <input type = " text"  name = " results" onFocus = " this. blur( ) ; " ><p>
</form>
</body>
</html>
```

2.5.2　程序控制流程

1. 条件语句

JavaScript 提供了 if、if else 和 switch 共 3 种条件语句，条件语句也可以嵌套。

(1) if 语句

if 语句是最基本的条件语句，它的格式与 C++一样，其格式为：

```
if ( 条件)
  { 语句段 1;
    语句段 2;
```

```
    …;
}
```

“条件”是一个关系表达式，用来实现判断，“条件”要用( )括起来。如果“条件”的值为 true，则执行{ }里面的语句，否则跳过 if 语句执行后面的语句。如果语句段只有一句，可以省略{ }，如：

```
if (x==1) y=6;
```

【例 2-8】本例弹出一个确认框，如果用户单击“确定”按钮，则网页中显示“你选择确认!”；如果单击“取消”按钮，则网页中显示“你选择取消!”，本例文件 2-8.html 在浏览器中的显示效果如图 2-11 所示。

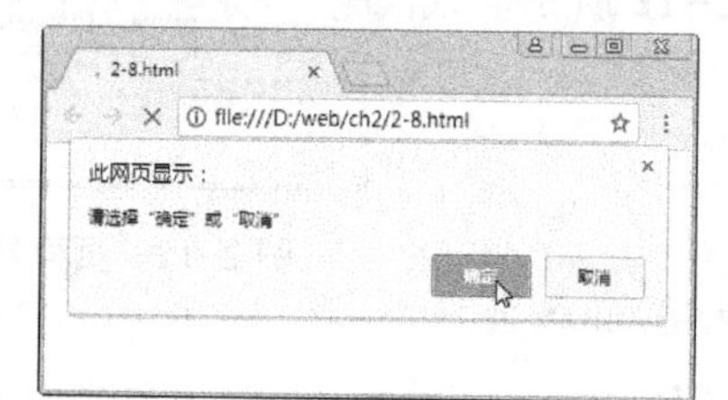

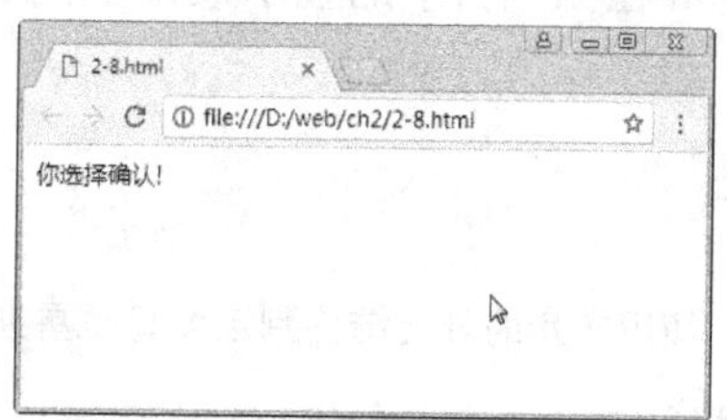

图 2-11　页面显示效果

代码如下

```
<html>
<body>
<script>
  varuserChoice = window. confirm("请选择"确定"或"取消"");
  if (userChoice == true) {
    document. write("你选择确认!");
  }
  if (userChoice == false) {
    document. write("你选择取消!");
  }
</script>
</body>
</html>
```

【说明】其中的 window. confirm("提示文本")是 windows 对象的 confirm 方法，其功能是弹出确认框，如果单击“确定”按钮，其函数值为 true；单击“取消”按钮，其函数值为 false。

也可以使用“?”条件测试运算符，其代码：

```
<script>
  var userChoice = window. confirm("请选择"确定"或"取消"");
  var result = (userChoice == true) ? "你选择确认!" : "你选择取消!";
  document. write(result);
</script>
```

（2）if else 语句

if else 语句的格式：

```
if (条件)
  语句段 1;
else
  语句段 2;
```

若“条件”为 true，则执行语句段 1；否则执行语句段 2。“条件”要用（ ）括起来。若 if 后的语句段有多行，则必须使用花括号将其括起来。

【例 2-9】使用嵌套的分支结构判定今日是星期几，本例文件 2-9. html 在浏览器中的显示效果如图 2-12 所示。代码如下：

图 2-12　页面显示效果

```
<html>
<head>
<title>使用嵌套的分支结构判定今日是星期几</title>
</head>
<body>
<script language ="JavaScript">
    d=new Date( );
    document. write("今天是");
    if( d. getDay( )= =1) {
        document. write("星期一");
    }
    else if( d. getDay( )= =2) {
        document. write("星期二");
    }
    else if( d. getDay( )= =3) {
        document. write("星期三");
    }
    else if( d. getDay( )= =4) {
        document. write("星期四");
    }
    else if( d. getDay( )= =5) {
        document. write("星期五");
    }
    else if( d. getDay( )= =6) {
        document. write("星期六");
    }
    else {
        document. write("星期日");
    }
</script>
```

```
</body>
</html>
```

（3）switch 语句

分支语句 switch 根据变量的取值不同采取不同的处理方法。switch 语句的格式为：

```
switch (变量)
{
 case 特定数值 1 :
      语句段 1;
      break;
 case 特定数值 2 :
      语句段 2;
      break;
…
default :
      语句段 3;
}
```

“变量”要用( )括起来，而且必须用{ }把 case 括起来。即使语句段是由多个语句组成的，也不能用{ }括起来。

当 switch 中变量的值等于第一个 case 语句中的特定数值时，执行其后的语句段，执行到 break 语句时，直接跳离 switch 语句；如果变量的值不等于第一个 case 语句中的特定数值，则判断第二个 case 语句中的特定数值。如果所有的 case 都不符合，则执行 default 中的语句。如果省略 default 语句，当所有 case 都不符合时，则跳离 switch，什么都不执行。每条 case 语句中的 break 是必需的，如果没有 break 语句，将继续执行下一个 case 语句的判断。

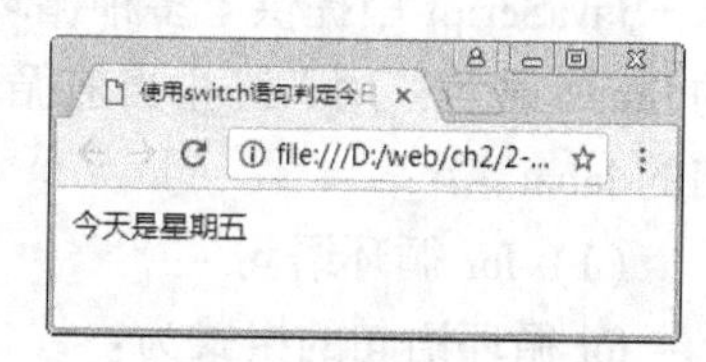

图 2-13　页面显示效果

【例 2-10】 使用 switch 语句判定今日是星期几，本例文件 2-10. html 在浏览器中的显示效果如图 2-13 所示。代码如下：

```
<html>
<head>
<title>使用 switch 语句判定今日是星期几</title>
</head>
<body>
<script language ="JavaScript" >
    d=new Date( );
    document. write( "今天是" );
        switch( d. getDay( ) ) {
        case 1:
            document. write( "星期一" );
            break;
```

```
        case 2:
            document.write("星期二");
            break;
        case 3:
            document.write("星期三");
            break;
        case 4:
            document.write("星期四");
            break;
        case 5:
            document.write("星期五");
            break;
        case 6:
            document.write("星期六");
            break;
        default:
            document.write("星期日");
    }
</script>
</body>
</html>
```

2. 循环语句

JavaScript 中提供了多种循环语句，有 for、while 和 do while 语句，还提供用于跳出循环的 break 语句，用于终止当前循环并继续执行下一轮循环的 continue 语句，以及用于标记语句的 label。

（1）for 循环语句

for 循环语句的格式为：

```
for（初始化; 条件; 增量）
  {
    语句段;
  }
```

for 实现条件循环，当“条件”成立时，执行语句段，否则跳出循环体。

for 循环语句的执行步骤如下：

1）执行“初始化”部分，给计数器变量赋初值。

2）判断“条件”是否为真，如果为真则执行循环体，否则就退出循环体。

3）执行循环体语句之后，执行“增量”部分。

4）重复步骤 2）和 3），直到退出循环。

【例 2-11】 使用 for 循环求 1+2+3+…+100 的和，本例文件 2-11.html 在浏览器中的显示效果如图 2-14 所示。代码如下：

图 2-14　页面显示效果

```
<!doctype html>
<html>
<head>
<title>for 循环求和</title>
</head>
<body>
  <script language="JavaScript">
    var sum = 0;
    for(i=1;i<=100;i++) {
        sum = sum + i;
    }
    document.write("1+2+3+…+100="+sum);
  </script>
</body>
</html>
```

JavaScript 也允许循环的嵌套，从而实现更加复杂的应用。

【例 2-12】使用嵌套的 for 循环在网页中输出九九乘法表，本例文件 2-12. html 在浏览器中的显示效果如图 2-15 所示。代码如下：

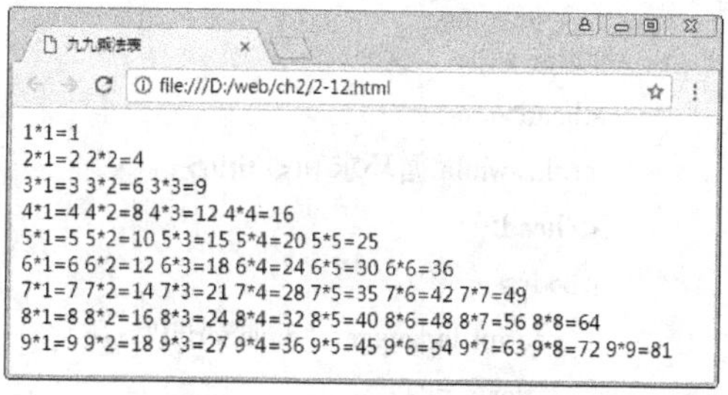

图 2-15　页面显示效果

```
<html>
  <head>
  <title>九九乘法表</title>
  </head>
  <body>
  <script language="JavaScript">
    for(i=1;i<=9;i++)                                   //外循环(行的循环)
    {
      for(j=1;j<=i;j++)                                 //内循环(乘积的循环)
      {
        m=i*j;
        document.write(i+"*"+j+"="+m+" ");         //内循环输出本行的乘法口诀
      }
      document.write("<br>");                           //内循环结束后,输出另起一行
    }
  </script>
  </body>
</html>
```

(2) while 循环语句

while 循环语句的格式为：

```
while（条件）
  {
    语句段;
  }
```

当条件表达式为真时就执行循环体中的语句。“条件” 要用（ ）括起来。

while 语句的执行步骤如下：

1）计算“条件”表达式的值。

2）如果“条件”表达式的值为真，则执行循环体，否则跳出循环。

3）重复步骤 1）和 2），直到跳出循环。

有时可用 while 语句代替 for 语句。while 语句适合条件复杂的循环，for 语句适合已知循环次数的循环。

【例 2-13】使用 while 循环求 1+2+3+…+100 的和，本例文件 2-13. html 在浏览器中的显示效果如图 2-16 所示。代码如下：

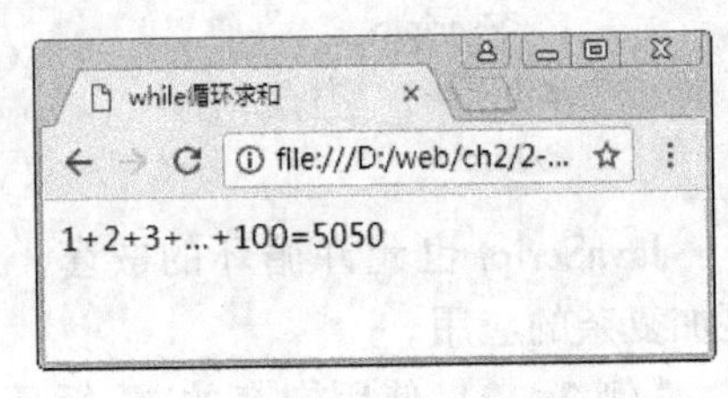

图 2-16　页面显示效果

```
<html>
<head>
<title>while 循环求和</title>
</head>
<body>
  <script language="JavaScript">
    var i = 1;
    var sum = 0;
    while(i<=100) {
        sum = sum + i;
        i++;
    }
    document. write("1+2+3+…+100="+sum);
  </script>
</body>
</html>
```

（3）do while 语句

do while 语句是 while 的变体，其格式为：

```
do
  {
    语句段;
  }
while（条件）
```

do while 的执行步骤如下：

1）执行循环体中的语句。

2）计算条件表达式的值。

3）如果条件表达式的值为真，则继续执行循环体中的语句，否则退出循环。

4）重复步骤 1）和 2），直到退出循环。

do while 语句的循环体至少要执行一次，而 while 语句的循环体可以一次也不执行。

不论使用哪一种循环语句，都要注意控制循环的结束标志，避免出现死循环。

（4）标号语句

label 语句用于为语句添加标号。在任意语句前放上标号，都可为该语句指定一个标号。其格式为：

```
标号名称：语句；
```

label 语句常常用于标记一个循环、switch 或 if 语句，且与 break 或 continue 语句联合使用。

（5）break 语句

break 语句的功能是无条件跳出循环结构或 switch 语句。一般 break 语句是单独使用的，有时也可在其后面加一个语句标号，以表明跳出该标号所指定的循环体，然后执行循环体后面的代码。

【例 2-14】使用循环及 break 语句输出 20 以内的素数，本例文件 2-14. html 在浏览器中的显示效果如图 2-17 所示。代码如下：

```
<html>
<head>
<title>输出 20 以内的素数</title>
</head>
<body>
  <script language="JavaScript">
    for(m=3;m<=20;m+=2){
      for(i=2;i<=m-1;i++){
        if(m%i==0)            //m 能被 i 整除
          break;              //跳出当前循环
      }
    if(i>m-1)               //如果 i 的值大于 m-1,证明上面的循环全部执行,没有中间跳出
      document. write(m+"<br>");
    }
  </script>
</body>
</html>
```

图 2-17　页面显示效果

（6）continue 语句

continue 语句的功能是结束本轮循环，跳转到循环的开始处，从而开始下一轮循环；而 break 则是结束整个循环。continue 可以单独使用，也可以与语句标号一起使用。

【例 2-15】continue 和 break 语句的用法，在网页上输出 1~10 的数字后跳出循环，本例文件 2-15. html 在浏览器中的显示效果如图 2-18 所示。代码如下：

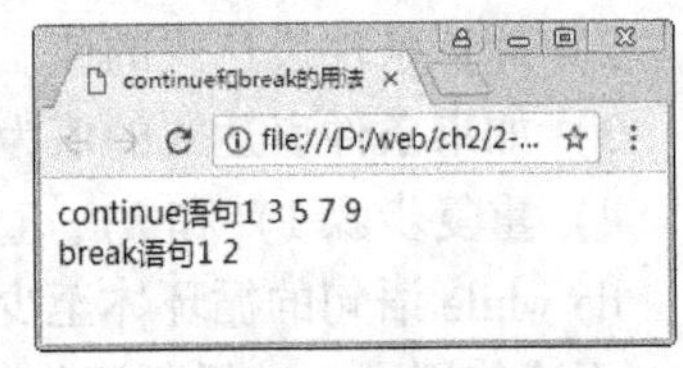

图 2-18　页面显示效果

```
<html>
  <head>
  <title>continue 和 break 的用法</title>
  </head>
  <body>
   <script language='javascript' type='text/javascript'>
    var x;
    document.write('continue 语句');
    for(x=1;x<10;x++)
      { if (x%2==0) continue;                //遇到偶数则跳出此次循环,进入下次循环
          document.write(x+' ');
      }
    document.write('<br>');
    document.write('break 语句');
    for (x=1;x<=10;x++)
      { if (x%3==0) break;                   //遇到能被 3 整除,结束整个循环
          document.write(x+' ');
      }
    </script>
  </body>
</html>
```

【说明】break 语句使得循环从 for 或 while 中跳出，continue 使得跳过循环内剩余的语句而进入下一次循环。

2.6　自定义函数

在 JavaScript 中，函数是能够完成一定功能的代码块，它可以在脚本中被事件和其他语句调用。一般在编写脚本时，当有一段能够实现特定功能的代码需要经常使用时，就要考虑编写一个函数来实现这个功能以代替这段代码。当要用到这个功能时，即可直接调用这个函数，而不必再写这一段代码。当一段代码很长，需要实现很多功能时，就可根据这段代码实现的功能而划分成几个功能单一的函数，既可以提高程序的可读性，也利于脚本的编写和调试。

2.6.1　函数的定义

JavaScript 并不区分函数（Function）和过程（Procedure），在 JavaScript 中只有函数。也就是说，JavaScript 中的函数同时具有函数和过程的功能。函数是已命名的代码块，代码块中的语句作为一个整体引用和执行。函数可以使用参数来传递数据，也可以不使用参数。函数在完成功能后可以有返回值，也可以不返回任何值。

JavaScript 也遵循先定义函数，后调用函数的规则。函数的定义通常放在 HTML 文档头中，也可以放在其他位置，但最好放在文档头，这样就可以确保先定义后使用。

定义函数的格式为：

```
function 函数名(参数1, 参数2, … )
{
  语句段;
  …
  return 表达式;          // return 语句指明被返回的值
}
```

函数名是调用函数时引用的名称，一般用能够描述函数实现功能的单词来命名，也可以用多个单词组合命名。参数是调用函数时接收传入数据的变量名，可以是常量、变量或表达式，是可选的；可以使用参数列表，向函数传递多个参数，使得在函数中可以使用这些参数。{} 中的语句是函数的执行语句，当函数被调用时执行。如果返回一个值给调用函数的语句，应该在代码块中使用 return 语句。

【例 2-16】 在 JavaScript 中使用函数的例子，本例文件 2-16.html在浏览器中的显示效果如图 2-19 所示。代码如下：

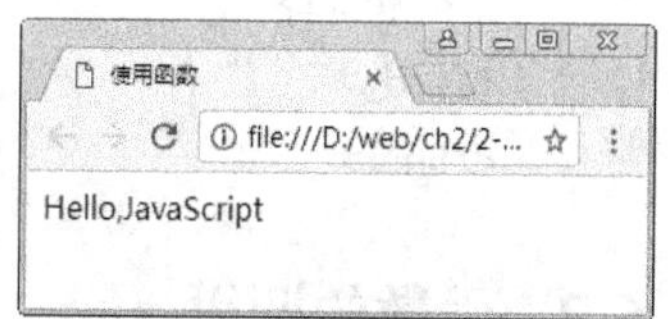

图 2-19　页面显示效果

```
<html>
  <head>
    <title>使用函数</title>
    <script language="javascript">
      function hello()                    // 定义没有参数的函数
        {
          document.write("Hello,");
        }                                 // 本函数没有返回值
      function message(message)           // 定义有一个参数的函数
        {
          document.write(message);
        }                                 // 本函数没有返回值
    </script>
  </head>
  <body>
    <script language="javascript">
      hello();                            // 调用无参数的函数,本函数没有返回值
      message("JavaScript");              // 调用有参数的函数,本函数没有返回值
    </script>
  </body>
</html>
```

【说明】 如果需要函数返回值，则要使用 return 语句。

【例 2-17】函数返回值的示例，本例文件 2-17. html 在浏览器中的显示效果如图 2-20 所示。代码如下：

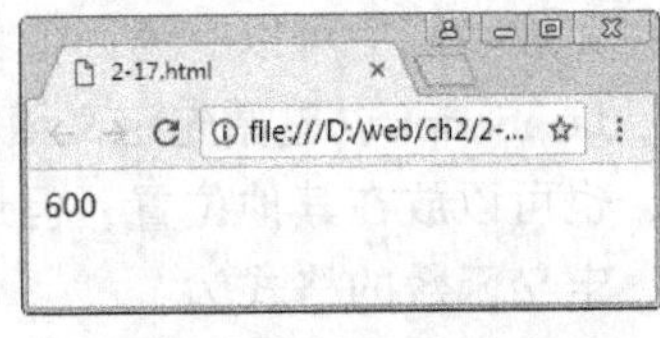

图 2-20　页面显示效果

```
<html>
<head>
  <script language = " JavaScript" >
    function multiple( number1 ,number2) {
      var result = number1 * number2;
      return result;                              // 函数有返回值
    }
  </script>
</head>
<body>
  <script language = " JavaScript" >
    var result = multiple(20,30) ;                // 调用有返回值的函数
    document. write( result) ;
  </script>
</body>
</html>
```

2.6.2　函数的调用

(1) 无返回值的调用

如果函数没有返回值或调用程序不关心函数的返回值，可以用下面的格式调用定义的函数：

函数名(传递给函数的参数 1，传递给函数的参数 2，…)；

例如，在例 2-16 代码中的 hello( )； 和 message(" JavaScript")；语句，由于 hello( )函数没有返回值，所以可以使用这种方式。

(2) 有返回值的调用

如果调用程序需要函数的返回结果，则要用下面的格式调用定义的函数：

变量名=函数名(传递给函数的参数 1，传递给函数的参数 2，…)；

例如，result=multiple(20,30)；。

对于有返回值的函数调用，也可以在程序中直接利用其返回的值。例如，document. write(multiple(20,30))；。

(3) 在超链接标记中调用函数

当单击超链接时，可以触发调用函数，有以下两种方法。

- 使用<a>标记的 onClick 属性调用函数，其格式为：

<ahref="#" onClick="函数名(参数表)"> 热点文本 </a>

- 使用<a>标记的 href 属性，其格式为：

```
<a href="javascript:函数名(参数表)"> 热点文本 </a>
```

【例 2-18】本例分别用两种方法，从超链接中调用函数，函数的功能是显示一个 alert 对话框，本例文件 2-18. html 在浏览器中的显示效果如图 2-21 所示。

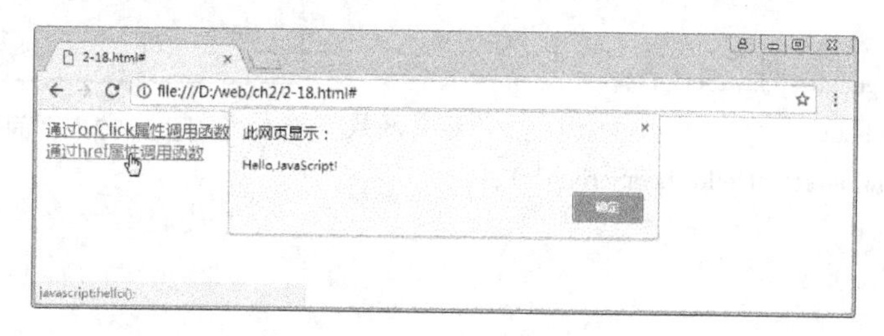

图 2-21　页面显示效果

代码如下：

```
<html>
<head>
  <script language="JavaScript">
    function hello() {
      window.alert("Hello,JavaScript!");
    }
  </script>
</head>
<body>
<a href="#" onClick="hello();"> 通过 onClick 属性调用函数 </a><br>
<a href="javascript:hello();"> 通过 href 属性调用函数 </a>
</body>
</html>
```

（4）在装载网页时调用函数

有时希望在装载（执行）一个网页时仅执行一次 JavaScript 代码，这时可使用<body>标记的 onLoad 属性，其代码形式为：

```
<head>
  <script language="JavaScript">
    function 函数名(参数表) {
      当网页装载完成后执行的代码;
    }
  </script>
</head>
<body onLoad="函数名(参数表);">
  网页的内容
</body>
```

【例 2-19】本例中的 hello( ) 函数显示一个对话框，当网页装载完成后就调用一次

hello()函数，本例文件 2-19. html 在浏览器中的显示效果如图 2-22 所示。代码如下：

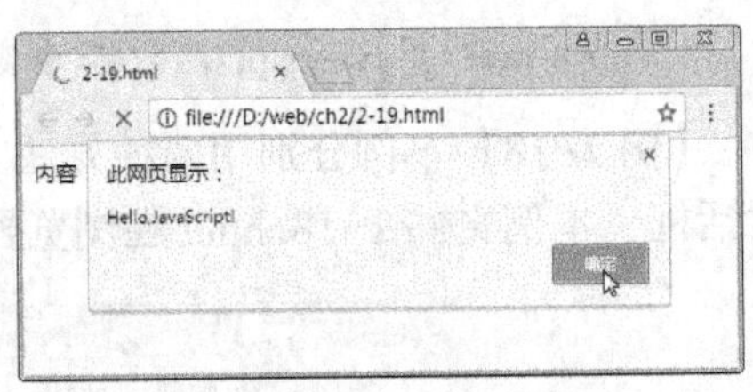

图 2-22　页面显示效果

```
<html>
<head>
<script language=" JavaScript" >
  function hello() {                        // 定义函数
    window. alert(" Hello,JavaScript!" );
  }
</script>
</head>
<body onLoad=" hello();">                   <! -- 使用 onLoad 调用函数 -->
  内容
</body>
</html>
```

2.6.3　变量的作用域

在函数中也可以定义变量，根据变量的作用范围，变量又可分为全局变量和局部变量。在函数中定义的变量称为局部变量。局部变量只在定义它的函数内部有效，在函数体之外，即使使用同名的变量，也会看作是另一个变量。

相应地，在函数体之外定义的变量是全局变量。全局变量在定义后的代码中都有效，包括它后面定义的函数体内。如果局部变量和全局变量同名，则在定义局部变量的函数中，只有局部变量是有效的。

【例 2-20】 变量的作用域示例，本例文件 2-20. html 在浏览器中的显示效果如图 2-23 所示。代码如下：

图 2-23　页面显示效果

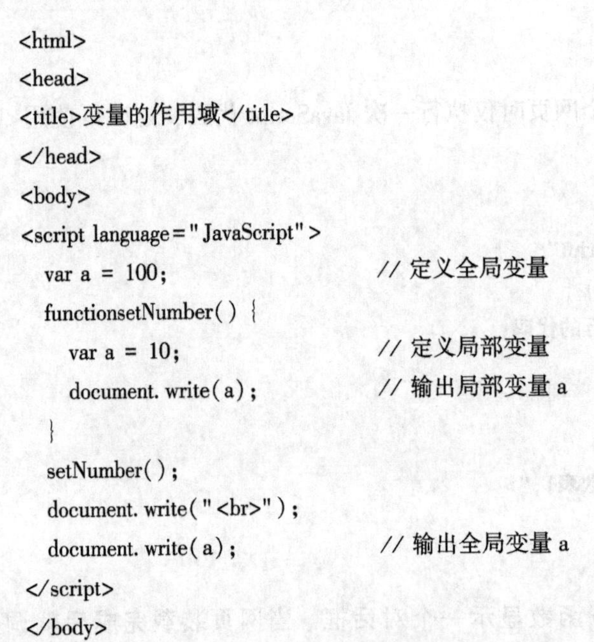

```
<html>
<head>
<title>变量的作用域</title>
</head>
<body>
<script language=" JavaScript" >
  var a = 100;                      // 定义全局变量
  functionsetNumber() {
    var a = 10;                     // 定义局部变量
    document. write(a);             // 输出局部变量 a
  }
  setNumber();
  document. write(" <br>" );
  document. write(a);               // 输出全局变量 a
</script>
</body>
```

```
</html>
```

2.6.4 JavaScript 的内置函数

在 JavaScript 中，除了允许用户创建和使用自定义函数外，还提供丰富的内置函数。

1. escape( )函数

escape( )函数用于对字符串进行编码，以便可以在所有的计算机上读取该字符串。escape( )函数的语法如下：

```
escape(str)
```

参数 str 是 string 类型的变量或字符串，指定要被转义或编码的字符串。escape( )函数的返回值为已编码的 str 的副本。其中某些字符被替换成了十六进制的转义序列。

escape( )函数不会对 ASCII 字母和数字进行编码，也不会对 * 、@ 、-、_ 、+、. 、/等 ASCII 符号进行编码，其他所有的字符都会被转义序列替换。

【例 2-21】使用 escape( )函数对字符串进行编码，本例文件 2-21.html 在浏览器中的显示效果如图 2-24 所示。代码如下：

图 2-24　页面显示效果

```
<html>
<head>
<title>escape( )函数对字符串进行编码</title>
</head>
<body>
<script language="JavaScript">
  document.write(escape("hello JavaScript!") + "<br />");
  document.write(escape("学习!?!  =()#%&"));
</script>
</body>
</html>
```

2. unescape( )函数

unescape( )函数可对通过 escape( )编码的字符串进行解码，unescape( )函数的语法如下：

```
unescape(str)
```

参数 str 是 string 类型的变量或字符串，指定要反转义或解码的字符串。unescape( )函数的返回值为已解码的 str 的副本。其中某些字符被替换成了十六进制的转义序列。

【例 2-22】使用 unescape( )函数对字符串进行解码，本例文件 2-22.html 在浏览器中的显示效果如图 2-25 所示。代码如下：

图 2-25　页面显示效果

```
<html>
<head>
<title>unescape( )函数对字符串进行解码</title>
```

```
</head>
<body>
<script language="JavaScript">
  str = escape("学习 JavaScript!");
  document.write(str + "<br />");
  document.write(unescape(str));
</script>
</body>
</html>
```

3. eval()

eval()函数可以计算某个字符串，并执行其中的 JavaScript 代码。eval()函数的语法如下：

```
eval(str)
```

参数 str 是 string 类型的变量或字符串，指定要计算的 JavaScript 表达式或要执行的语句。eval()函数的返回值为计算 str 得到的值。

需要注意的是，eval()函数只接受原始字符串作为参数，如果 str 参数不是原始字符串，那么该函数将不作任何改变地返回。因此不要为 eval()函数传递 String 对象来作为参数。

例如下面代码：

```
var a=0;
eval("a=a+1");
```

执行后 a 变量的值是 1。再看下面代码：

```
var str2="document.write('Hello!')";
eval(str2);
```

执行后会在浏览器窗口中显示“Hello!”。

对于 var a1=1；这样的语句，在程序运行时不能改变变量的名称，使用 eval 函数就能实现这样的功能。例如，下面这段代码定义了 n 个变量，变量名分别为 a0、a1、a2…，相当于直接在程序中写入代码：var a0=0；var a1=1；。

```
for(var i=0; i<n; i++) {
  eval("var a" + i + "=" + i); }
```

4. parseInt()函数和 parseFloat()函数

在使用表单时，常将文本框中的字符串按照需要转换为整数和浮点数，这样的操作就要用到 parseInt()函数和 parseFloat()函数，它们可以分别将字符串转换为整型数和浮点数。

(1) parseInt()函数

parseInt()函数用于将字符串转换成整型数字形式。语法如下：

```
parseInt(str, radix)
```

参数 str 是待解析的字符串；参数 radix 可选，表示要解析的数字的进制，该值介于 2 ~

36。如果省略该参数或其值为0，则数字将以十进制来解析。函数返回解析后的数字。

（2）parseFloat( )函数

parseFloat( )函数用于将字符串转换成浮点数字形式。语法如下：

parseFloat(str)

参数str是待解析的字符串，函数返回解析后的数字。

【例2-23】parseInt( )函数和parseFloat( )函数示例，本例文件2-23.html在浏览器中的显示效果如图2-26所示。代码如下：

```
<html>
<head>
<title>parseInt( )函数和 parseFloat( )函数</title>
</head>
<body>
<script language="JavaScript">
  document.write(parseInt("5"));             // 解析十进制数5,显示5
  document.write("<br />");
  document.write(parseInt("f",16));          // 解析十六进制数f,显示15
  document.write("<br />");
  document.write(parseInt("111",2));         // 解析二进制数111,显示7
  document.write("<br />");
  document.write(parseFloat("98.9")+1);
</script>
</body>
</html>
```

```
5
15
7
99.9
```

图2-26　页面显示效果

5. isNaN( )函数

NaN意为not a number，即不是一个数值。isNaN( )函数用于判断表达式是否是一个数值，语法如下：

isNaN(x)

参数x是待检测的值。如果x是非数字值，则返回值为true；如果x是数字值，则返回false。

例如以下代码：

```
var str0="Hello!";
if(isNaN(str0)){
  document.write(str0+"不是一个数值")}
else{
  document.write(str0+"是一个数值")}
```

以上代码运行的结果是显示“Hello！不是一个数值”。

2.7 综合案例——美肤堂商品促销计算器

在讲解了 JavaScript 的基本语法的基础上，本节使用 JavaScript 程序实现简易的美肤堂商品促销计算器。

【例 2-24】用户建立 JavaScript 函数计算不同优惠幅度的商品优惠价，本例文件 2-24.html 在浏览器中的显示效果如图 2-27 所示。

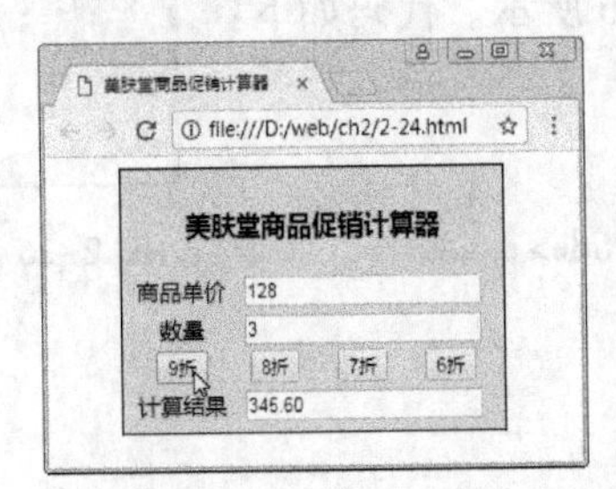

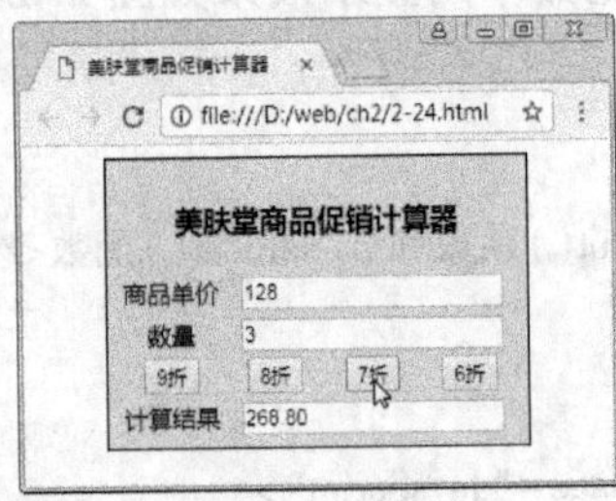

图 2-27　页面显示效果

代码如下：

```
<!doctype html>
<html>
<head>
<meta charset="gb2312">
<title>美肤堂商品促销计算器</title>
<style type="text/css">
table {                                              /*计算器表格的样式*/
    width:280px;
    margin:0 auto;
    padding:5px;
    border-width:0;
    border:1px solid black;
    background-color:#c9e495;
    text-align:center;
}
</style>
<script language="JavaScript" >
function compute(op) {                               //用户自定义函数的参数为打折幅度
    var num1,num2;
    num1=parseFloat(document.myform.txtNum1.value);  //获取输入的商品单价
    num2=parseInt(document.myform.txtNum2.value);    //获取输入的商品数量
    if (op=="9折")
      document.myform.txtResult.value=(num1*num2*0.9).toFixed(2);
                                                     //9折优惠保留2位小数
```

```
        if ( op = = "8 折" )
          document. myform. txtResult. value = ( num1 * num2 * 0. 8). toFixed(2);
                                                                  //8 折优惠保留 2 位小数
        if ( op = = "7 折" )
          document. myform. txtResult. value = ( num1 * num2 * 0. 7). toFixed(2);
                                                                  //7 折优惠保留 2 位小数
        if ( op = = "6 折" )
          document. myform. txtResult. value = ( num1 * num2 * 0. 6). toFixed(2);
                                                                  //6 折优惠保留 2 位小数
    }
</script>
</head>
<body>
<form action = "" method = "post" name = "myform" id = "myform" >
<table >
  <tr>
    <td colspan = "4" ><h3>美肤堂商品促销计算器</h3></td>
  </tr>
  <tr>
    <td>商品单价</td>
    <td colspan = "3" ><input name = "txtNum1" type = "text" id = "txtNum1" /></td>
  </tr>
  <tr   >
    <td>数量</td>
    <td colspan = "3" ><input name = "txtNum2" type = "text" id = "txtNum2" /></td>
  </tr>
  <tr>
    <td><input name = "Btn1" type = "button" id = "Btn1" value = "9 折" onClick = "compute('9 折')" />
</td>
    <td><input name = "Btn2" type = "button" id = "Btn2" value = "8 折" onClick = "compute('8 折')" />
</td>
    <td><input name = "Btn3" type = "button" id = "Btn3" value = "7 折" onClick = "compute('7 折')" />
</td>
    <td><input name = "Btn4" type = "button" id = "Btn4" value = "6 折" onClick = "compute('6 折')" />
</td>
  </tr>
  <tr>
    <td>计算结果</td>
    <td colspan = "3" ><input name = "txtResult" type = "text" id = "txtResult" ></td>
  </tr>
</table>
</form>
</body>
```

</html>

【说明】本例使用 toFixed(2)函数将计算的商品优惠价保留 2 位小数。

习题 2

1）已知圆的半径是 10，计算圆的周长和面积，结果保留 2 位小数，如图 2-28 所示。

2）使用多重循环在网页中输出“＊”号组成一个三角形，如图 2-29 所示。

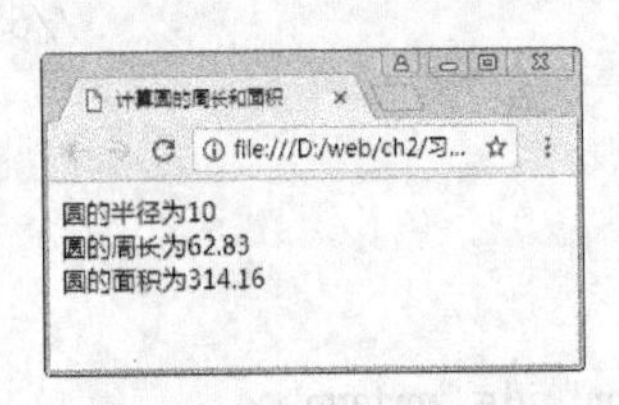

图 2-28　题 1 图

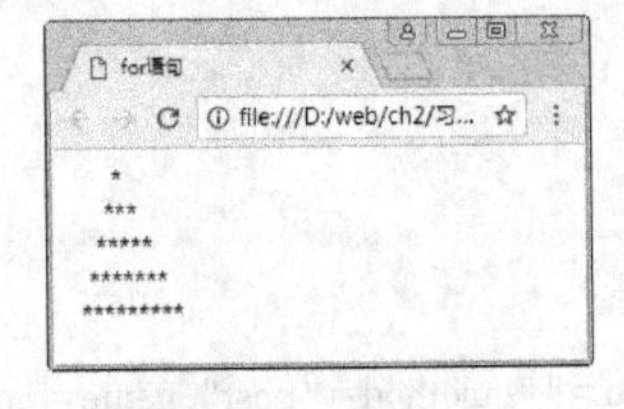

图 2-29　题 2 图

3）编写 JavaScript 程序在网页中输出 1~1000 能被 4 和 9 整除的数，要求每行输出 5 个数，如图 2-30 所示。

4）编写 JavaScript 程序在网页中输出 1~1000 的完数。完数是指该数等于其因子之和的整数，例如 6=1+2+3，6 即为完数。页面显示效果如图 2-31 所示。

图 2-30　题 3 图

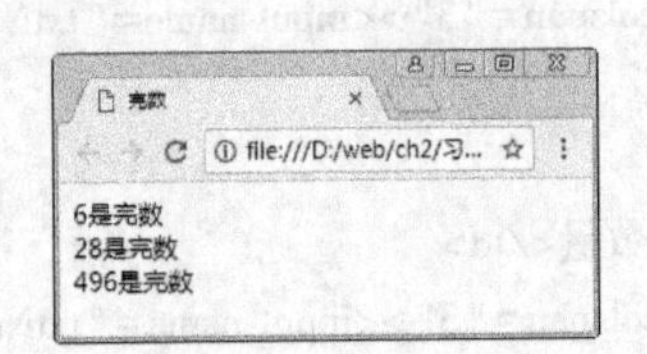

图 2-31　题 4 图

5）创建自定义函数在网页中输出自定义行列的表格，如图 2-32 所示。

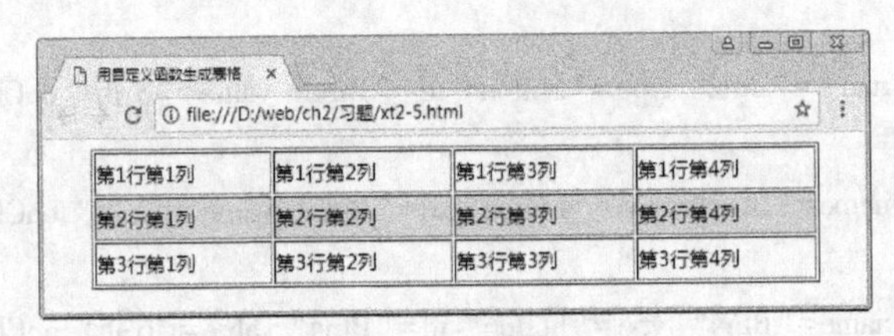

图 2-32　题 5 图

第 3 章　JavaScript 面向对象程序设计

面向对象编程是 JavaScript 的基本编程思想，它可以将属性和代码集成在一起，定义为类，从而使程序设计更加简单、规范、有条理。本章将介绍如何在 JavaScript 中使用类和对象。

3.1　面向对象程序设计基础

JavaScript 语言采用的是基于对象的（Object-Based）、事件驱动的编程机制，因此，必须理解对象以及对象的属性、事件和方法等概念。

3.1.1　对象

1. 对象的概念

JavaScript 中的对象是由属性（properties）和方法（methods）两个基本的元素构成的。用来描述对象特性的一组数据，也就是若干个变量，称为属性；用来操作对象特性的若干个动作，也就是若干函数，称为方法。

简单地说，属性用于描述对象的一组特征，方法为对象实施一些动作，对象的动作常要触发事件，而触发事件又可以修改属性。一个对象建立以后，其操作就通过与该对象有关的属性、事件和方法来描述。

例如，document 对象的 bgColor 属性用于描述文档的背景颜色，使用 document 对象的 write 方法可以向页面中写入文本内容。

通过访问或设置对象的属性，并且调用对象的方法，就可以对对象进行各种操作，从而获得需要的功能。

在 JavaScript 中，可以使用的对象有 JavaScript 的内置对象、由浏览器根据 Web 页面的内容自动提供的对象、用户自定义的对象。

JavaScript 中的对象同时又是一种模板，它描述一类事物的共同属性，而在程序编制过程中，所使用的是对象的实例而非对象。对象和对象实例的这种关系就好像人类与具体某个人的关系一样。

JavaScript 中的对象名、属性名与变量名一样要区分大小写。

2. 对象的使用

要使用一个对象，有下面 3 种方法：

- 引用 JavaScript 内置对象。
- 由浏览器环境中提供。
- 创建新对象。

一个对象在被引用之前必须已经存在。

3. 对象的操作语句

在 JavaScript 中提供了几个用于操作对象的语句、关键字及运算符。

（1）for…in 语句

for…in 语句的基本格式为：

```
for(变量 in 对象){
    代码块;
}
```

该语句的功能是用于对某个对象的所有属性进行循环操作，它将一个对象的所有属性名称逐一赋值给一个变量，并且不需要事先知道对象属性的个数。

【例 3-1】列出 window 对象的所有属性名及其对应的值，本例文件 3-1. html 在浏览器中的显示效果如图 3-1 所示。代码如下：

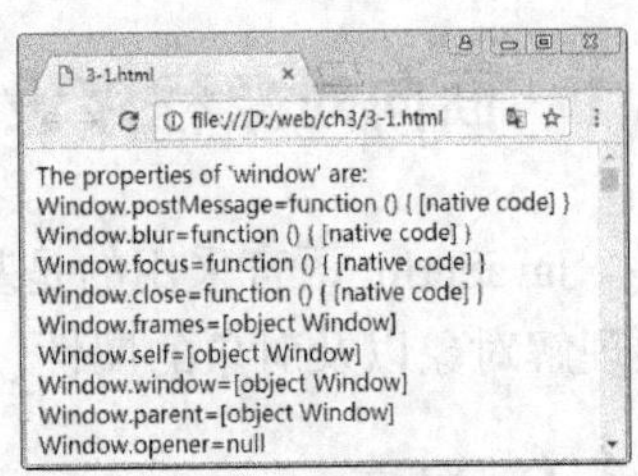

图 3-1　页面显示效果

```
<html>
<body>
The properties of 'window' are:<br>
<script language="javascript" type="text/javascript">
  for(var i in window){
    window.document.write('Window.'+i+'='+window[i]+'<br>');
  }
</script>
</body>
</html>
```

【说明】从显示结果可以看到，通过 for…in 循环，window 对象的所有属性名及其对应的值都被显示出来了，中间用“=”分开。关于 window 对象以及其他一些对象的具体内容后面将作介绍。

（2）with 语句

with 语句的基本格式为：

```
with(对象){
    代码块;
}
```

该语句的功能用于声明一个对象，代码块中的语句都被认为是对这一对象属性进行的操作。这样，当需要对一个对象进行大量操作时，就可通过 with 语句来替代一连串的“对象名”，从而节省代码。

【例 3-2】使用 with 语句调用对象中的方法，本例文件 3-2. html 在浏览器中的显示效果如图 3-2 所示。代码如下：

图 3-2　页面显示效果

```
<html>
<head>
<title>with 语句</title>
```

```
</head>
<body>
<script language="javascript">
        var date=new Date();
        //使用该对象中的方法,都需要用对象名调用
        var d=date.getFullYear()+"年"+(date.getMonth()+1)+"月"+date.getDate()+"日";
        //获取年月日
        document.write("一般方式显示系统日期:"+d+"<br>");
        //运用with语句,确定了对象的作用范围,在该范围内,可以直接使用对象中的方法
        with(date){
          var dd=getHours()+"时"+getMinutes()+"分"+getSeconds()+"秒";
        }
  document.write("使用with语句显示系统时间:"+dd);
</script>
</body>
</html>
```

（3）this 关键字

this 是 JavaScript 语言的一个关键字，它代表函数运行时自动生成的一个内部对象。其用法非常复杂，没有统一的语法格式。这里只是简介，因此无需补充。

（4）new 关键字

使用 new 可以创建指定对象的一个实例。其创建对象实例的格式为：

对象实例名=new 对象名(参数表);

（5）delete 操作符

delete 操作符可以删除一个对象的实例。其格式为：

delete 对象名;

3.1.2 对象的属性

在 JavaScript 中，每一种对象都有一组特定的属性。有许多属性可能是大多数对象所共有的，如 Name 属性定义对象的内部名称；还有一些属性只局限于个别对象才有。

对象属性的引用有以下 3 种方式。

1. 点（.）运算符

把点放在对象实例名和它对应的属性之间，以此指向一个唯一的属性。属性的使用格式为：

对象名.属性名 = 属性值;

例如，一个名为 person 的对象实例，它包含了 sex、name、age 3 个属性，对它们的赋值可用如下代码：

```
person.sex="female";
person.name="Jane";
```

```
person.age=18;
```

2. 对象的数组下标

通过“对象[下标]”的格式也可以实现对象的访问。在用对象的下标访问对象属性时，下标是从0开始，而不是从1开始的。例如前面代码可改为：

```
person[0]="female";
person[1]="Jane";
person[2]=18;
```

通过下标形式访问属性，可以使用循环操作获取其值。对上面的例子可用如下方式获取每个属性的值：

```
function show_number(person)
    {for(var i=0; i<3; i++)
      document.write(person[i])
    }
```

若采用for…in语句，则不知其属性的个数也可以实现：

```
function show_number(person)
    {for(var prop in this)
      document.write(this[prop])
    }
```

3. 通过字符串的形式实现

通过“对象[字符串]”的格式实现对象的访问：

```
person["sex"]="female";
person["name"]="Jane";
person["age"]=18;
```

3.1.3 对象的事件

事件就是对象上所发生的事情。事件是预先定义好的、能够被对象识别的动作，如单击(Click)事件、双击(DblClick)事件、装载(Load)事件、鼠标移动(MouseMove)事件等，不同的对象能够识别不同的事件。通过事件可以调用对象的方法，以产生不同的执行动作。

有关JavaScript的事件，后面章节将详细介绍。

3.1.4 对象的方法

一般来说，方法就是要执行的动作。JavaScript的方法是函数。如Window对象的关闭(Close)方法、打开(Open)方法等。每个方法可完成某个功能，但其实现步骤和细节用户既看不到，也不能修改，用户能做的工作就是按照约定直接调用它们。

方法只能在代码中使用，其用法依赖于方法所需的参数个数以及它是否具有返回值。

在JavaScript中，对象方法的引用非常简单，只需在对象名和方法之间用点分隔就可指明该对象的某一种方法，并加以引用。其格式为：

```
对象名.方法()
```

例如，引用 person 对象中已存在的一个方法 howold()，则可使用：

```
document.write(person.howold());
```

如果引用 math 内部对象中 sin()的方法，则：

```
with(math){
    document.write(sin(30));
    document.write(sin(75));
  }
```

若不使用 with，则引用时相对要复杂些：

```
document.write(math.sin(30));
document.write(math.sin(75));
```

3.1.5 JavaScript 的对象类型

在 JavaScript 中可以使用 4 类对象，即内置对象、浏览器对象（Browser Object Model，BOM）、HTML DOM（Document Object Model）和自定义对象。

1. 内置对象

内置对象是指 JavaScript 语言提供的对象，包括字符串对象（String）、数组对象（Array），数学对象（Math）、日期对象（Date）等，提供对象编程基本功能。

2. 浏览器对象

浏览器对象是浏览器根据系统配置和所装载的页面，为 JavaScript 程序提供的对象，提供了访问、控制、修改客户端（浏览器）的方法。主要包括 window 对象、navigator 对象、screen 对象、location 对象等。

3. DOM 对象

HTML DOM 对象定义了访问和处理 HTML 文档的标准方法，主要功能是实现访问、检索、修改 HTML 文档的内容与结构，包括 forms、images、links 和 anchors 等集合对象。

4. 自定义对象

自定义对象是指程序员根据需要而定义的对象。

3.2 JavaScript 的内置对象

作为一种基于对象编程的语言，JavaScript 在编程时经常需要使用到各种内置对象。JavaScript 的内置对象框架如图 3-3 所示。

下面介绍一些 JavaScript 编程中经常用到的内置对象的特点和使用方法，包括字符串对象、数组对象、日期对象和数学对象等。

JavaScript 中提供的内部对象按使用方法可分为两种情况：一种是动态对象，在引用它的属性和方法时，必须使用 new 关键字创建一个对象实例，然后使用“对象实例名.成员”的格式来访问其属性和方法。另一种是静态对象，在引用该对象的属性和方法时不需要使用

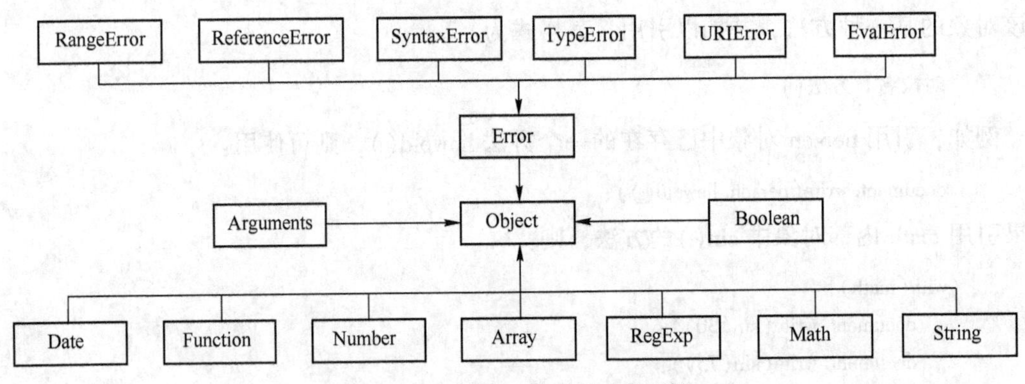

图 3-3　JavaScript 的内置对象框架

new 关键字创建对象实例，直接使用“对象名．成员”的格式来访问其属性和方法。

3.2.1　字符串对象

String 是 JavaScript 的字符串类，用于管理和操作字符串数据。

1. 字符串（String）对象的定义方法

String 对象是动态对象，需要创建对象实例后才能引用它的属性或方法。有两种方法可创建一个字符串对象，其格式为：

```
字符串变量名 = "字符串";
字符串变量名 = new String("字符串");
```

2. 字符串对象的属性

字符串对象的最常用属性是 length，功能是得到字符串的字符个数。

【例 3-3】计算 String 对象的长度，本例文件 3-3.html 在浏览器中的显示效果如图 3-4 所示。代码如下：

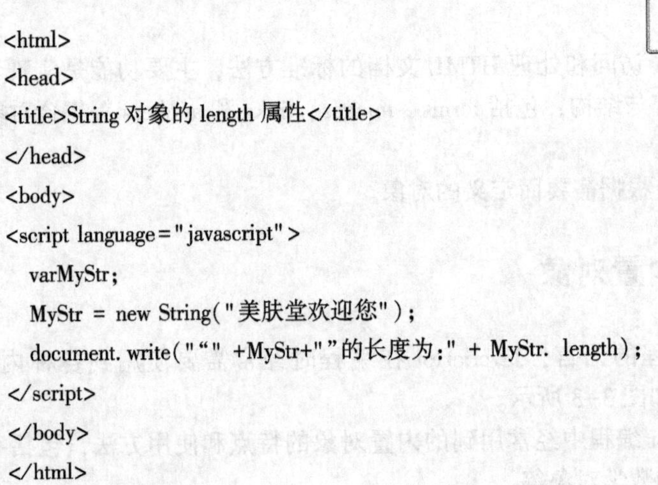

```
<html>
<head>
<title>String 对象的 length 属性</title>
</head>
<body>
<script language="javascript">
  varMyStr;
  MyStr = new String("美肤堂欢迎您");
  document.write("“" +MyStr+"”的长度为:" + MyStr.length);
</script>
</body>
</html>
```

图 3-4　页面显示效果

3. 字符串对象的方法

String 对象的方法主要用于字符串在 Web 页面中的显示、字体大小、字体颜色、字符的搜索等各种操作。

(1) anchor()方法

anchor()方法用来为字符串对象中的内容两端加上 HTML 的定位锚点标签，语法如下：

```
stringObject.anchor(anchorname)
```

参数 anchorname 用于定义锚的名称。锚的显示文本为 stringObject 对象的值。例如：

```
var strcmp="美肤堂网站";
strcmp=strcmp.anchor("美肤堂");
```

得到的 strcmp 值为：

```
<a name="美肤堂">美肤堂网站</a>
```

(2) link()方法

link()方法用来创建超链接，语法如下：

```
stringObject.link(url)
```

参数 url 用于定义超链接的 URL，超链接的显示文本为 stringObject 对象的值。例如：

```
<html>
  <body>
    <script>
      varsitelink="美肤堂网站"
      document.write("单击进入"+sitelink.link("http://wwww.mft.com/"));
      document.close();
    </script>
  </body>
</html>
```

(3) big()方法

big()方法用来把<big>标签放置在 String 对象中的文本两端，从而放大字体。语法如下：

```
stringObject.big()
```

例如：

```
varmystr="abc123";
mystr=mystr.big();
```

(4) small()方法

small()方法用来把<small>标签放置在 String 对象中的文本两端，从而缩小字体。语法如下：

```
stringObject.small()
```

例如：

```
varmystr="abc123";
```

```
mystr=mystr.small();
```

（5） sup()方法

sup()方法用于将<sup>标签放置到 String 对象中的文本两端，从而将字符串显示为上标。语法如下：

```
stringObject.sup()
```

（6） sub()方法

sub()方法用于将<sub>标签放置到 String 对象中的文本两端，从而将字符串显示为下标。语法如下：

```
stringObject.sub()
```

（7） strike()方法

strike()方法用于将<strike>标签放置到 String 对象中的文本两端，从而显示加删除线的字符串。语法如下：

```
stringObject.strike()
```

（8） fontsize()方法

fontsize()方法用于把带有 size 属性的一个<font>标记放置在 String 对象中的文本两端，从而设置字符串的大小。语法如下：

```
stringObject.fontsize(size)
```

参数 size 用于指定字号，取值范围为 1~7。

（9） fontcolor()方法

fontcolor()方法用于把带有 color 属性的一个<font>标记放置在 String 对象中的文本两端，从而设置字符串的颜色。语法如下：

```
stringObject.fontcolor(颜色值)
```

【例 3-4】 使用 String 对象的方法设置页面中的文本显示，本例文件 3-4.html 在浏览器中的显示效果如图 3-5 所示。代码如下：

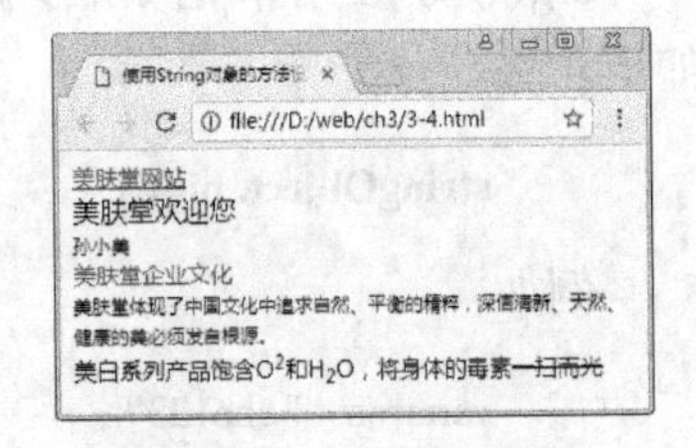

图 3-5 页面显示效果

```
<html>
<head>
<title>使用 String 对象的方法设置页面中的文本显示</title>
</head>
<body>
<script language="javascript">
  varsitelink="美肤堂网站"
  document.write(sitelink.link("http://wwww.mft.com/")+"<br>");
  var str1="美肤堂欢迎您";
  document.write(str1.big()+"<br>");
  var str2="孙小美";
```

```
document.write(str2.small()+"<br>");
var str3="美肤堂企业文化";
document.write(str3.fontcolor("blue")+"<br>");
var str4="美肤堂体现了中国文化中追求自然、平衡的精粹,深信清新、天然、健康的美必须发自根源。";
document.write(str4.fontsize(2)+"<br>");
var str5="2";
var str6="一扫而光";
document.write("美白系列产品饱含O"+str5.sup()+"和H"+str5.sub()+"O,将身体的毒素"+str6.strike());
</script>
</body>
</html>
```

(10) charAt()方法

charAt()方法用来返回字符串中指定位置的字符，语法如下：

stringObject. charAt(index)

参数 index 用于指定字符串中某个位置的数字，从 0 开始计数。

(11) indexOf()方法

indexOf()方法用于返回 String 对象内第一次出现子字符串的字符位置，语法如下：

stringObject. indexOf(searchvalue, fromindex)

参数说明如下。

searchvalue：指定需检索的字符串值。

fromindex：指定在字符串中开始检索的位置，取值范围为 0 ~ stringObject. length-1。如果省略该参数，则将从字符串的首字符开始检索。

(12) substring()方法

substring()方法用于返回位于 String 对象中指定位置的子字符串。语法如下：

stringObject. substring (start, stop)

参数说明如下。

start：指定要提取的子串的第一个字符在 stringObject 中的位置。

stop：指定要提取的子串的最后一个字符在 stringObject 中的位置，stop 比要提取的子串的最后一个字符在 stringObject 中的位置多 1。

(13) concat()方法

concat()方法用于返回一个 String 对象，该对象包含了两个提供的字符串的连接，语法如下：

arrayObject. concat(str)

参数 str 是需要连接到 arrayObject 的字符串。concat()方法返回连接后的字符串。

(14) replace()方法

replace( )方法用于在字符串中用一些字符替换另一些字符，语法如下：

stringObject. replace(regexp/substr, replacement)

参数说明如下。

substr：指定要对 stringObject 进行替换的子串。

replacement：指定替换成的子串。

（15） slice( )方法

slice( )方法用于返回字符串的片段，语法如下：

stringObject. slice(start, end)

参数说明如下。

start：指定要返回的片断的起始索引。如果是负数，则从字符串的尾部开始算起的位置。-1 指字符串的最后一个字符，-2 指倒数第二个字符，以此类推。

end：指定要返回的片断的结尾索引。如果是负数，则从字符串的尾部开始算起的位置。replace( )方法返回在 stringObject 中将 substr 替换成 replacement 得到的字符串。

（16） split( )方法

split( )方法用于将一个字符串分割为子字符串，然后将结果作为字符串数组返回，语法如下：

stringObject. split(separator, howmany)

参数说明如下。

separator：指定分割符。

howmany：指定返回的数组的最大长度。如果设置了该参数，返回的子串不会多于这个参数指定的数组。

（17） toUpperCase( )方法

toUpperCase( )方法用于将指定字符串转换为大写。语法如下：

stringObject. toUpperCase( )

（18） toLowerCase( )方法

toLowerCase( )方法用于将指定字符串转换为小写。语法如下：

stringObject. toLowerCase( )

【例 3-5】使用 String 对象的方法实现对字符的各种操作，本例文件 3-5. html 在浏览器中的显示效果如图 3-6 所示。代码如下：

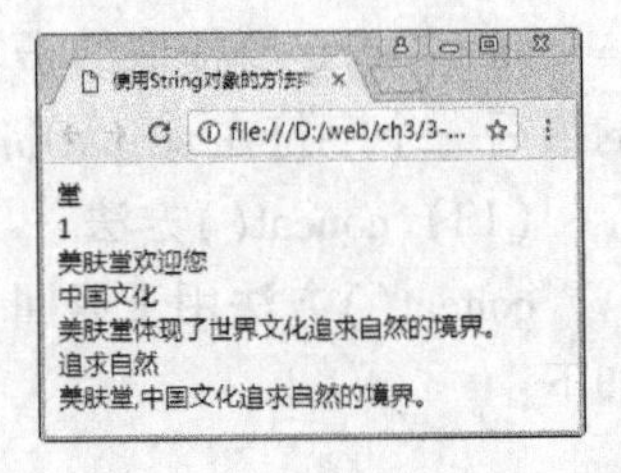

图 3-6　页面显示效果

```
<html>
<head>
<title>使用 String 对象的方法实现对字符的各种操作</title>
</head>
<body>
```

```
<script language="javascript">
  var str1="美肤堂";
  var str2="欢迎您";
  var str3="美肤堂体现了中国文化追求自然的境界。";
  document.write(str1.charAt(2)+"<br>");
  document.write(str1.indexOf("肤")+"<br>");
  document.write(str1.concat(str2)+"<br>");
  document.write(str3.substring(6,10)+"<br>");
  document.write(str3.replace("中国","世界")+"<br>");
  document.write(str3.slice(10,14)+"<br>");
  document.write(str3.split("体现了"));
</script>
</body>
</html>
```

3.2.2 数组对象

在 JavaScript 中，数组（Array）这种数据的组织方式是以对象的形式出现的。

1. 数组的概念

数组是在内存中保存一组数据的数据结构，它具有如下特性：

- 每个数组都有一个唯一标识它的名称。
- 同一数组的数组元素应具有相同的数据类型。
- 每个数组元素都有索引和值两个属性，索引用于定义和标识数组元素，是一个从 0 开始的整数，标识数组元素的位置；值当然就是数组元素对应的值。
- 一个数组可以有一个或多个索引，索引的数量也称为数组的维度。拥有一个索引的数组就是一维数组，拥有两个索引的数组就是二维数组，以此类推。

2. 数组对象的定义方法

通过数组的构造函数 Array()来定义一个数组对象，数组对象的定义有以下 3 种方法：

```
var 数组对象名=new Array();
var 数组对象名=new Array(数组元素个数);
var 数组对象名=new Array(第1个数组元素的值,第2个数组元素的值,…);
```

第 1 种方法在定义数组时不指定元素个数，当具体为其指定数组元素时，数组元素的个数会自动适应。例如，定义数组：

```
order=new Array();          //定义有 0 个数组元素的数组
order[12]="abc123";         //用[ ]引用数组下标
```

JavaScript 自动把数组扩充为 13 个元素，前 12 个元素（order[0]~order[11]）的值被初始化为 null，第 13 个元素 orger[12]为" abc123"。

JavaScript 数组元素的访问也是通过数组下标来实现的，数组元素的下标是从 0 开始的。

第 2 种方法是指定数组元素的个数，此时将创建指定个数的数组元素。同样，当具体指定数组元素时，数组的元素个数也可以动态更改。例如，定义数组：

```
var person=new Array(10);              //定义有 10 个数组元素的数组
person[20]="Jhon";                     // 为数组元素赋值,数组自动扩充为 21 个元素
```

第 3 种方法是在定义数组对象的同时，对每一个数组元素赋值，同时数组元素按照顺序赋值，各数组元素之间用逗号分隔，并且不允许省略其中的数组元素。例如，新建一个名为 person 的数组，其中包含 ZhangSan、LiSi、WangWu 3 个元素：

```
var person=newArray("ZhangSan","LiSi","WangWu");
```

数组中的元素类型可以是数值型、字符型或其他对象，并且同一个数组中的元素类型也可以不同，甚至一个数组元素也可以是一个数组。例如：

```
var person=newArray("ZhangSan",169,new array("BeiJing", 2008));
```

上面例子中，数组 person 中的 3 个元素及对应的值分别为：person[0]="ZhangSan"，person[1]=169，person[2,0]="BeiJing"，person[2,1]=2008。

对于用数组作为数组元素的情况，可用多维数组的方式访问，如上例 person[2,1]=2008 也可写为 person[2][1]=2008。

除使用以上 3 种方法定义数组对象外，还可以直接用[ ]定义数组并赋值。例如：

```
var order=[1,2,3,4,5,6];
```

其效果与用 var order=new Array(1,2,3,4,5,6)相同。

【例 3-6】定义一个具有 3 个元素的一维数据，分别赋值然后显示出来，本例文件 3-6. html 在浏览器中的显示效果如图 3-7 所示。代码如下：

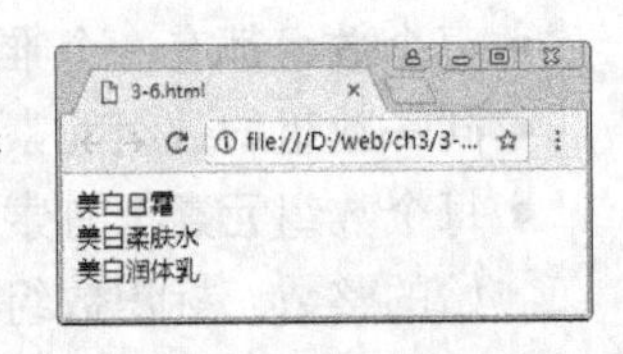

图 3-7　页面显示效果 1

```
<html>
<body>
  <script>
    varmyArray = new Array(3);                //定义有 3 个元素的数组对象
    myArray[0] = "美白日霜";
    myArray[1] = "美白柔肤水";
    myArray[2] = "美白润体乳";
    for (i = 0; i <myArray. length; i++) {
      document. write(myArray[i] + "<br>");
    }
  </script>
</body>
</html>
```

【例 3-7】定义一个二维数组，并把数组元素显示到表格中，本例文件 3-7. html 在浏览器中的显示效果如图 3-8 所示。代码如下：

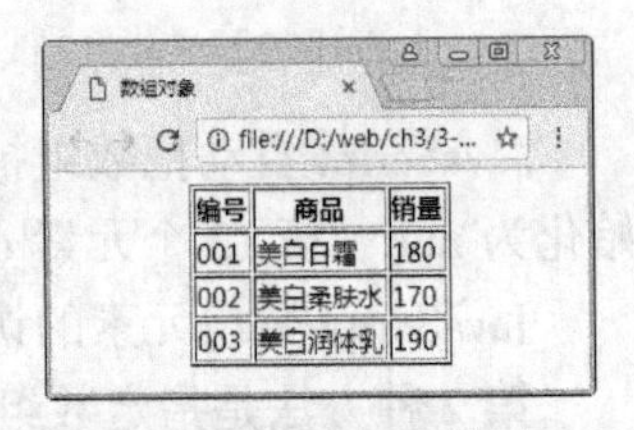

图 3-8　页面显示效果 2

```
<html>
  <head>
```

```
<title>数组对象</title>
</head>
<body>
  <script language="JavaScript" type="text/javascript">
    var order=new Array();
    order[0]=new Array("001","美白日霜",180);
    order[1]=new Array("002","美白柔肤水",170);
    order[2]=new Array("003","美白润体乳",190);
    document.write('<table border align="center">');
    document.write('<th>编号</th><th>商品</th><th>销量</th>');
    for(i=0; i<order.length; i++)          // length 属性表示数组元素的个数,order.length 为 3
    { document.write('<tr>');
      for(j=0; j<order[0].length; j++) // order[0].length 为 3
       { document.write('<td>'+order[i][j]+'</td>'); }
      document.write('</tr>');
    }
    document.write('</table>');
  </script>
</body>
</html>
```

3. 数组对象的属性

数组对象的属性主要是 length，它用于获得数组中元素的个数，即数组中最大下标加一。

例如：

```
MyArr = new Array(3);
MyArr[0] = "123";
MyArr[1] = "789";
MyArr[2] = "456";
document.write("数组 MyArr 的长度为:"+MyArr.length);
```

上面代码的运行结果是“数组 MyArr 的长度为：3”。

4. 数组对象的方法

数组对象的常用方法见表 3-1。

表 3-1　数组对象的常用方法

方　法	描　述
concat()	用于连接两个或多个数组
join()	用于把数组中的所有元素放入一个字符串，并用指定的分隔符隔开
push()	可向数组的末尾添加一个或多个元素，并返回新的长度
pop()	用于删除并返回数组的最后一个元素
shift()	用于删除并返回数组的第一个元素

（续）

方　法	描　述
reverse( )	在原有数组的基础上，颠倒数组中元素的顺序，不会创建新的数组
slice( )	可从已有的数组中返回选定的元素
sort( )	用于对数组的元素进行排序
splice( )	向数组中添加或删除一个或多个元素，然后返回被删除的元素

（1）concat( )方法

concat( )方法用于连接两个或多个数组，返回合并后的新数组，而原数组保持不变。语法如下：

arrayObject. concat(param1, param2, …, paramX)

多个参数之间使用逗号隔开；concat( )方法返回的是合并后的新数组，原数组保持不变。

（2）join( )方法

join( )方法用于把数组中的所有元素放入一个字符串中，并通过指定的分隔符隔开。语法如下：

arrayObject. join(separator)

（3）sort( )方法

sort( )方法用于对数组的元素进行排序。语法如下：

arrayObject. sort([sortby])

（4）reverse( )方法

使用 Array 类的 reverse( )方法可以对数组元素进行倒序排序。语法如下：

arrayObject. reverse( )

（5）splice( )方法

splice( )方法用于向数组中添加 1～n 个元素或从数组中删除元素。语法如下：

arrayObject. splice(index, howmany, [item1, …, itemX])

其中，howmany 必需，表示要删除元素的数量，0 代表不删除数据；该方法在原数组基础上实现，不会生成新的副本数组。

（6）push( )方法

push( )方法用于向数组的末尾添加一个或多个元素，返回数组的新长度。语法如下：

arrayObject. push (newElement1, newElement2, …, newElementX)

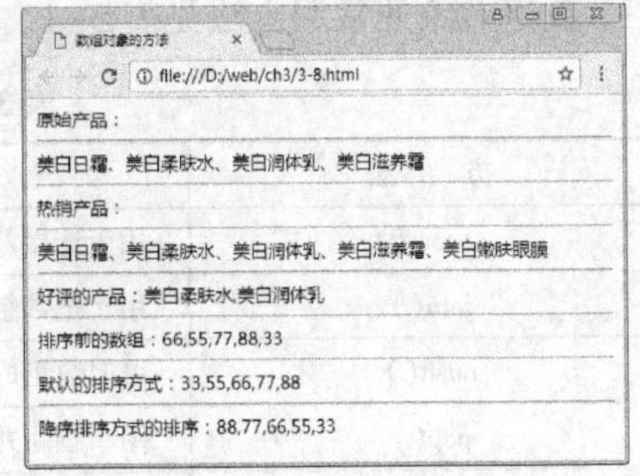

图 3-9　页面显示效果

【例 3-8】数组对象的方法示例，本例文件 3-8. html 在浏览器中的显示效果如图 3-9 所示。代码如下：

```
<html>
  <head>
  <title>数组对象的方法</title>
  </head>
  <body>
    <script type="text/javascript">
      var prods=new Array("美白日霜","美白柔肤水","美白润体乳","美白滋养霜");
      var newProd="美白嫩肤眼膜";
      var hotProds= prods. concat(newProd);
      showProds(prods,"原始产品");
      showProdsByJoin(hotProds,"热销产品");
      //手动将数组显示出来
      function showProds(prods,description){
          document. write(description+":<hr/>\t");
          for(var i=0;i<prods. length;i++){
              document. write(prods[i]);
              if(i! =prods. length-1){
                  document. write("、");
              }
          }
          document. write("<hr/>");
      }
      //使用 join 方法将数组显示出来
      function showProdsByJoin(prods,description){
          document. write(description+":<hr/>\t");
          document. write(prods. join("、"));
      }
      //slice 函数
      var betterProd=prods. slice(1,3);
      document. write("<hr/>好评的产品:"+betterProd);
      //排序函数
      var prices=[66,55,77,88,33];
      document. write("<hr/>排序前的数组:"+prices);
      document. write("<hr/>默认的排序方式:"+prices. sort());
      document. write("<hr/>降序排序方式的排序:"+prices. reverse());
    </script>
  </body>
</html>
```

3.2.3 日期对象

日期（Date）对象用于表示日期和时间，用户通过日期对象可以进行一系列与日期、时间有关的操作和控制。JavaScript 并没有提供真正的日期类型，它是从 1970 年 1 月 1 日 00:00:00

开始以 ms（毫秒）来计算当前时间的。表示日期的数据都是数值型的，可进行数学运算。

1. 日期对象的定义方法

日期对象的定义方法有以下 4 种：

1）创建日期对象实例，并赋值为当前时间，其格式为：

```
var 日期对象名 = new Date();
```

2）创建日期对象实例，并以 GMT（格林尼治平均时间，即 1970 年 1 月 1 日 0 时 0 分 0 秒 0 毫秒）的延迟时间来设定对象的值，其单位是 ms。其格式为：

```
var 日期对象名 = new Date(milliseconds);
```

3）使用特定的表示日期和时间的字符串 string，为创建的对象实例赋值。string 的格式与日期对象的 parse 方法相匹配，其格式为：

```
var 日期对象名 = new Date(string);
```

4）按照年、月、日、时、分、秒、毫秒的顺序，为创建的对象实例赋值。其格式为：

```
var 日期对象名 = new Date(year,month,day,hours,minutes,seconds,milliseconds);
```

Date 中的月份、日期、小时、分钟、秒、毫秒数都是从 0 开始，而年是从 1970 年开始。这一方法是从 UNIX 沿袭下来的，1970 年 1 月 1 日 0 时又被认为是 UNIX 的“创世纪”。

2. 日期对象的方法

Date 对象没有提供直接访问的属性，只具有获得日期、时间，设置日期、时间，格式转换的方法。

（1）获取日期、时间的方法

获得日期、时间的方法主要有以下几种。

getFullYear()：得到当前年份数。

getMonth()：得到当前月份数，0 代表一月，1 代表二月，11 代表 12 月。

getDate()：得到当前日期数。

getDay()：得到当前星期几。

getHours()：得到当前小时数。

getMinutes()：得到当前分钟数。

getSeconds()：得到当前秒数。

getTimeZoneOffset()：得到时区的偏移信息。

（2）设置日期和时间的方法

设置日期、时间的方法主要有以下几种。

setFullYear()：设置年份。

setMonth()：设置月份。

setDate()：设置日数。

setHours()：设置小时。

setMinutes()：设置分钟。

setSeconds()：设置秒数。

(3) 格式转换的方法

格式转换的方法主要有以下几种。

toGMTString()：转换成以格林尼治标准时间表达的字符串。

toLocaleString()：转换成以当地时间表达的字符串。

toString()：把时间信息转换为字符串。

parse：从表示时间的字符串中读出时间。

UTC：返回从格林尼治标准时间到指定时间的差距（单位为 ms）。

【例 3-9】制作一个节日倒计时的程序，本例文件 3-9.html 在浏览器中的显示效果如图 3-10 所示。代码如下：

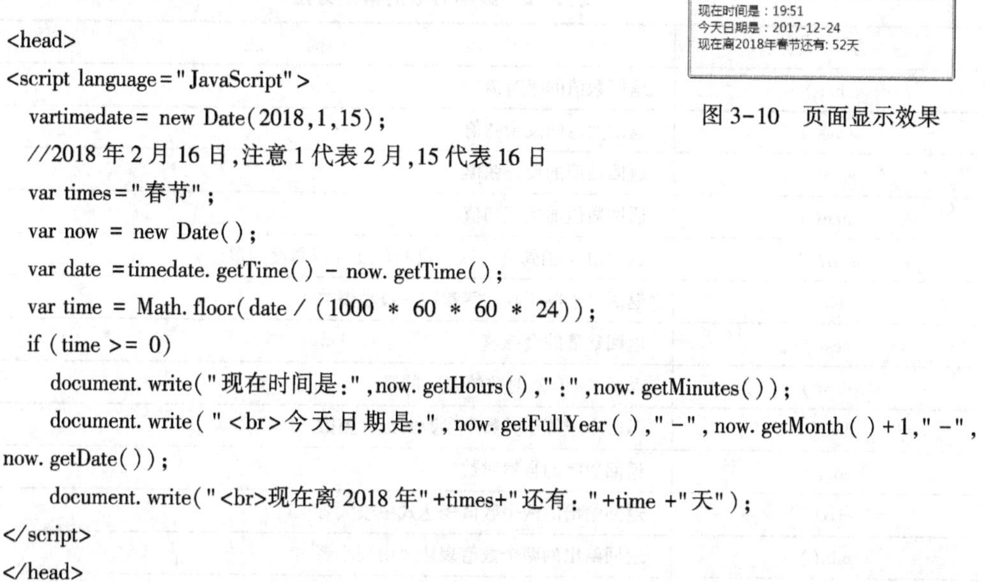

图 3-10　页面显示效果

```
<head>
<script language="JavaScript">
  vartimedate= new Date(2018,1,15);
  //2018 年 2 月 16 日,注意 1 代表 2 月,15 代表 16 日
  var times="春节";
  var now = new Date();
  var date =timedate.getTime() - now.getTime();
  var time = Math.floor(date / (1000 * 60 * 60 * 24));
  if (time >= 0)
    document.write("现在时间是:",now.getHours(),":",now.getMinutes());
    document.write("<br>今天日期是:",now.getFullYear(),"-",now.getMonth()+1,"-",
now.getDate());
    document.write("<br>现在离 2018 年"+times+"还有:"+time +"天");
</script>
</head>
```

3.2.4　数学对象

数学对象（Math）提供了一些数学运算中的常数及数学计算方法，在数学运算时非常有用。在 Math 对象中，提供了一些常用的数学常数，如圆周率、自然对数的底数等。与 String、Date 不同，Math 对象没有提供构造方法，可以直接使用 Math 对象。

数学对象是静态对象，不能用 new 关键字创建对象的实例，数学对象的调用方式为：

```
Math.数学函数名(参数表)
```

通常把数学对象中的数学常数作为数学对象的属性，把数学对象中的函数作为数学对象的方法。

1. 数学对象的属性

与其他对象属性不同的是，数学对象中的属性是只读的，可以使用的常数包括以下几种。

E：代表数学常数 e(=2.7182)。

LN10：10 的自然对数(=2.30259)。

LN2：2 的自然对数(=0.69315)。

PI：圆周率(=3.1415926)。

SQRT1_2：1/2(即0.5)的平方根(=0.7071)。

SQRT2：2的平方根(=1.4142)。

LOG2E：以2为底e（自然对数的底）的对数(=1.44269)。

LOG10E：以10为底e（自然对数的底）的对数(=0.4349)。

数学对象的常量和函数与其他对象一样，是区分大小写的。

2. 数学对象的方法

数学对象的常用方法，见表3-2。

表3-2 数学对象的常用方法

方 法	描 述
abs()	返回数值的绝对值
acos()	返回数值的反余弦值
asin()	返回数值的反正弦值
atan()	返回数值的反正切值
atan2()	返回由X轴到（y，x）点的角度（以弧度为单位）
ceil()	返回大于等于其数字参数的最小整数
cos()	返回数值的余弦值
exp()	返回e（自然对数的底）的幂
floor()	返回小于等于其数字参数的最大整数
log()	返回数字的自然对数
max()	返回给出的两个数值表达式中较大者
min()	返回给出的两个数值表达式中较小者
pow()	返回底表达式的指定次幂
random()	返回0~1的伪随机数
round()	返回与给出的数值表达式最接近的整数
sin()	返回数字的正弦值
sqrt()	返回数字的平方根
tan()	返回数字的正切值

数学对象中，函数的参数均为浮点型，且三角函数中的参数为弧度值。

【例3-10】 Math对象示例，本例文件3-10.html在浏览器中的显示效果如图3-11所示。代码如下：

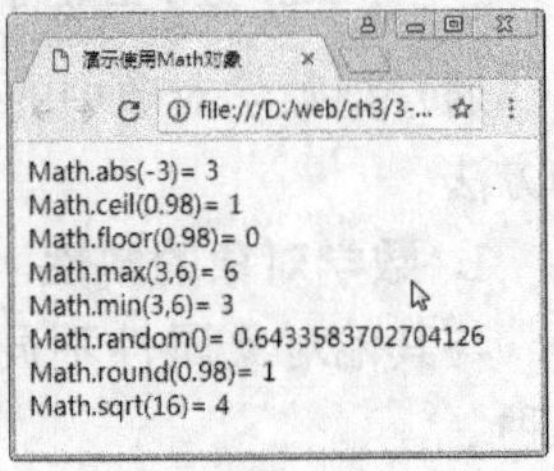

图3-11 页面显示效果

```
<html>
<head>
<title>演示使用 Math 对象</title>
<script language="JavaScript">
  document.write ("Math.abs(-3)= " + Math.abs(-3)+"<br>");
  document.write ("Math.ceil(0.98)= " +Math.ceil(0.98)+"<br>");
  document.write ("Math.floor(0.98)= " +Math.floor(0.98)+"<br>");
```

```
        document.write ("Math.max(3,6)=  " +Math.max(3,6)+"<br>");
        document.write ("Math.min(3,6)=  " +Math.min(3,6)+"<br>");
        document.write ("Math.random()=  " +Math.random()+"<br>");
        document.write ("Math.round(0.98)=  " +Math.round(0.98)+"<br>");
        document.write ("Math.sqrt(16)=  " +Math.sqrt(16)+"<br>");
    </script>
    </head>
    <body>
    </body>
    </html>
```

3.3 自定义对象

在 JavaScript 中可以使用内置对象，也可以创建用户自定义对象，但必须为该对象创建一个实例。这个实例就是一个新对象，它具有对象定义中的基本特征。这里介绍 3 种常用的创建自定义对象的方法。

3.3.1 原始方式

原始方式是一种通过初始化对象的值来建立自定义对象的方法。初始化对象的格式为：

对象={ 属性 1:属性值 1;属性 2:属性值 2;…属性 n:属性值 n};

【例 3-11】 使用原始方式创建自定义对象，本例文件 3-11.html 在浏览器中的显示效果如图 3-12 所示。

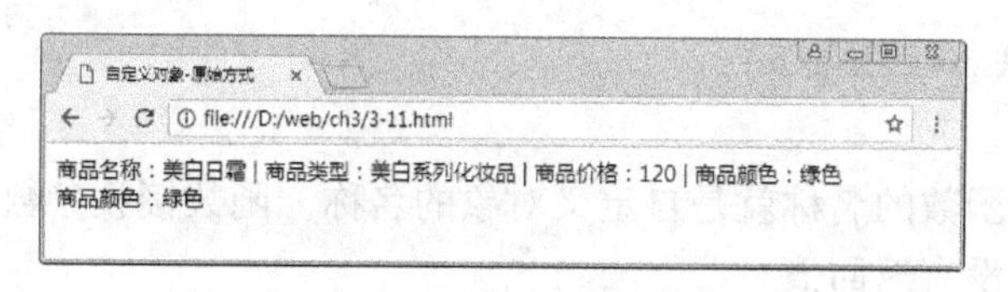

图 3-12　页面显示效果

代码如下：

```
<html>
  <head>
    <title>自定义对象-原始方式</title>
  </head>
  <body>
    <script type="text/javascript">
        var goods=new Object();
        goods.name="美白日霜";
        goods.type="美白系列化妆品";
        goods.price="120";
        goods.color="绿色";
```

```
        goods.showInfo=function(){
            document.write("商品名称:"+goods.name+" | 商品类型:"+goods.type+" | 商品价格:"+goods.price+" | 商品颜色:"+goods.color+"<br>");
        }
        goods.showColor=showColor;
        function showColor(){
            document.write("商品颜色:"+goods.color);
        }
        goods.showInfo();
        goods.showColor();
    </script>
  </body>
</html>
```

3.3.2 构造函数方式

通过构造函数创建一个 JavaScript 对象，这种方法的格式为：

```
function 对象名(属性 1,属性 2,…属性 n){
    this.属性 1=属性值 1;
    this.属性 2=属性值 2;
        …
    this.属性 n=属性值 n;
    this.方法 1=函数名 1;
    this.方法 2=函数名 2;
        …
    this.方法 m=函数名 m;
}
```

可以看出，构造函数的名称就是自定义对象的名称，函数接收参数用于初始化对象本身的属性。构造的函数没有返回值。

在定义对象的过程中，还定义了该对象的方法。在定义对象的方法时，方法名和所引用的函数名是两个概念，它们既可同名，也可以不同名。被引用的函数必须是在定义这个对象前定义好的，否则在执行时就会出错。

在定义好对象及其对应的方法后，就可创建这个对象的实例。与其他对象创建对象实例一样，自定义对象创建对象实例同样是用 new 语句。

【例 3-12】 使用构造函数方式创建自定义对象，本例文件 3-12.html 在浏览器中的显示效果如图 3-13 所示。

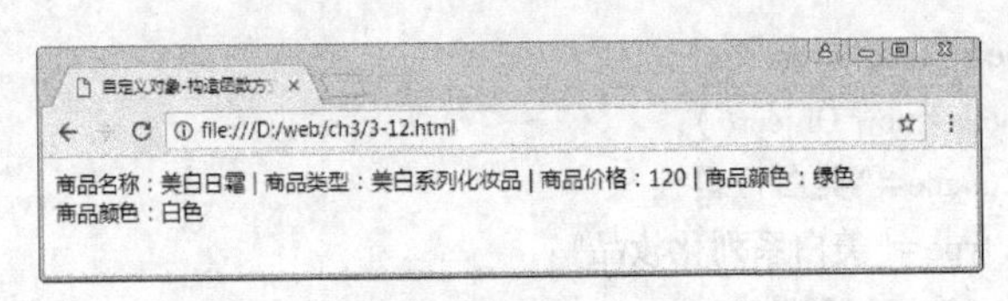

图 3-13　页面显示效果

代码如下：

```
<html>
  <head>
    <title>自定义对象-构造函数方式</title>
  </head>
  <body>
    <script type="text/javascript">
        //创建构造函数
        function Goods(name,type,price,color){
            this. name=name;
            this. type=type;
            this. price=price;
            this. color=color;
            this. showInfo=function(){
                document. write("商品名称:"+this. name+" | 商品类型:"+this. type+" | 商品价格:"+this. price+" | 商品颜色:"+this. color+"<br>");
            };
            this. showColor=showColor;
            function showColor(){
                document. write("商品颜色:"+this. color);
            }
        }
        //创建对象实例
        var goods1=new Goods("美白日霜","美白系列化妆品",120,"绿色");
        var goods2=new Goods("美白柔肤水","滋养系列化妆品",100,"白色");
        //方法的调用
        goods1. showInfo();
        goods2. showColor();
    </script>
  </body>
</html>
```

3.3.3 原型方式

原型方式通过 prototype 属性为对象添加新的属性或方法，语法格式为：

```
object. prototype. name = value;
```

参数说明如下：
参数 object 表示被扩展对象，包括内置对象和自定义对象；
参数 prototype 表示对象的原型；
参数 name 表示添加的属性或方法。
原型方式不仅能为自定义对象添加属性和方法，还能对内置对象进行扩展。

【例 3-13】使用原型方式创建自定义对象，本例文件 3-13. html 在浏览器中的显示效果如图 3-14 所示。代码如下：

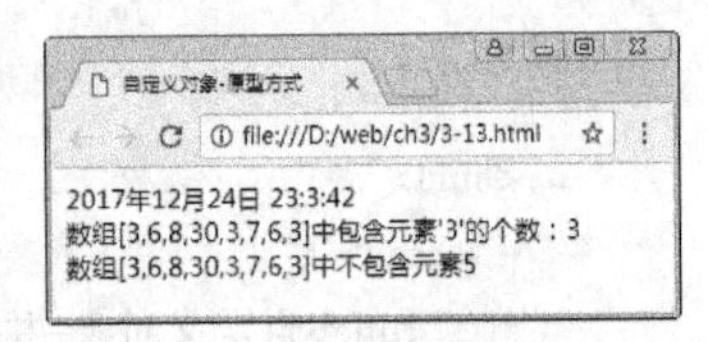

图 3-14　页面显示效果

```
<! doctype html>
<html>
<head>
  <title>自定义对象-原型方式</title>
</head>
<body>
    <script type="text/javascript">
        //为 Date 对象添加日期格式化方法
        Date. prototype. showTime=function( ){
            var dateStr="";
            var year=this. getFullYear( );
            var month=this. getMonth( )+1;
            var date=this. getDate( );
            var hour=this. getHours( );
            var minute=this. getMinutes( );
            var second=this. getSeconds( );
dateStr=dateStr+year+"年"+month+"月"+date+"日 "+hour+":"+minute+":"+second+"<br/>";
            return dateStr;
        };
        //为 Array 对象添加统计某个元素数量的方法
        Array. prototype. count=function(param){
            var num=0;
            for(var i=0;i<this. length;i++){
                if(this[i]==param){
                    num++;
                }
            }
            return num;
        };
        //为 Array 对象添加查找某个元素的方法
        Array. prototype. search=function(param){
            for(var i=0;i<this. length;i++){
                if(this[i]==param){
                    return true;
                }
            }
            return false;
        }
        //日期对象测试
```

```
        var date=new Date();
        document.write(date.showTime());
        //数组对象测试
        var array=[3,6,8,30,3,7,6,3];
        var countParam=3;
        var searchParam=5;
        document.write("数组["+array+"]中包含元素'"+countParam+"'的个数:"+array.count
(countParam)+"<br/>");
        document.write("数组["+array+"]中"+(array.search(searchParam)?"":"不")+"包含元
素"+searchParam);
        </script>
    </body>
    </html>
```

3.4 综合案例——制作美肤堂日期下拉菜单

在讲解了面向对象程序设计的基础上，本节讲解使用 JavaScript 程序实现美肤堂日期下拉菜单。

【例 3-14】 使用 JavaScript 程序实现美肤堂日期下拉菜单，本例文件 3-14. html 在浏览器中的显示效果如图 3-15 所示。

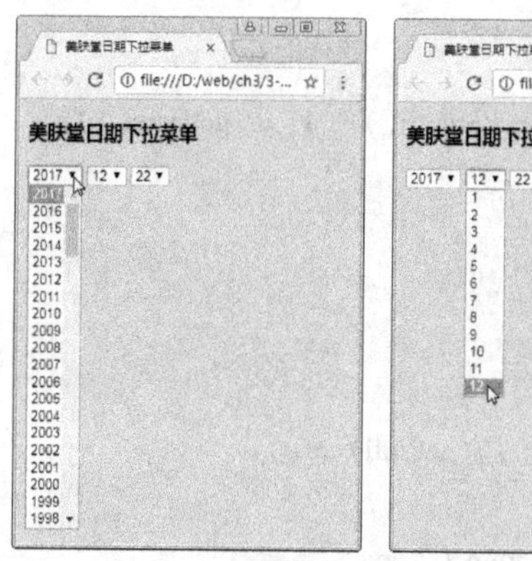

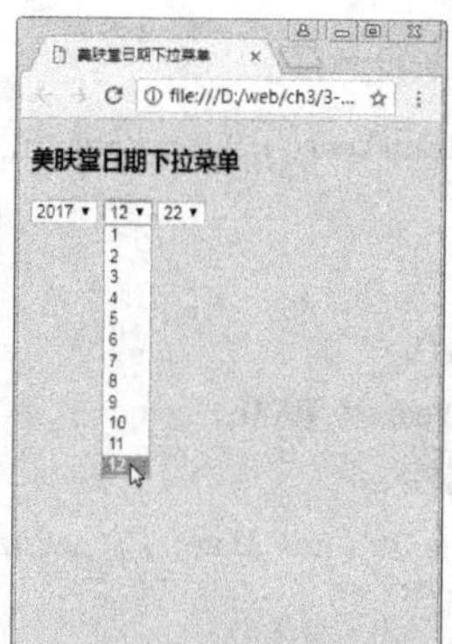

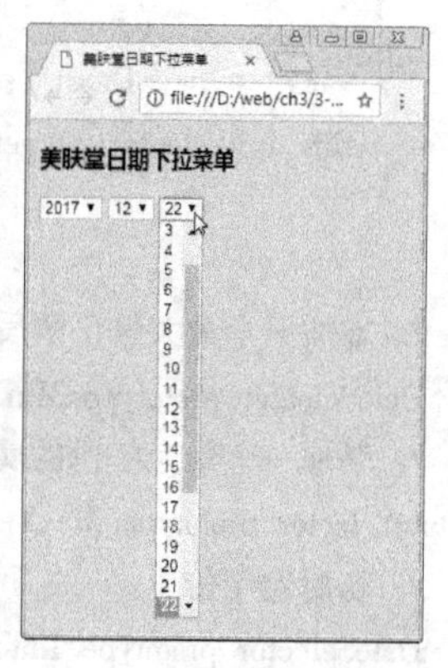

图 3-15　页面显示效果

代码如下：

```
<! doctype html>
<head>
<meta charset=gb2312">
<title>美肤堂日期下拉菜单</title>
<script type="text/javascript">
functionDateSelector(selYear, selMonth, selDay) {
  this.selYear = selYear;
  this.selMonth = selMonth;
```

```
this.selDay = selDay;
this.selYear.Group = this;
this.selMonth.Group = this;
// 给年份、月份下拉菜单添加处理 onchange 事件的函数
if (window.document.all != null)
{
  this.selYear.attachEvent("onchange", DateSelector.Onchange);
  this.selMonth.attachEvent("onchange", DateSelector.Onchange);
}
else
{
  this.selYear.addEventListener("change", DateSelector.Onchange, false);
  this.selMonth.addEventListener("change", DateSelector.Onchange, false);
}
if (arguments.length == 4) // 如果传入参数个数为 4,最后一个参数必须为 Date 对象
  this.InitSelector(arguments[3].getFullYear(), arguments[3].getMonth() + 1,    arguments[3]
.getDate());
else if (arguments.length == 6) // 如果传入参数个数为 6,最后三个参数必须为初始的年、月、日
数值
    this.InitSelector(arguments[3], arguments[4], arguments[5]);
    else // 默认使用当前日期
    {
      var dt = new Date();
      this.InitSelector(dt.getFullYear(), dt.getMonth() + 1, dt.getDate());
    }
  }
  // 增加一个最大年份的属性
  DateSelector.prototype.MinYear = 1900;
  // 增加一个最大年份的属性
 DateSelector.prototype.MaxYear = (new Date()).getFullYear();
  // 初始化年份
  DateSelector.prototype.InitYearSelect = function () {
  // 循环添加 OPION 元素到年份 select 对象中
  for (var i = this.MaxYear; i >= this.MinYear; i--) {
  // 新建一个 OPTION 对象
  var op = window.document.createElement("OPTION");
  // 设置 OPTION 对象的值
  op.value = i;
  // 设置 OPTION 对象的内容
  op.innerHTML = i;
  // 添加到年份 select 对象
  this.selYear.appendChild(op);
  }
```

```
}
// 初始化月份
DateSelector. prototype. InitMonthSelect = function ( ) {
// 循环添加 OPION 元素到月份 select 对象中
for ( var i = 1; i < 13; i++) {
  // 新建一个 OPTION 对象
  var op = window. document. createElement( "OPTION" ) ;
  // 设置 OPTION 对象的值
  op. value = i;
  // 设置 OPTION 对象的内容
  op. innerHTML = i;
  // 添加到月份 select 对象
  this. selMonth. appendChild( op) ;
  }
}
// 根据年份与月份获取当月的天数
DateSelector. DaysInMonth = function ( year, month) {
  var date = new Date( year, month, 0) ;
  return date. getDate( ) ;
}
// 初始化天数
DateSelector. prototype. InitDaySelect = function ( ) {
  // 使用 parseInt 函数获取当前的年份和月份
  var year = parseInt( this. selYear. value) ;
  var month = parseInt( this. selMonth. value) ;
  // 获取当月的天数
  var daysInMonth = DateSelector. DaysInMonth( year, month) ;
  // 清空原有的选项
  this. selDay. options. length = 0;
  // 循环添加 OPION 元素到天数 select 对象中
  for ( var i = 1; i <= daysInMonth; i++) {
  // 新建一个 OPTION 对象
  var op = window. document. createElement( "OPTION" ) ;
  // 设置 OPTION 对象的值
  op. value = i;
  // 设置 OPTION 对象的内容
  op. innerHTML = i;
  // 添加到天数 select 对象
  this. selDay. appendChild( op) ;
  }
}
// 处理年份和月份 onchange 事件的方法,它获取事件来源对象( 即 selYear 或 selMonth)
// 并调用它的 Group 对象提供的 InitDaySelect 方法重新初始化天数,参数 e 为 event 对象
```

```
DateSelector. Onchange = function (e) {
  var selector = window. document. all ! = null ? e. srcElement : e. target;
  selector. Group. InitDaySelect( ) ;
}
// 根据参数初始化下拉菜单选项
DateSelector. prototype. InitSelector = function (year, month, day) {
// 由于外部是可以调用这个方法,因此在这里也要将 selYear 和 selMonth 的选项清空掉
// 另外因为 InitDaySelect 方法已经有清空天数下拉菜单,因此这里就不用重复工作了
this. selYear. options. length = 0;
this. selMonth. options. length = 0;
// 初始化年、月
this. InitYearSelect( ) ;
this. InitMonthSelect( ) ;
// 设置年、月初始值
this. selYear. selectedIndex = this. MaxYear - year;
this. selMonth. selectedIndex = month - 1;
// 初始化天数
this. InitDaySelect( ) ;
// 设置天数初始值
this. selDay. selectedIndex = day - 1;
}
</script>
</head>
<body bgcolor="#c9e495">
  <h3>美肤堂日期下拉菜单</h3>
  <select id="selYear"></select>
  <select id="selMonth"></select>
  <select id="selDay"></select>
  <script type="text/javascript">
    var selYear = window. document. getElementById("selYear");
    var selMonth = window. document. getElementById("selMonth");
    var selDay = window. document. getElementById("selDay");
    // 新建一个 DateSelector 类的实例,将三个 select 对象传入
    new DateSelector(selYear, selMonth, selDay, 2017,12,22);
  </script>
</body>
</html>
```

习题 3

1）在页面中用中文显示当天的日期和星期，如图 3-16 所示。

2）在网页中显示一个工作中的数字时钟，如图 3-17 所示。

图 3-16　题 1 图

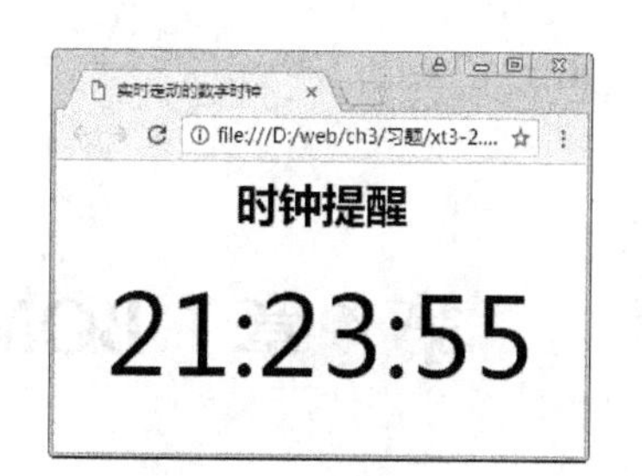

图 3-17　题 2 图

3）分别定义两个一维数组，分别把数组中的元素按原始顺序、升序排序和降序排序输出，如图 3-18 所示。

4）使用构造函数创建图书对象及实例，输出对象的所有属性和值，如图 3-19 所示。

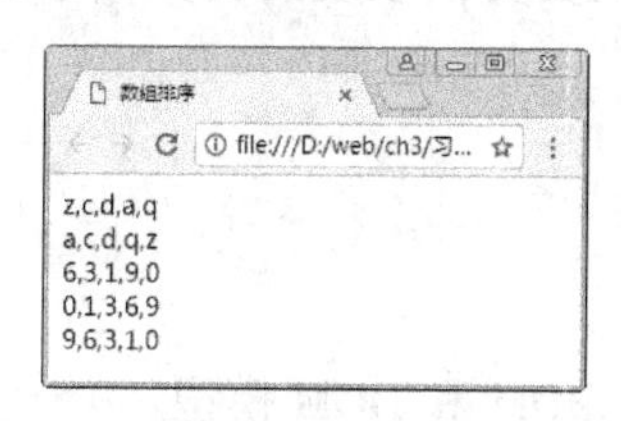

图 3-18　题 3 图

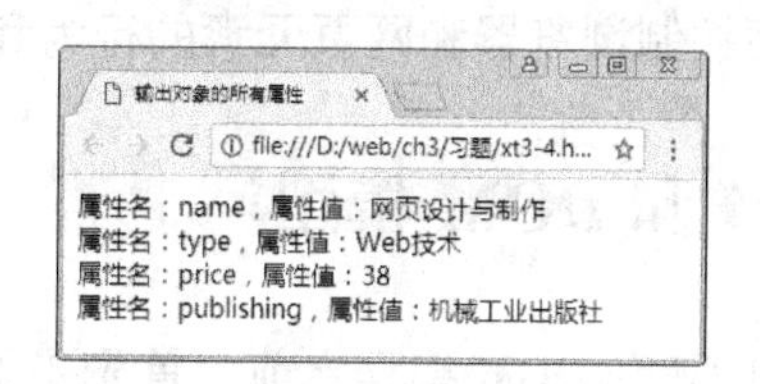

图 3-19　题 4 图

第4章 BOM和DOM编程

浏览器对象模型BOM定义了JavaScript操作浏览器的接口，提供了与浏览器窗口交互的功能，如获取浏览器窗口大小、版本信息、浏览历史记录等。JavaScript将浏览器本身、网页文档以及网页文档中的HTML元素等都用相应的内置对象来表示，其中一些对象是作为另外一些对象的属性而存在的，这些对象及对象之间的层次关系统称为DOM模型。在脚本程序中访问DOM对象，就可以实现对浏览器本身、网页文档以及网页文档中的HTML元素的操作，从而控制浏览器和网页元素的行为和外观。

4.1 BOM和DOM模型

在讲解BOM和DOM编程之前，首先要了解一下BOM和DOM模型。

4.1.1 BOM模型

BOM是Browser Object Model（浏览器对象模型）的缩写，该模型由一组浏览器对象组成，如图4-1所示。BOM最初只是ECMAScript的一个扩展，没有任何相关的标准，W3C也没有对该部分做出相应的规范，但由于大部分浏览器都支持BOM，所以BOM目前已经成为一种实际标准。在HTML5中，W3C正式将BOM纳入到其规范之中。BOM是用于描述浏览器中对象与对象之间层次关系的模型，提供了独立于页面内容并能够与浏览器窗口进行交互的对象结构。

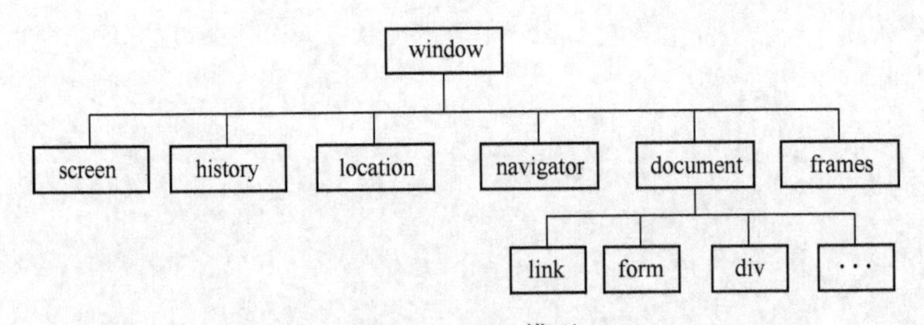

图4-1 BOM模型

window对象是BOM模型中的顶层对象，其他对象都是该对象的子对象。当浏览页面时，浏览器会为每一个页面自动创建window、document、location、navigator和history对象。

- window对象是BOM模型中的最高一层，通过window对象的属性和方法来实现对浏览器窗口的操作。
- document对象是BOM的核心对象，提供了访问HTML文档对象的属性、方法以及事件处理。
- location对象包含当前页面的URL地址，如协议、主机名、端口号和路径等信息。

- navigator 对象包含与浏览器相关的信息，如浏览器类型、版本等。
- history 对象包含浏览器的历史访问记录，如访问过的 URL、访问数量等信息。

4.1.2 DOM 模型

DOM（Document Object Model，文档对象模型）属于 BOM 的一部分，用于对 BOM 中的核心对象 document 进行操作。DOM 是一种与平台、语言无关的接口，允许程序和脚本动态地访问或更新 HTML 或 XML 文档的内容、结构和样式，且提供了一系列的函数和对象来实现访问、添加、修改及删除操作。HTML 文档中的 DOM 模型如图 4-2 所示，document 对象是 DOM 模型的根节点。

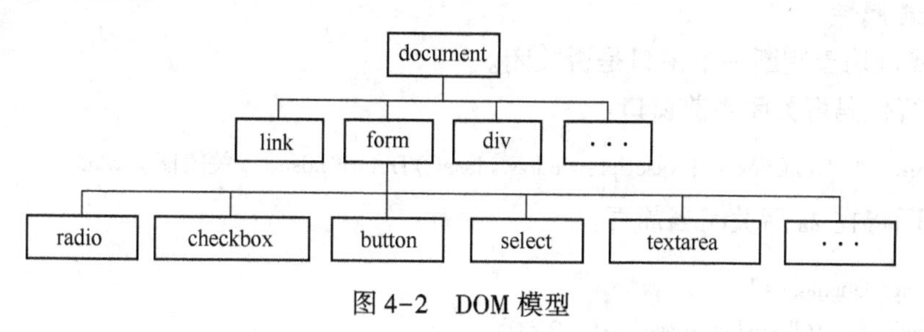

图 4-2　DOM 模型

DOM 对象的一个特点是，它的各种对象有明确的从属关系。也就是说，一个对象可能从属于另一个对象，而它又可能包含了其他的对象。网页文件中的各种元素对象都是 document 对象的直接或间接属性。

DOM 除了定义各种对象外，还定义了各个对象所支持的事件，以及各个事件所对应的用户的具体操作。

CSS、脚本编程语言和 DOM 的结合使用，能够使 HTML 文档与用户具有交互性和动态变换性，这 3 种技术的结合称为 DHTML（Dynamic HTML，动态 HTML）。下面介绍几个重要的浏览器对象，以及如何运用 JavaScript 编程实现用户与 Web 页面交互。

4.2　window 对象

窗口（window）对象处于整个从属关系的最高级，它提供了处理窗口的方法和属性。每一个 window 对象代表一个浏览器窗口。

4.2.1　window 对象的属性

window 对象的属性见表 4-1。

表 4-1　window 对象的属性

属　性	描　述
closed	只读，返回窗口是否已被关闭
opener	可返回对创建该窗口的 window 对象的引用
defaultstatus	可返回或设置窗口状态栏中的默认内容
status	可返回或设置窗口状态栏中显示的内容

（续）

属　性	描　述
innerWidth	只读，窗口的文档显示区的宽度（单位像素）
innerHeight	只读，窗口的文档显示区的高度（单位像素）
parent	如果当前窗口有父窗口，表示当前窗口的父窗口对象
self	只读，对窗口自身的引用
top	当前窗口的最顶层窗口对象
name	当前窗口的名称

1. closed 属性

closed 属性用于判断一个窗口是否关闭。

下面一行代码可关闭当前窗口：

```
<ahref="/" onClick="javascript:window.close();return false;">关闭窗口</a>
```

下面代码将在 2s 后关闭当前页：

```
<script language="JavaScript">
  setTimeout("window.close();", 2000);
</script>
```

2. opener 属性

opener 属性用于存放 open()方法，打开窗口的父窗口。

3. defaultstatus 属性

defaultstatus 属性用于设置浏览器状态栏默认的显示信息。

4. status 属性

status 属性用于设置浏览器状态栏当前显示的信息。

5. innerWidth 属性

innerWidth 属性用于获取窗口的文档显示区的宽度。

6. innerHeight 属性

innerHeight 属性用于获取窗口的文档显示区的高度。

【例 4-1】 获取窗口的文档显示区的宽度和高度。单击“获得窗口的大小”按钮后，弹出消息框显示当前窗口的宽度和高度，本例文件 4-1.html 在浏览器中显示的效果如图 4-3 所示。

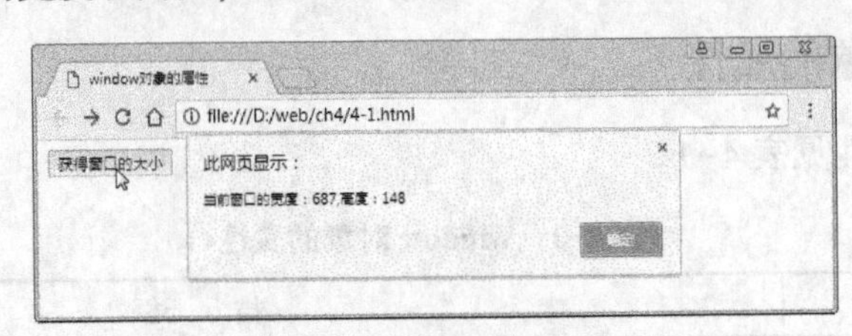

图 4-3　页面显示效果

代码如下：

```
<html>
<head>
```

```
<title>window 对象的属性</title>
  <script type="text/javascript">
    functiongetWidthAndHeight(){
        alert("当前窗口的宽度:"+window.innerWidth+",高度:"+window.innerHeight);
    }
  </script>
</head>
<body>
  <input type="button" value="获得窗口的大小" onclick="getWidthAndHeight()" />
</body>
</html>
```

7. 其他属性

除了以上常用的属性，document、location、history 这 3 个下级对象也作为 window 对象的属性。例如，下面代码将自动转到新的 URL：

```
<html>
<head>
<script language="JavaScript">
  window.location = "http://www.163.com/";      // 新的 URL
</script>
</head>
<body>
  <p>当前网页</p>                                // 本内容来不及显示就立即转到新的 URL
</body>
</html>
```

4.2.2 window 对象的方法

在前面的章节已经使用了 prompt()、alert()和 confirm()等预定义函数，在本质上是 window 对象的方法。除此之外，window 对象还提供了一些其他方法，见表 4-2。

表 4-2 window 对象的常用方法

方　法	描　述
open()	打开一个新的浏览器窗口或查找一个已命名的窗口
close()	关闭浏览器窗口
alert()	显示带有一段消息和一个确认按钮的对话框
prompt()	显示可提示用户输入的对话框
confirm()	显示带有一段消息以及确认按钮和取消按钮的对话框
moveBy(x,y)	可相对窗口的当前坐标将它移动指定的像素
moveTo(x,y)	可把窗口的左上角移动到一个指定的坐标(x,y)，但不能将窗口移出屏幕
setTimeout(code,millisec)	在指定的毫秒数后调用函数或计算表达式，仅执行一次
setInterval(code,millisec)	按照指定的周期（以毫秒计）来调用函数或计算表达式

（续）

方　法	描　述
clearTimeout()	取消由 setTimeout()方法设置的计时器
clearInterval()	取消由 setInterval()设置的计时器
focus()	可把键盘焦点给予一个窗口
blue()	可把键盘焦点从顶层窗口移开

在 window 对象中，常用的方法有 open()、close()、setTimeout()、setInterval()和 clear-Timeout()等。

1. open 方法

open () 方法用于打开一个新窗口。其格式为：

vartargetWindow = window. open(url, name, features, replace)

参数 features 用于设置窗口在创建时所具有的特征，如标题栏、菜单栏、状态栏、是否全屏显示等特征，见表 4-3。

表 4-3　窗口特征

窗口特征	描　述
channelmode	是否使用 channel 模式显示窗口，取值范围 yes｜no｜1｜0，默认为 no
directories	是否添加目录按钮，取值范围 yes｜no｜1｜0，默认为 yes
fullscreen	是否使用全屏模式显示浏览器，取值范围 yes｜no｜1｜0，默认为 no
location	是否显示地址栏，取值范围 yes｜no｜1｜0，默认为 yes
menubar	是否显示菜单栏，取值范围 yes｜no｜1｜0，默认为 yes
resizable	窗口是否可调节尺寸，取值范围 yes｜no｜1｜0，默认为 yes
scrollbars	是否显示滚动条，取值范围 yes｜no｜1｜0，默认为 yes
status	是否添加状态栏，取值范围 yes｜no｜1｜0，默认为 yes
titlebar	是否显示标题栏，取值范围 yes｜no｜1｜0，默认为 yes
toolbar	是否显示浏览器的工具栏，取值范围 yes｜no｜1｜0，默认为 yes
width	窗口显示区的宽度，单位是像素
height	窗口显示区的高度，单位是像素
left	窗口的 x 坐标，单位是像素
top	窗口的 y 坐标，单位是像素

例如，下面代码在打开当前页时打开一个自定义窗口参数的广告窗口，窗口中显示页面 mftnews. html 的信息：

```
<script type="text/javascript">
varnewWindow = window. open("mftnews. html","广告窗口",
    "width=300,height=200,toolbar=no,menubar=no,location=no,status=no,resizable=yes");
</script>
```

2. close()方法

close()方法用于关闭指定的浏览器窗口。其格式为：

```
targetWindow.close()
```

当关闭当前页面时，参数 targetWindow 可以是 window 对象，也可省略；当关闭当前页面中所打开的其他页面时，windowObject 为目标窗口对象。

3. alert()方法

alert()方法用于弹出警告框，参数为警告信息。其格式为：

```
alert("text");
```

参数 text 可以是一个表达式。不过，最终 alert()方法接收到的是字符串值。

4. confirm()方法

confirm()方法用于弹出确认框，参数为确认信息。其格式为：

```
confirm("text");
```

类似于 alert()方法，confirm()方法只接收 1 个参数，并转换为字符串值显示。而 confirm()方法还会产生一个值为 true 或 false 的结果，即返回一个布尔值。当浏览者单击对话框中的“确定”按钮，confirm()方法将返回 true；单击对话框中的“取消”按钮，confirm()方法将返回 false。JavaScript 程序可以使用判断语句对这两种值作出不同处理，以达到显示不同结果的目的。

5. prompt()方法

prompt()方法用于提示对话框，一般用于类似题目测试这样的小程序。提示对话框显示一段提示文本，其下面是一个等待浏览者输入的文本框，并伴有“确定”和“取消”按钮。其格式为：

```
prompt(text,defaultText)
```

参数 text 为提示信息，defaultText 为默认值。例如，下面代码执行时弹出提示对话框，要求用户输入文本，确定后显示刚才输入的文本：

```
<html>
<head>
<scriptlanguaga="JavaScript">
  var test=window.prompt("请输入数据:","");
  document.write("<p style='font:9pt;color:#009900'>您输入的是:"+test+"</p>");
</script>
</head>
</html>
```

6. setTimeout()方法

setTimeout()方法用于设置一个计时器，在指定的时间间隔后调用函数或计算表达式，且仅执行一次。其格式为：

```
var id_Of_timeout=setTimeout(code,millisec)
```

其中：

- 参数 code 必需，表示被调用的函数或需要执行的 JavaScript 代码串。

- 参数 millisec 必需，表示在执行代码前需等待的时间（以毫秒计）。
- code 代码仅执行一次。
- setTimeout( )方法返回一个计时器的 ID。

【例 4-2】设置计时器，页面初次加载时显示初始的提示信息，延时 5000 ms 后再调用 hello( )函数，显示其对话框，本例文件 4-2. html 在浏览器中显示的效果如图 4-4 和图 4-5 所示。

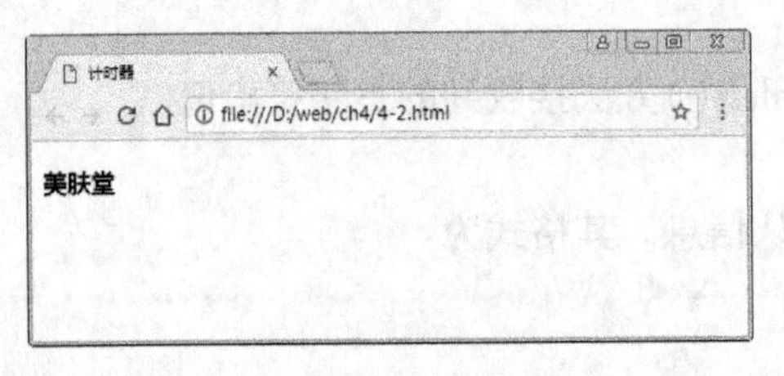

图 4-4　页面初次加载时显示的信息

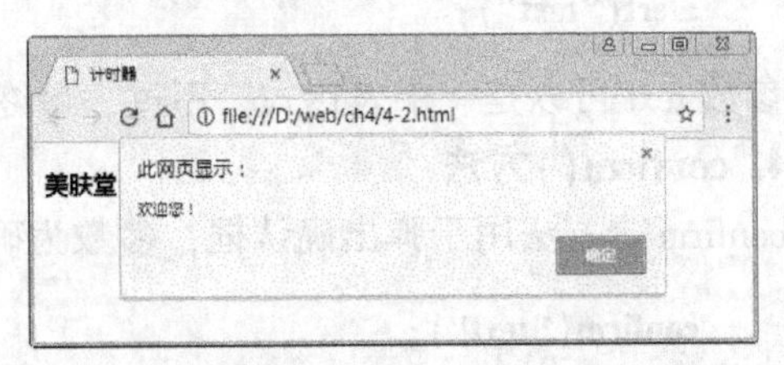

图 4-5　延时 5000 ms 后显示对话框

代码如下：

```
<html>
<head>
<title>计时器</title>
<script>
  function hello( ) {
    window. alert("欢迎您!");
  }
  window. setTimeout("hello( )",5000);//延时 5000ms 后再调用 hello( )函数
</script>
</head>
<body>
  <h3>美肤堂</h3>
</body>
</html>
```

7. clearTimeout( )方法

clearTimeout( )方法用于取消由 setTimeout( )方法所设置的计时器。其格式为：

clearTimeout(id_Of_timeout)

其中，参数 id_Of_timeout 表示由 setTimeout( )方法返回的计时器 ID。

8. setInterval( )方法

setInterval( )方法用于设置一个定时器，按照指定的周期（以毫秒计）调用函数或计算表达式。其格式为：

var id_Of_Interval=setInterval(code,millisec)

其中：

- 参数 code 必需，表示被调用的函数或需要执行的 JavaScript 代码串。

- 参数 millisec 必需，表示调用 code 代码的时间间隔（以毫秒计）。
- setInterval( )方法返回一个定时器的 ID。
- setInterval( )方法会不停地调用 code 代码，直到被 clearInterval( )方法取消或关闭窗口。

9. clearInterval( )方法

clearInterval( )方法用于取消由 setInterval( )方法所设置的定时器。其格式为：

clearInterval(id_Of_Interval)

其中，参数 id_Of_Interval 表示由 setInterval( )方法返回的计时器 ID。

4.3 document 对象

文档（document）对象包含当前网页的各种特征，是 window 对象的子对象，指在浏览器窗口中显示的内容部分，如标题、背景、使用的语言等。

4.3.1 document 对象的属性

document 对象的属性见表 4-4。

表 4-4 document 对象的属性

属　性	描　述
body	提供对 body 元素的直接访问
cookie	设置或查询与当前文档相关的所有 cookie
referrer	返回载入当前文档的文档 URL
URL	返回当前文档的 URL
lastModified	返回文档最后被修改的日期和时间
domain	返回下载当前文档的服务器域名
all[ ]	返回对文档中所有 HTML 元素的引用，all[ ]已经被 document 对象的 getElementById( )等方法替代
forms[ ]	返回对文档中所有的 form 对象集合
images[ ]	返回对文档中所有的 image 对象集合，但不包括由<object>标签内定义的图像

【例 4-3】网页的初始背景色为白色，单击“绿色”按钮，将把网页的背景色改变为绿色，本例文件 4-3. html 在浏览器中显示的效果如图 4-6 和图 4-7 所示。

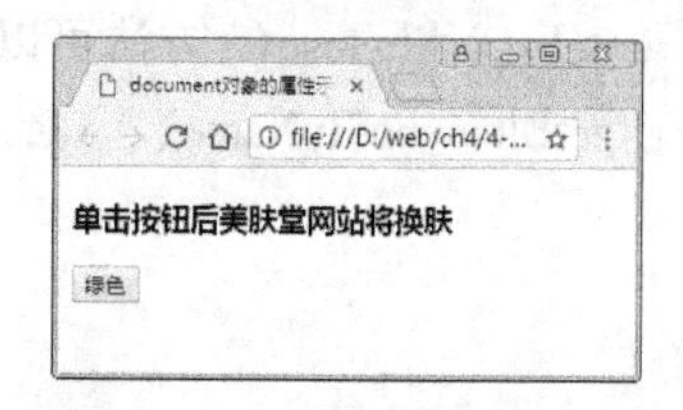

图 4-6　网页的初始背景色

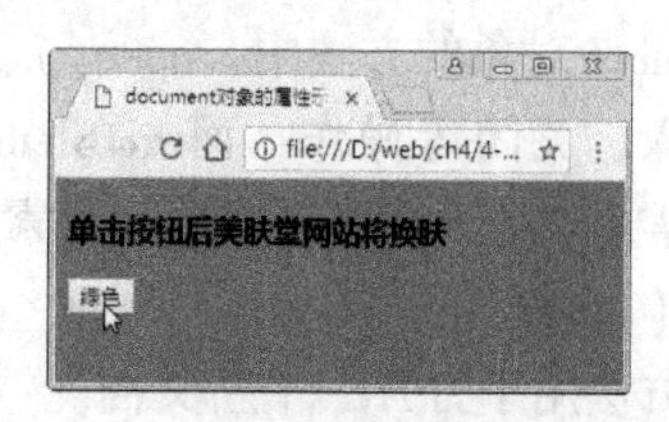

图 4-7　单击按钮改变网页的背景色

代码如下：

```
<script language="JavaScript">
  document.bgColor="white";               // 原来的颜色
  functionchangecolor(){                  // 动态改变颜色
    document.bgColor="#077c2b";
  }
</script>
</head>
<body bgcolor="white" style="font:9pt">
  <h3>单击按钮后美肤堂网站将换肤</h3>
  <form >
    <input type="button" value="绿色" onclick="changecolor()">
  </form>
</body>
</html>
```

4.3.2 document 对象的方法

document 对象的方法从整体上分为以下两大类：

- 对文档流的操作。
- 对文档元素的操作。

document 对象的方法见表 4-5。

表 4-5 document 对象的方法

方法	描述
open()	打开一个新文档，并擦除当前文档的内容
write()	向文档写入 HTML 或 JavaScript 代码
writeln()	write()方法作用基本相同，在每次内容输出后额外加一个换行符（\n）
close()	关闭一个由 document. open()方法打开的输出流，并显示选定的数据
getElementById()	返回拥有指定 ID 的第一个对象
getElementsByName()	返回带有指定名称的对象的集合
getElementsByTagName()	返回带有指定标签名的对象的集合
getElementsByClassName()	返回带有指定 class 属性的对象集合，该方法属于 HTML5 DOM

在 document 对象的方法中，open()、write()、writeln()和 close()方法可以实现文档流的打开、写入、关闭等操作；而 getElementById()、getElementsByName()、getElementsByTagName()等方法用于操作文档中的元素。

1. open()方法

open()方法用于打开一个新文档。

2. write()和 writeln()方法

write()和 writeln()方法都用于向文档流中输出内容；当输出内容为纯文本时，将在页面中直接显示；当输出内容为 HTML 标签时，由浏览器解析后进行显示。

writeln( )与 write( )基本相同，区别在于 writeln( )每次输出结果之后额外加一个换行符（\n）。页面中的换行通常使用
标签而非换行符（\n），换行符仅在<pre>标签中起作用。

3. close( )方法

close( )用于关闭当前文档。

【例 4-4】文档的打开、写入、关闭操作。网页加载后显示文档的原始内容，单击“单击将显示新文档”按钮，用新文档的内容替换浏览器中的原始内容，本例文件 4-4. html 在浏览器中显示的效果如图 4-8 和图 4-9 所示。

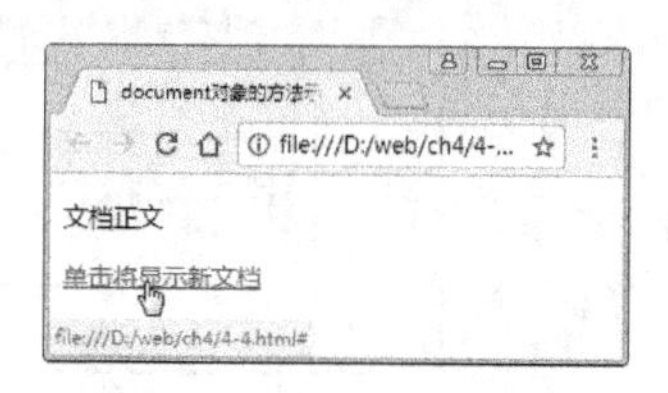

图 4-8　文档的原始内容

图 4-9　替换后的文档内容

代码如下：

```
<html>
<head>
<title> document 对象的方法示例</title>
<script language="JavaScript">
  functionnewDocument( ) {
    document. open( );                              //打开一个新文档
    document. write("<p>新文档内容</p>");           //向文档流中输出内容
    document. close( );                             //关闭当前文档
  }
</script>
</head>
<body>
  <p>文档正文</p>
  <p><a href="#" onClick="newDocument( )">单击将显示新文档</a></p>
</body>
</html>
```

4. getElementById( )方法

getElementById( )方法用于返回指定 ID 的元素。当页面中有多个 ID 相同的元素时，只返回第一个符合条件的元素。在页面元素操作时，元素的 ID 应尽量唯一，以免因浏览器不兼容而导致无法实现页面效果。

5. getElementsByName( )方法

getElementsByName( )方法用于返回指定 name 属性的元素集合，多用于单行文本框和复选框等具有 name 属性的元素。

6. getElementsByTagName( )方法

getElementsByTagName( )方法用于返回指定标签名的元素集合，元素在集合中的顺序即是其在文档中的顺序。当参数为“＊”时，将返回页面中所有的标签元素。

7. getElementsByClassName( )方法

getElementsByClassName( )用于返回指定 class 属性的元素集合，该方法属于 HTML5 DOM 中新定义的方法，在 IE 8 及之前版本中无效。

【例 4-5】 使用 getElementById( )、getElementsByName( )、getElementsByTagName( )方法操作文档中的元素。浏览者填写表单中的选项后，单击“统计结果”按钮，弹出消息框显示统计结果，本例文件 4-5. html 在浏览器中显示的效果如图 4-10 所示。

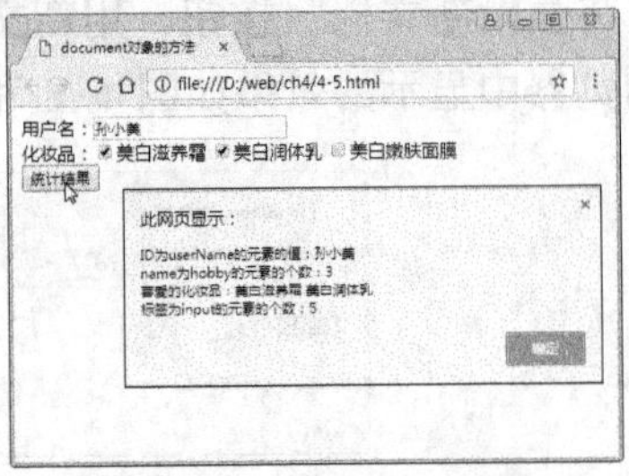

图 4-10　页面显示效果

代码如下：

```
<!doctype html>
<html>
<head>
<title>document 对象的方法</title>
<script type="text/javascript">
  function count(){
    var userName=document.getElementById("userName");
    var hobby=document.getElementsByName("hobby");
    var inputs=document.getElementsByTagName("input");
    var result="ID 为 userName 的元素的值:"+userName.value+"\nname 为 hobby 的元素的个数:"+hobby.length+"\n\t 喜爱的化妆品:";
    for(var i=0;i<hobby.length;i++){
      if(hobby[i].checked){
        result+=hobby[i].value+" ";
      }
    }
    result+="\n 标签为 input 的元素的个数:"+inputs.length
    alert(result);
  }
</script>
</head>
<body>
  <form name="myform">
        化妆品:<input type="checkbox" name="hobby" value="美白滋养霜"/>美白滋养霜
        <input type="checkbox" name="hobby" value="美白润体乳"/>美白润体乳
        <input type="checkbox" name="hobby" value="美白嫩肤面膜"/>美白嫩肤面膜<br/>
    <input type="button" value="统计结果" onclick="count()"/>
  </form>
</body>
</html>
```

4.4 location 对象

位置（location）对象是 window 对象的子对象，用于提供当前窗口或指定框架的 URL 地址。

4.4.1 location 对象的属性

location 对象中包含当前页面的 URL 地址的各种信息，如协议、主机服务器和端口号等。location 对象的属性见表 4-6。

表 4-6 location 对象的属性

属　性	描　述
protocol	设置或返回当前 URL 的协议
host	设置或返回当前 URL 的主机名称和端口号
hostname	设置或返回当前 URL 的主机名
port	设置或返回当前 URL 的端口部分
pathname	设置或返回当前 URL 的路径部分
href	设置或返回当前显示的文档的完整 URL
hash	URL 的锚部分（从#号开始的部分）
search	设置或返回当前 URL 的查询部分（从问号？开始的参数部分）

4.4.2 location 对象的方法

location 对象提供了以下 3 个方法，用于加载或重新加载页面中的内容。location 对象的方法见表 4-7。

表 4-7 location 对象的方法

方　法	描　述
assign(url)	可加载一个新的文档，与 location. href 实现的页面导航效果相同
reload(force)	用于重新加载当前文档；参数 force 默认为 false；当参数 force 为 false 且文档内容发生改变时，从服务器端重新加载该文档；当参数 force 为 false 但文档内容没有改变时，从缓存区中装载文档；当参数 force 为 true 时，每次都从服务器端重新加载该文档
replace(url)	使用一个新文档取代当前文档，且不会在 history 对象中生成新的记录

通过 location. href 属性提供页面完整的 URL 地址信息，location. href 或 location 均可用于设置或返回当前页面的 URL 地址，例如下面的示例代码：

```
location. href = "http://www. mft. com" ;
location = " admin/index. html" ;
```

4.5 history 对象

历史（history）对象用于保存用户在浏览网页时所访问过的 URL 地址，history 对象的 length 属性表示浏览器访问历史记录的数量。由于隐私方面的原因，JavaScript 不允许通过 history 对象获取已经访问过的 URL 地址。

history 对象提供了 back( )、forward( )和 go( )方法来实现针对历史访问的前进与后退功能，见表 4-8。

表 4-8 history 对象的方法

方法	描述
back( )	加载 history 列表中的前一个 URL
forward( )	加载 history 列表中的下一个 URL
go( )	加载 history 列表中的某个具体页面

【例 4-6】下面程序建立“上一页”和“下一页”按钮，来模仿浏览器的“前进”和“后退”按钮，本例文件 4-6. html 在浏览器中显示的效果如图 4-11 所示。代码如下：

```
<!doctype html>
<html>
<head>
<title>历史对象示例</title>
<script language="JavaScript">
  function back(){
    window.history.back();
  }
  function forward(){
    window.history.forward();
  }
</script>
</head>
<body>
  <h3 align="center">美肤堂新闻中心</h3><hr>
    美肤堂,是一套完整意义的现代中草药系列护理产品,尊崇中国美容经典。
  <br><br><br><br>
<div align="center">
  <form>
      <input type="button" value="<上一页" onclick="back()">
      <input type="button" value=">下一页" onclick="forward()">
    </form>
  </div>
</body>
</html>
```

图 4-11 页面显示效果

4.6 navigator 对象

navigator 对象中包含浏览器的相关信息，如浏览器名称、版本号和脱机状态等信息。navigator 对象的属性见表 4-9。

表 4-9　navigator 对象的属性

属　性	描　述
appCodeName	返回返回浏览器的代码名
appMinorVersion	返回浏览器的次级版本
appName	返回浏览器的名称
appVersion	返回浏览器的平台和版本信息
browserLanguage	返回当前浏览器的语言
cookieEnabled	返回指明浏览器中是否启用 cookie 的布尔值
cpuClass	返回浏览器系统的 CPU 等级
onLine	返回指明系统是否处于脱机模式的布尔值
platform	返回运行浏览器的操作系统平台
systemLanguage	返回操作系统使用的默认语言
userAgent	返回由客户机发送服务器的 user-agent 头部的值
userLanguage	返回用户设置的操作系统的语言

【例 4-7】使用 navigator 对象获取浏览器信息，本例文件 4-7. html 在浏览器中显示的效果如图 4-12 所示。代码如下：

```
<html>
<head>
<title>navigator 对象获取浏览器信息</title>
</head>
<body>
<script language="JavaScript">
  document. write("浏览器名称:"+navigator. appName+"<br>");
  document. write("浏览器版本:"+navigator. appVersion+"<br>");
  document. write("浏览器的代码名称:"+navigator. appCodeName+"<br>");
  document. write("是否启用 cookie:"+navigator. cookieEnabled +"<br>");
  document. write("浏览器的语言:"+navigator. browserLanguage +"<br>");
  document. write("操作系统平台:"+navigator. platform +"<br>");
  document. write("CPU 等级:"+navigator. cpuClass +"<br>");
</script>
</body>
</html>
```

图 4-12　页面显示效果

4.7 screen 对象

screen 对象包含了当前用户的屏幕设置，如屏幕的宽度、高度以及颜色深度等。screen 对象的属性见表 4-10。

表 4-10　screen 对象的属性

属　性	描　述
width、height	分别返回屏幕的宽度、高度，以像素为单位（下同）
availWidth	返回屏幕的可用宽度
availHeight	返回屏幕的可用高度（除 window 任务栏之外）
colorDepth	返回屏幕的颜色深度，即用户在“显示属性”对话框“设置”选项中的颜色位置

【例 4-8】 使用 screen 对象检测屏幕分辨率。单击“用户注册”按钮时，如果检测当前的屏幕分辨率不是 1024×768 像素，弹出消息框提示重新设置分辨率；单击“退出”按钮时，弹出确认框提示是否退出系统。本例文件 4-8. html 在浏览器中显示的效果如图 4-13 所示。

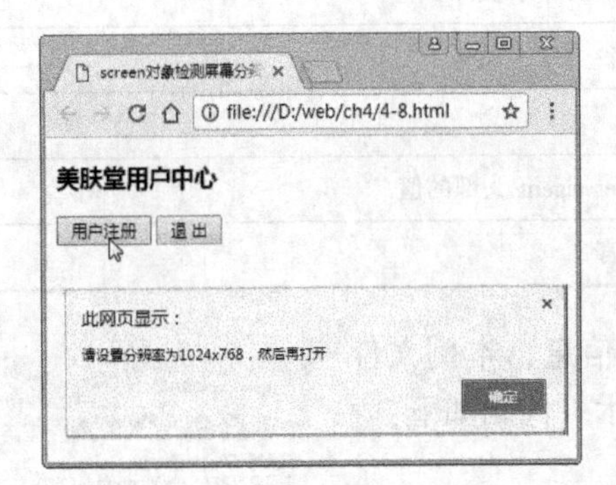

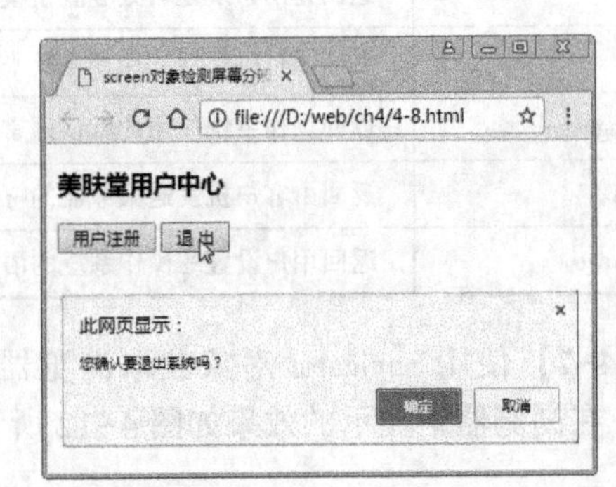

图 4-13　页面显示效果

代码如下：

```
<!doctype html>
<html>
<head>
<title>screen 对象检测屏幕分辨率</title>
<script language="javascript">
    functionopenwindow( ) {
      if (window. screen. width == 1024 && window. screen. height == 768)
        window. open("register. html");
      else
        window. alert("请设置分辨率为 1024×768,然后再打开");
    }
    functionclosewindow( ) {
      if(window. confirm("您确认要退出系统吗?"))
```

```
        window.close();
    }
</script>
</head>
<body>
<h3>美肤堂用户中心</h3>
<form>
<input type="button" name="regButton" value=" 用户注册 " onclick="openwindow()" />
<input type="button" name="exitButton" value=" 退 出 " onclick="closewindow()" />
</form>
</body>
</html>
```

4.8 Form 对象

Form 对象是 document 对象的子对象，通过 Form 对象可以实现表单验证等效果，还可以访问表单对象的属性及方法。语法格式为：

document. 表单名称 . 属性
document. 表单名称 . 方法(参数)
document. forms[索引]. 属性
document. forms[索引]. 方法(参数)

4.8.1 Form 对象的属性

Form 对象的属性见表 4-11。

表 4-11 Form 对象的属性

属 性	描 述
elements[ ]	返回包含表单中所有元素的数组；元素在数组中出现的顺序与在表单中出现的顺序相同
enctype	设置或返回用于编码表单内容的 MIME 类型，默认值是"application/x-www-form-urlencoded"；当上传文件时，enctype 属性应设为"multipart/form-data"
target	可设置或返回在何处打开表单中的 action-URL，可以是_blank、_self、_parent、_top
method	设置或返回用于表单提交的 HTTP 方法
length	用于返回表单中元素的数量
action	设置或返回表单的 action 属性
name	返回表单的名称

4.8.2 Form 对象的方法

Form 对象的方法见表 4-12。

表 4-12 Form 对象的方法

方 法	描 述
submit()	表单数据提交到 Web 服务器
reset()	对表单中的元素进行重置

提交表单有两种方式：submit 提交按钮和 submit()提交方法。

在<form>标签中，onsubmit 属性用于指定在表单提交时调用的事件处理函数；在 onsubmit 属性中使用 return 关键字表示根据被调用函数的返回值来决定是否提交表单，当函数返回值为 true 时则提交表单，否则不提交表单。

4.9 DOM 节点

HTML 文档的结构是一种树形结构，HTML 中的标签和属性可以看作 DOM 树中的节点。节点又分为元素节点、属性节点、文本节点、注释节点、文档节点和文档类型节点，各种节点统称为 Node 对象，通过 Node 对象的属性和方法可以遍历整个文档树。

4.9.1 Node 对象

Node 对象的属性用于获得该节点的类型，见表 4-13。

表 4-13 DOM 节点的类型

属 性	nodeType 值	描 述	示 例
元素（Element）	1	HTML 标签	<div></div>
属性（Attribute）	2	HTML 标签的属性	type="text"
文本（Text）	3	文本内容	HelloJavaScript!
注释（Comment）	8	HTML 注释段	<!--注释-->
文档（Document）	9	HTML 文档根节点	<html>
文档类型（DocumentType）	10	文档类型	<!doctype html>

4.9.2 Element 对象

Element 对象继承了 Node 对象，是 Node 对象中的一种，常用的属性见表 4-14。

表 4-14 Element 对象的属性

属 性	描 述
attributes	返回指定节点的属性集合
childNodes	标准属性，返回直接后代的元素节点和文本节点的集合，类型为 NodeList
children	非标准属性，返回直接后代的元素节点的集合，类型为 Array
innerHTML	设置或返回元素的内部 HTML
className	设置或返回元素的 class 属性
firstChild	返回指定节点的首个子节点

（续）

属　性	描　述
lastChild	返回指定节点的最后一个子节点
nextSibling	返回同一父节点的指定节点之后紧跟的节点
previousSibling	返回同一父节点的指定节点的前一个节点
parentNode	返回指定节点的父节点；没有父节点时，则返回 null
nodeType	返回指定节点的节点类型（数值）
nodeValue	设置或返回指定节点的节点值
tagName	返回元素的标签名（始终是大写形式）

4.9.3 NodeList 对象

NodeList 对象是一个节点集合，其 item(index)方法用于从节点集合中返回指定索引的节点，length 属性用于返回集合中的节点数量。

【例 4-9】Element 与 NodeList 对象的用法。单击“统计”按钮前，合计销量为 0；单击“统计”按钮后，计算出所有商品的合计销量。本例文件 4-9.html 在浏览器中显示的效果如图 4-14 所示。

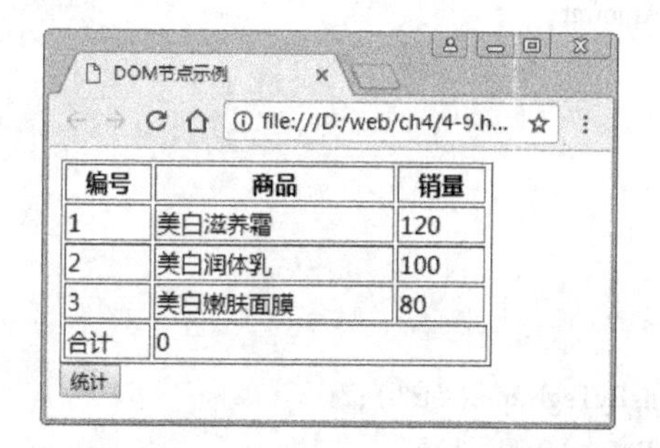

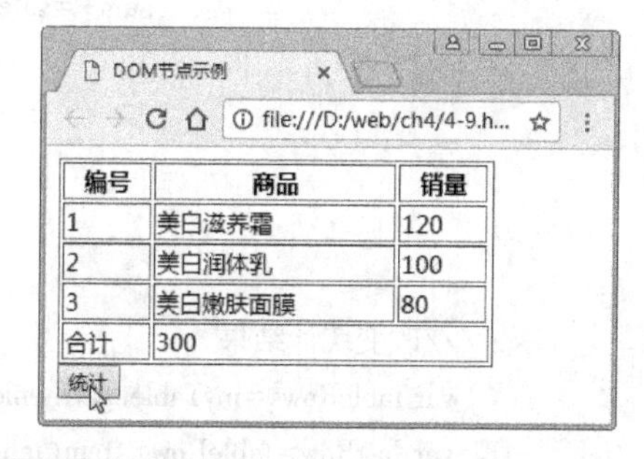

图 4-14　页面显示效果

代码如下：

```
<!doctype html>
<html>
<head>
<title>DOM 节点示例</title>
    <script type="text/javascript">
        var dataArray=new Array();
        //解析页面
        function amount(){
            var sum=0;
            var myTable=document. getElementById("myTable");
            //table 中包含的节点集合(包括 tbody 元素节点和文本节点)
            var tbodyList=myTable. childNodes;
            //alert("tbody 集合的长度:"+tbodyList. length);
```

```
            for( var i=0;i<tbodyList. length;i++) {
                var tbody=tbodyList. item(i);
                //只对 tbody 元素节点进行操作,不对文本节点进行操作
                if( tbody. nodeType= =1) {
                    //tbody 中包含的节点的集合(包括 tr 元素节点和文本节点)
                    var rowList=tbody. childNodes;
                    //第一行为标题栏,不需要统计
                    for( var j=1;j<rowList. length;j++) {
                      var row=rowList. item(j);
                      //只对 tr 元素节点进行操作,不对文本节点进行操作
                      if( row. nodeType= =1) {
                        //当前行中包含的节点的集合(包括 td 元素节点和文本节点)
                        var cellList=row. childNodes;
                        //alert("当前行元素内容的个数:"+cellList. length);
                        //获得最后一个单元格的内容;奇数为元素节点,偶数为文本节点
                        var lastCell=cellList. item(5);
                        if( lastCell! =null) {
                            var salesAmount=parseInt( cellList. item(5). innerHTML);
                            sum+ =salesAmount;
                        }
                      }
                    }
                }
            }
            //改变统计结果
            var tableRows=myTable. getElementsByTagName("tr");
            var lastRow=tableRows. item( tableRows. length-1);
            lastRow. lastChild. previousSibling. innerHTML=sum;
            //也可以通过 children 方式进行显示
            //myTable. children[0]. children[3]. children[1]. innerHTML=sum;
        }
    </script>
</head>
<body>
    <table id="myTable"  border="1" width="300">
      <tr>
          <th>编号</th>
          <th>商品</th>
          <th>销量</th>
      </tr>
      <tr>
          <td>1</td>
          <td>美白滋养霜</td>
```

```
                <td>120</td>
            </tr>
            <tr>
                <td>2</td>
                <td>美白润体乳</td>
                <td>100</td>
            </tr>
            <tr>
                <td>3</td>
                <td>美白嫩肤面膜</td>
                <td>80</td>
            </tr>
            <tr>
                <td>合计</td>
                <tdcolspan="3">0</td>
            </tr>
        </table>
        <input type="button" value="统计" onclick="amount()"/>
    </body>
</html>
```

4.10 JavaScript 的对象事件处理程序

JavaScript 采用事件驱动的响应机制，用户在页面上进行交互操作时会触发相应的事件。

4.10.1 对象的事件

在 JavaScript 中，事件是预先定义好的、能够被对象识别的动作，事件定义了用户与网页交互时产生的各种操作。例如，单击按钮时就产生一个事件，告诉浏览器发生了需要进行处理的单击操作。浏览器一些动作也可能产生事件，例如，浏览器载入一个网页时就会产生 Load 事件。当事件发生时，JavaScript 将检测两条信息，即发生的是哪种事件和哪个对象接收了事件。

每种对象能识别一组预先定义好的事件，但并非每一种事件都会产生结果，因为 JavaScript 只是识别事件的发生。为了使对象能够对某一事件做出响应（Respond），就必须编写事件处理函数。

事件处理函数是一段独立的程序代码，它在对象检测到某个特定事件时执行（响应该事件）。一个对象可以响应一个或多个事件，因此可以使用一个和多个事件过程对用户或系统的事件做出响应。程序员只需编写必须响应的事件函数，而其他无用的事件过程则不必编写，如命令按钮的“单击”（Click）事件比较常见，其事件函数需要编写，而其 MouseDown 或 MouseUp 事件则可有可无，程序员可根据需要选择。

利用 JavaScript 实现交互功能的 Web 网页基本拥有以下 3 部分的内容：

- 在 head 部分定义一些 JavaScript 函数，其中的一些可能是事件处理函数，另外一些可能是为了配合这些事件处理函数而编写的普通函数。
- HTML 本身的各种格式控制标记。
- 拥有句柄属性的 HTML 标记，主要涉及一些界面元素。这些元素可把 HTML 与 JavaScript 代码相连。

句柄就是界面对象的一个属性，以存储特定事件处理函数的信息。每当事件发生时，JavaScript 自动查找界面对象中相应的事件句柄，调用注册在上面的事件处理函数。

一般的句柄形式总是在事件的名称前面加前缀 on，例如对应事件 load 的句柄就是 onload。

事件句柄不但可在 HTML 语言中注册，还可使用 JavaScript 语句注册在界面对象上。事件句柄不仅可在发生实际的用户事件时由浏览器调用，也可以在 JavaScript 中调用。

尽可能利用函数的形式来定义所有事件的句柄，因为通常事务处理不是几个语句能够解决的，而太长的语句会严重影响文件的可读性，加重浏览器的负担，甚至导致浏览器的崩溃。

对象事件有以下 3 类：

- 用户引起的事件，如网页装载、表单提交等。
- 引起页面之间跳转的事件，主要是超链接。
- 表单内部与界面对象的交互，包括界面对象的改变等。这类事件可以按照应用程序的具体功能自由设计。

4.10.2 常用的事件及处理

1. 浏览器事件

浏览器事件主要由 Load、unLoad、DragDrop 以及 Submit 等事件组成。

（1）Load 事件

Load 事件发生在浏览器完成一个窗口或一组帧的装载之后，onLoad 句柄在 Load 事件发生后由 JavaScript 自动调用执行。因为这个事件处理函数可在其他所有的 JavaScript 程序和网页之前执行，可以用来完成网页中所用数据的初始化，如弹出一个提示窗口显示版权或欢迎信息，弹出密码认证窗口等。例如：

```
<bodyonLood="window.alert(Pleae input password!")>
```

网页开始显示时并不触发 Load 事件，只有当所有元素〔包含图像、声音等〕被加载完成后才触发 Load 事件。

例如，下面的代码可以在加载网页时显示对话框，说明已经触发了 Load 事件。

```
<html>
  <head><title>Load 事件过程</title>
    <script language="javascript">
      function init()
      { window.alert("触发了 Load 事件");
      }
```

```
    </script>
  </head>
  <body onLoad="init()">网页内容 </body>
</html>
```

（2）Unload 事件

Unload 事件发生在用户在浏览器的地址栏中输入一个新的 URL，或者使用浏览器工具栏中的导航按钮，从而使浏览器试图载入新的网页。在浏览器载入新的网页之前，自动产生一个 Unload 事件，通知原有网页中的 JavaScript 脚本程序。

onUnload 事件句柄与 onLoad 事件句柄构成一对功能相反的事件处理模式。使用 onLoad 事件句柄可以初始化网页，而使用 onUnload 事件句柄则可以结束网页。

下面例子在打开 HTML 文件时显示“欢迎”，在关闭浏览器窗口时显示“再见”。

```
<html>
  <body onLoad="alert('欢迎')" onUnload="alert('再见')" >
    网页内容
  </body>
</html>
```

（3）Submit 事件

Submit 事件在完成信息的输入，准备将信息提交给服务器处理时发生。onSubmit 句柄在 Submit 事件发生时由 JavaScript 自动调用执行。onSubmit 句柄通常在<form>标记中声明。

为了减少服务器的负担，可在 Submit 事件处理函数中实现最后的数据校验。如果所有的数据验证都能通过，则返回一个 true 值，让 JavaScript 向服务器提交表单，把数据发送给服务器；否则，返回一个 false 值，禁止发送数据，且给用户相关的提示，让用户重新输入数据。

【例 4-10】本例是一个在提交时检查条件是否满足要求的简单程序。首先定义了一个文本输入框，要求用户在此文本框中输入一个在“a”和“z”之间的小写字母。在用户提交表单时，就用 check( ) 函数对文本框中的内容进行校验。若输入文本框中的是一个小写字母，就提交表单；否则就给出提示，并保持当前的表单。本例文件 4-10. html 在浏览器中显示的效果如图 4-15 所示。代码如下：

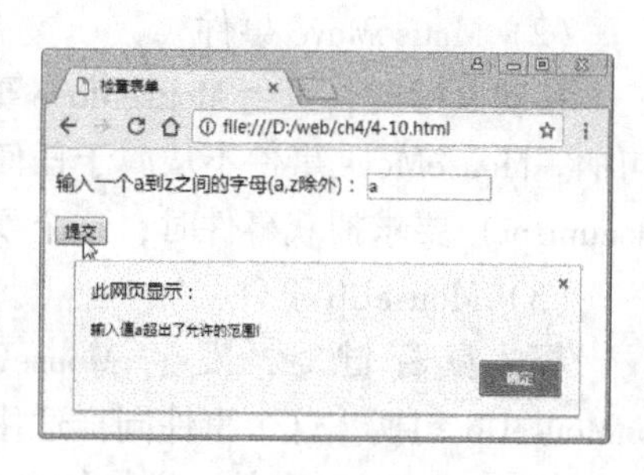

图 4-15　页面显示效果

```
<html>
<head>
<title>检查表单</title>
<script language="JavaScript">
  function check() {
    var val=document.chform.textname.value;
    if("a"<val && val<"z")
      return(true);
```

```
        else {
            alert("输入值"+va1+"超出了允许的范围!");
            return(false);}
        }
    </script>
    </head>
    <body>
      <form name="chform" method="post" onSubmit="check()">
        <p>输入一个 a 到 z 之间的字母(a,z 除外):
        <input type="text" name="textname" value="a" size="10"></p>
        <input type="submit">
      </form>
    </body>
    </html>
```

2. 鼠标事件

常用的鼠标事件有 MouseDown、MouseMove、MouseUp、MouseOver、MouseOut、Click、Blur 以及 Focus 等事件。

(1) MouseDown 事件

当按下鼠标的某一个键时发生 MouseDown 事件。在这个事件发生后，JavaScript 自动调用 MouseDown 句柄。

在 JavaScript 中，如果发现一个事件处理函数返回 false 值，就中止事件的继续处理。如果 MouseDown 事件处理函数返回 false 值，与鼠标操作有关的其他一些操作，例如拖放、激活超链接等都会无效，因为这些操作首先都必须产生 MouseDown 事件。

这个句柄适用于网页、普通按钮以及超链接。

(2) MouseMove 事件

移动鼠标时，发生 MouseMove 事件。这个事件发生后，JavaScript 自动调用 onMouseMove 句柄。MouseMove 事件不从属于任何界面元素。只有当一个对象（浏览器对象 window 或者 document）要求捕获事件时，这个事件才在每次鼠标移动时产生。

(3) MouseUp 事件

释放鼠标键时，发生 MouseUp 事件。在这个事件发生后，JavaScript 自动调用 onMouseUp 句柄。这个事件同样适用于普通按钮、网页以及超链接。

与 MouseDown 事件一样，如果 MouseUp 事件处理函数返回 false 值，与鼠标操作密切有关的其他操作，例如拖放、选定文本以及激活超链接都无效，因为这些操作首先都必须产生 MouseUp 事件。

(4) MouseOver 事件

当光标移动到一个对象上面时，发生 MouseOver 事件。在 MouseOver 事件发生后，JavaScript 自动调用执行 onMouseOver 句柄。

在通常情况下，当鼠标指针扫过一个超链接时，超链接的目标会在浏览器的状态栏中显示；也可通过编程在状态栏中显示提示信息或特殊的效果，使网页更具有变化性。在下面的示例代码中，第 1 行代码是当鼠标指针在超链接上时可在状态栏中显示指定的内容，第 2、

3、4 行代码是当光标在文字或图像上时，弹出相应的对话框。

```
<ahref="http://www.sohu.com/" onMouseOver="window.status='你好吗';return true">请单击</a>
<ahref onmouseover="alert('弹出信息!')">显示的链接文字</a>
<img src="image1.jpg" onMouseOver="alert('在图像之上');"><br>
<ahref="#" onMouseOver="window.alert('在链接之上');"><img src="image2.jpg"></a><hr>
```

（5） MouseOut 事件

MouseOut 事件发生在光标离开一个对象时。在这个事件发生后，JavaScript 自动调用 onMouseOut 句柄。这个事件适用于区域、层及超链接对象。

下例是一个使用 MouseOut 事件句柄的实例。每次当光标在对象上面移过并离开它时，就会弹出对话框。需要注意的是，用户是被迫接受信息，多次重复这一过程，就会不能忍受，所以要慎用这样的事件。

【例 4-11】 MouseOut 事件示例。浏览者将鼠标移至页面中的“美肤堂”链接并离开它时，将弹出确认框，如果单击“确认”按钮，则页面跳转至“美肤堂”的主页。本例文件 4-11. html 在浏览器中显示的效果如图 4-16 和图 4-17 所示。

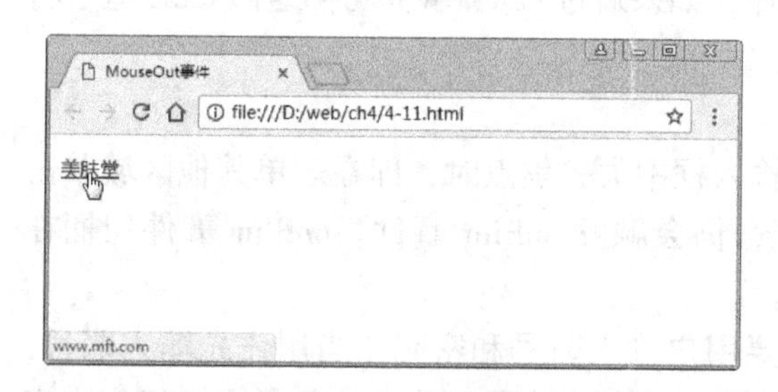

图 4-16　鼠标移至“美肤堂”链接

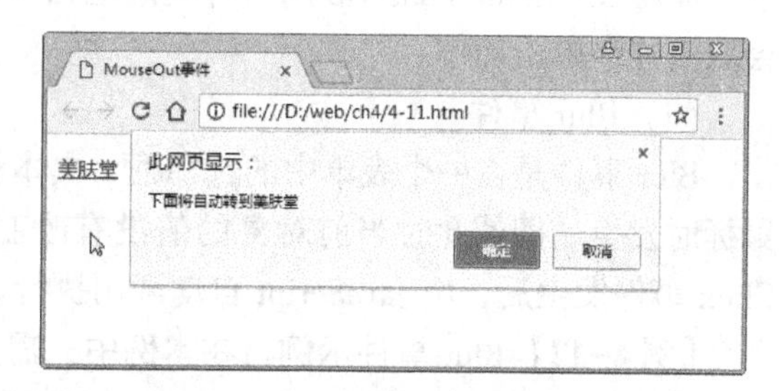

图 4-17　离开链接后弹出确认框

代码如下：

```
<html>
<head>
<title>MouseOut 事件</title>
<script language="JavaScript">
  function warn() {
    if (confirm("下面将自动转到美肤堂"))
      window.location="http://www.mft.com";
  }
</script>
</head>
<body>
  <p><a href="http://www.mft.com" onMouseOut="warn()">美肤堂</a></p>
</body>
</html>
```

（6）Click 事件

Click 事件可在两种情况下发生。首先，在一个表单上的某个对象被单击时发生；其次，在单击一个超链接时发生。onClick 事件句柄在 C1ick 事件发生后由 JavaScript 自动调用执行。onClick 事件句柄适用于普通按钮、提交按钮、单选按钮、复选框以及超链接。下面代码用于单击图像后弹出一个对话框：

```
<img src="image1.jpg"  onClick="window.alert('单击图像');"><br>
```

例如，下面程序检查文本框中输入的内容，并在信息框中显示出来：

```
<body>
<form name="myForm">
  <input type="text"  name="myText">
</form>
<ahref="#"  onClick="window.alert(document.myForm.myText.value);">检查文本框</a>
</body>
```

MouseDown 和 MouseUp 的事件处理函数一样，如果通过 Click 事件句柄返回 false 值，将会取消这个单击动作。

（7）Blur 事件

Blur 事件是在一个表单中的选择框、文本输入框中失去焦点时，即在表单其他区域单击鼠标时发生。即使此时当前对象的值没有改变，仍会触发 onBlur 事件。onBlur 事件句柄在 Click 事件发生后，由 JavaScript 自动调用执行。

【例 4-12】 Blur 事件示例。在本例中，需要用户输入账号和密码。当用户先输入账号，然后转换焦点到密码文本框时，就会判断账号文本框中的内容是否为空；如果文本框中内容为空就弹出消息框，警告用户账号不能为空。本例文件 4-12.html 在浏览器中显示的效果如图 4-18 所示。

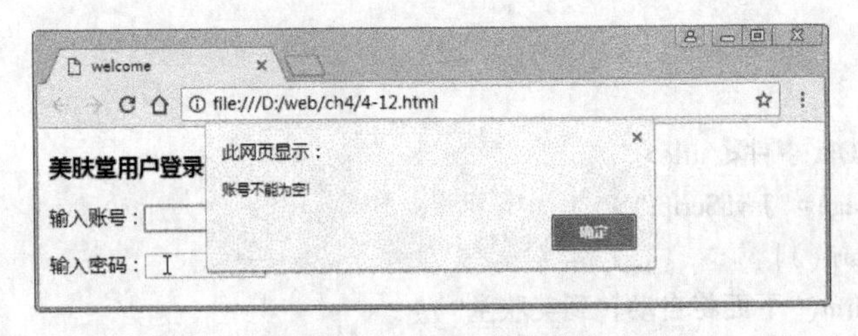

图 4-18　页面显示效果

代码如下：

```
<html>
<head>
<title>welcome</title>
<script language="JavaScript">
  functionchk()
  { var th=window.reform.username.value;
    if(th=="")
```

```
    { alert("账号不能为空!"); }
  }
</script>
</head>
<body>
<h3>美肤堂用户登录</h3>
<form name="reform" method="post">
  <p>输入账号:<input type="text" name="username" size="10" onBlur="chk()"></p>
  <p>输入密码:<input type="text" name="pass" size="10"></p>
</form>
</body>
</html>
```

(8) Focus 事件

在一个选择框、文本框或者文本输入区域得到焦点时发生 Focus 事件。onFocus 事件句柄在 Click 事件发生时由 JavaScript 自动调用执行。用户可以通过单击对象，也可通过键盘上的〈Tab〉键使一个区域得到焦点。

onFocus 句柄与 onBlur 句柄功能相反。

3. 键盘事件

在介绍键盘事件之前，先来了解 JavaScript 解释器传给键盘事件处理函数 Event 对象的一些共同属性。

- type：指示各自的事件名称，以字符串形式表示。
- layerX，layerY：指示发生事件时，光标相对于当前层的水平和垂直位置。
- pageX，pageY：指示发生事件时，光标相对于当前网页的水平和垂直位置。
- screenX，screenY：指示发生事件时，光标相对于屏幕的水平和垂直位置。
- which：指示键盘上按下键的 ASCII 码值。
- modifiers：指示键盘上随着按下键的同时可能按下的修饰键。

下面介绍几个主要的键盘事件。

(1) KeyDown 事件

在键盘上按下一个键时，发生 KeyDown 事件。在这个事件发生后，由 JavaScript 自动调用 onKeyDown 句柄。该句柄适用于浏览器对象 document、图像、超链接以及文本区域。

(2) KeyPress 事件

在键盘上按下一个键时，发生 KeyPress 事件。在这个事件发生后，由 JavaScript 自动调用 onKeyPress 句柄。该句柄适用于浏览器对象 Document、图像、超链接以及文本区域。

KeyDown 事件总是发生在 KeyPress 事件之前。如果这个事件处理函数返回 false 值，就不会产生 KeyPress 事件。

(3) KeyUp 事件

在键盘上按下一个键，再释放这个键的时候发生 KeyUp 事件。在这个事件发生后由 JavaScript 自动调用 onKeyUp 句柄。这个句柄适用于浏览器对象 document、图像、超链接以及文本区域。

(4) Change 事件

在一个选择框、文本输入框或者文本输入区域失去焦点，其中的值又发生改变时，就会发生 Change 事件。在 Change 事件发生时，由 JavaScript 自动调用 onChange 句柄。Change 事件是个非常有用的事件，它的典型应用是验证一个输入的数据。

(5) Select 事件

选定文本输入框或文本输入区域的一段文本后，发生 Select 事件。在 Select 事件发生后，由 JavaScript 自动调用 onSelect 句柄。onSelect 句柄适用于文本输入框以及文本输入区。

(6) Move 事件

在用户或标本程序移动一个窗口或者一个帧时，发生 Move 事件。在这个事件发生后，由 JavaScript 自动调用 onMove 句柄。该事件适用于窗口以及帧。

(7) Resize 事件

在用户或者脚本程序移动窗口或帧时发生 Resize 事件，在事件发生后由 JavaScript 自动调用 onResize 句柄。该事件适用于浏览器对象 document 以及帧。

4.10.3 错误处理

在 JavaScript 中提供了脚本执行期间处理错误的功能。用户一般可以使用 Error 事件来处理与装载图形和文档相关联的错误，以及处理运行的错误。

1. Error 事件

在 JavaScript 中，通过使用 onError 句柄处理属性可以指定出错时的错误处理函数。对于一般的图像装载错误，可与指定其他事件处理函数一样简单指定。如果 onError 句柄绑定到 window 对象，则事件处理函数可以使用以下 3 个参数。

- sMsg：表示所发生的错误描述。
- sURL：表示发生错误页面的 URL。
- sLine：表示发生错误的行号。

利用这些参数可向用户提供有关的错误信息。

onError 事件处理函数的返回值确定是否向用户提示标准错误信息（返回 true 时不提示，返回 false 时显示）。

下例演示当装载图像出错时的处理，代码如下：

```
<html>
<head><title>出错处理</title>
<script language="JavaScript">
  functiondoerror()
  {
    alert("图像装载错误!");
  }
</script>
</head>
<body>
<img src="shengtang.gif"  onerror="doerror()">
```

```
</body>
</html>
```

当打开网页时，img 标记符的 src 属性是一个不存在的图像。因此当装载图像出错时，调用出错函数显示“图像装载错误!”提示框。

2. 错误处理语句

（1）throw 语句

throw 语句用于扔出异常。其语法格式为：

```
throw expression;
```

其中 expression 表达式的值表示发生错误类型，通常应使用比较容易理解和调试的语句。例如：

```
throw "装载错误";
```

（2）try 和 catch 语句

try 和 catch 语句需要结合使用，一起支持异常处理的过程，其语法格式为：

```
try
  {
    statements;              //扔出异常
}
catch(exception)
{
  statements;                //处理异常
  }
```

如果在处理 try 语句中所包含的语句时发生异常，则控制立即转入 catch 语句所包含的语句，并将出错信息保存在 exception 中；如果处理 try 语句所包含语句时没有发生异常，则跳过 catch 语句，控制转入 catch 语句后面的语句。

4.10.4 表单对象与交互性

Form 对象（称表单对象或窗体对象）提供一个让客户端输入文字或选择的功能，如单选按钮、复选框、选择列表等，由<form>标记组构成，JavaScript 自动为每一个表单建立一个表单对象，并可以将用户提供的信息送至服务器进行处理，当然也可以在 JavaScript 脚本中编写程序对数据进行处理。

表单中的基本元素（子对象）有按钮、单选按钮、复选按钮、提交按钮、重置按钮、文本框等。在 JavaScript 中要访问这些基本元素，必须通过对应特定的表单元素的表单元素名来实现。每一个元素主要是通过该元素的属性或方法来引用。

调用 Form 对象的一般格式为：

```
<form name="表单名" action="URL" …>
  <input type="表项类型" name="表项名" value="缺省值" 事件="方法函数"…>
    …
</form>
```

1. Text 单行单列输入元素

功能：对 Text 标识中的元素实施有效的控制。

属性：name——设定提交信息时的信息名称，对应于 HTML 文档中的 name。

value——用以设定出现在窗口中对应 HTML 文档中 value 的信息。

defaultvalue——包括 Text 元素的默认值。

方法：blur( )——将当前焦点移到后台。

select( )——加亮文字。

事件：onFocus——当 Text 获得焦点时，产生该事件。

onBlur——当元素失去焦点时，产生该事件。

onselect——当文字加亮显示后，产生该文件。

onchange——当 Text 元素值改变时，产生该文件。

2. Textarea 多行多列输入元素

功能：对 Textarea 中的元素进行控制。

属性：name——设定提交信息时的信息名称，对应 HTML 文档 Textarea 的 name。

value——设定出现在窗口中对应 HTML 文档中 value 的信息。

defaultvalue——元素的默认值。

方法：blur( )——将输入焦点失去。

select( )——加亮文字。

事件：onBlur——当失去输入焦点后产生该事件。

onFocus——当输入获得焦点后，产生该文件。

onChange——当文字值改变时，产生该事件。

onSelect——加亮文字，产生该文件。

3. Select 选择元素

功能：实施对滚动选择元素的控制。

属性：name——设定提交信息时的信息名称，对应文档 select 中的 name。

value——用以设定出现在窗口中对应 HTML 文档中 value 的信息。

length——对应文档 select 中的 length。

options——组成多个选项的数组。

selectIndex——指明一个选项。

text——选项对应的文字。

selected——指明当前选项是否被选中。

index——指明当前选项的位置。

defaultselected——默认选项。

事件：onBlur——当 select 选项失去焦点时，产生该事件。

onFocas——当 select 获得焦点时，产生该事件。

onChange——选项状态改变后，产生该事件。

下面程序把在列表框中选定的内容在信息框中显示，代码如下：

```
<body>
<form name="myForm">
```

```
    <select name="mySelect">
      <option value="第一个选择">1</option>
      <option value="第二个选择">2</option>
      <option value="第三个选择">3</option>
    </select>
  </form>
  <ahref="#" onClick="window.alert(document.myForm.mySelect.value);">请选择列表</a>
  </body>
```

4. Button 按钮

功能：对 Button 按钮的控制。

属性：name——设定提交信息时的信息名称，对应文档中 button 的 name。

value——设定出现在窗口中对应 HTML 文档中 value 的信息。

方法：click( )——该方法类似于单击一个按钮。

事件：onclick——当单击 button 按钮时，产生该事件。

下例演示一个单击按钮的事件，代码如下：

```
<body>
<form name="myForm" action="target.html">
  <input type="button" value="单击我" onClick="window.alert('你单击了我.');">
</form>
</body>
```

【例 4-13】本例中，窗体 myForm 包含了一个 Text 对象和一个按钮。当用户单击按钮 button1 的时候，窗体的名字就将赋给 Text 对象；当用户单击按钮 button2 时，函数 showElements 将显示一个警告对话框，里面包含了窗体 myForm 上的每个元素的名称。本例文件 4-13.html 在浏览器中显示的效果如图 4-19 和图 4-20 所示。

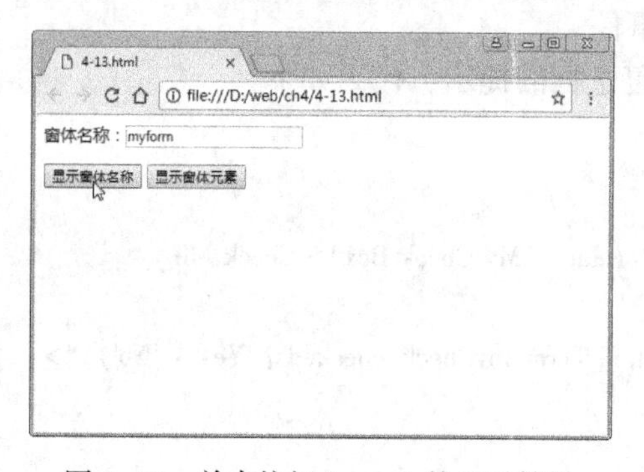

图 4-19　单击按钮 button1 的显示结果

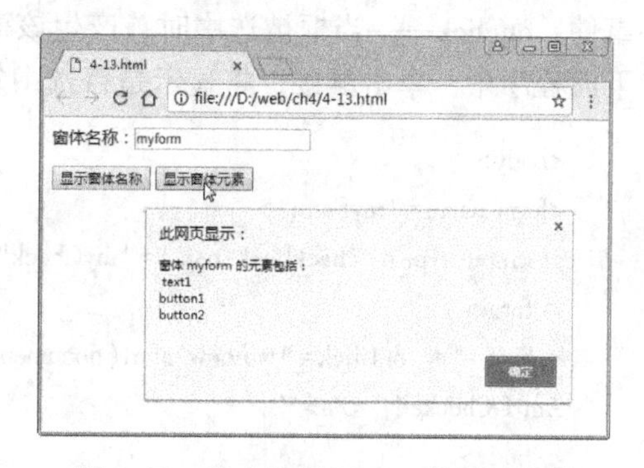

图 4-20　单击按钮 button2 的显示结果

代码如下：

```
<html>
<head>
<script language="JavaScript">
functionshowelements(theForm) {
```

```
    str = "窗体 " + theForm.name + " 的元素包括:\n ";
    for (i = 0; i <theForm.length; i++)
        str +=theForm.elements[i].name + "\n";
    alert(str);
}
</script>
</head>
<body>
<form name="myform">
  窗体名称:<input type="text" name="text1">
  <p>
  <input name="button1" type="button" value="显示窗体名称"
      onclick="this.form.text1.value=this.form.name">
  <input name="button2" type="button" value="显示窗体元素"
      onclick="showelements(this.form)">
</form>
</body>
</html>
```

5. checkbox 检查框

功能：实施对一个具有复选框中元素的控制。

属性：name——设定提交信息时的信息名称。

value——用以设定出现在窗口中对应 HTML 文档中 value 的信息。

checked——该属性指明框的状态（true/false）。

defaultchecked——默认状态。

方法：click()——使得框的某一个项被选中。

事件：onclick——当框被选中时，产生该事件。

下面程序中，单击链接，将显示是否选中复选框的提示，代码如下：

```
<body>
<form name="myForm">
  <input type="checkbox" name="myCheck" value="My Check Box"> Check Me
</form>
<ahref="#" onClick="window.alert(document.myForm.myCheck.checked ? 'Yes' : 'No');">
Am I Checked? </a>
</body>
```

6. Password 口令

功能：对具有口令输入的元素的控制。

属性：name——设定提交信息时的信息名称，对应 HTML 文档中 password 中的 name。

value——设定出现在窗口中对应 HTML 文档中 value 的信息。

defaultvalue——默认值。

方法：select()——加亮输入口令域。

blur( )——失去 password 输入焦点。

focus( )——获得 password 输入焦点。

7. submit 提交元素

功能：对一个具有提交功能按钮的控制。

属性：name——设定提交信息时的信息名称，对应 HTML 文档中 submit。

value——用以设定出现在窗口中对应 HTML 文档中 value 的信息。

方法：click( )——相当于单击 submit 按钮。

事件：onclick——当单击该按钮时，产生该事件。

4.10.5　案例——美肤堂会员注册表单验证

下面举例说明在 JavaScript 程序中如何使用 Form 对象实现 Web 页面信息交互。

【例 4-14】 使用 Form 对象实现 Web 页面信息交互，验证表单提交的注册信息，当用户输入的内容不符合要求时，弹出对话框进行提示。本例文件 4-14. html 在浏览器中显示的效果如图 4-21 所示。

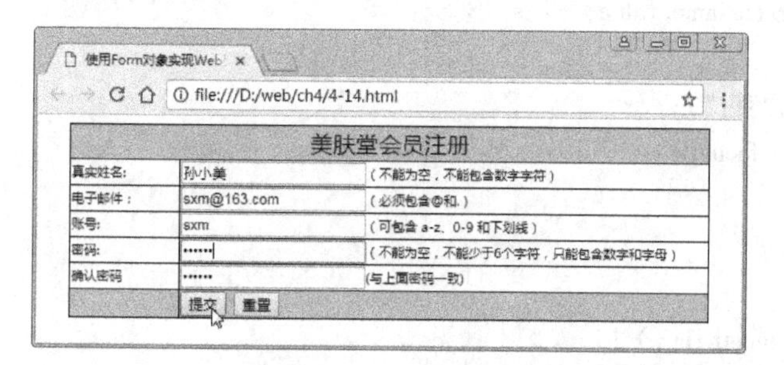

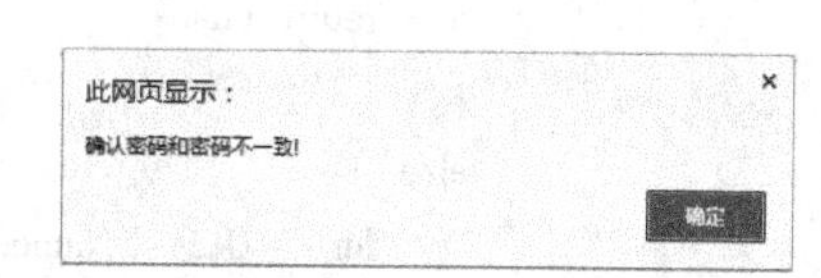

图 4-21　验证表单提交的注册信息

代码如下：

```
<!doctype html>
<html>
<head>
<title>使用 Form 对象实现 Web 页面信息交互</title>
<style type="text/css">
body{
    font-size:12px;
}
table {
    margin:0 auto;
    width:600px;
    border-collapse:collapse;
    border:1px solid black;
}
table td{
    border:1px solid black;
```

```
}
td:first-child {
    width:100px;
}
</style>
<script language="javascript">
<!--
    functionvalidateForm() {
        if(checkName()&&checkEmail()&&checkLoginName()&&checkPassword())
            return true;
        else
            return false;
    }
    //验证用户名
    functioncheckName() {
        varstrName=document.fr.txtName.value;
    if (strName.length==0) {
            alert("用户名不能为空!");
            document.fr.txtName.focus();
            return false;
        }
        else
            for(i=0;i<strName.length;i++) {
                str=strName.substring(i,i+1);
                if(str>="0"&&str<="9") {
                        alert("名字中不能包含数字");
                        document.fr.txtName.focus();
                        return false;
                }
            }
        return true;
    }
    //验证登录名
    functioncheckLoginName() {
        var strLoginName=document.fr.loginName.value;
        if (strLoginName.length==0) {
            alert("用户登录名不能为空!");
            document.fr.loginName.focus();
            return false;
        }
        else
            for(i=0;i<strLoginName.length;i++) {
                str1=strLoginName.substring(i,i+1);
```

```
            if(!((str1>="0"&&str1<="9")||(str1>="a"&&str1<="z")||(str1=="_"))){
                alert("登录名字中不能包含特殊字符");
                document.fr.loginName.focus();
                return false;
            }
        }
    return true;
}
//验证 Email
functioncheckEmail(){
    varstrEmail=document.fr.txtEmail.value;
  if (strEmail.length==0) {
        alert("电子邮件不能为空!!!");
    return false;
    }
  if (strEmail.indexOf("@",0)==-1) {
        alert("电子邮件必须包括@");
        return false;
    }
  if (strEmail.indexOf(".",0)==-1) {
        alert("电子邮件必须包括.");
    return false;
    }
  return true;
}
//验证密码
functioncheckPassword()  {
    var password=document.fr.txtPassword.value;
    var rpassword=document.fr.txtRePassword.value;
    if((password.length==0)||(rpassword.length==0)) {
        alert("密码不能为空");
        document.fr.txtPassword.focus();
        return false;
    }
    else if(password.length<6) {
            alert("密码少于6位");
        document.fr.txtPassword.focus();
            return false;
    }
    else
        for(i=0;i<password.length;i++) {
            str2=password.substring(i,i+1);
        if(!((str2>="0"&&str2<="9")||(str2>="a"&&str2<="z")||(str2>="A"&&str2
```

```
<="Z"))){
                    alert("密码中有非法字符");
                    document.fr.txtPassword.focus();
                    return false;
                    }
                }
        if (password!=rpassword) {
            alert("确认密码和密码不一致!");
            document.fr.txtPassword.focus();
            return false;
        }
    return true;
    }
-->
</script>
</head>
<body>
    <form name="fr" method="post" action="" onsubmit="return validateForm()">
    <table>
        <tr style="background-color:#ccc">
          <td colspan="2" style="font-size:16pt;text-align:center;">美肤堂会员注册</td>
        </tr>
        <tr>
          <td>真实姓名:</td>
            <td><input type="text" name="txtName" />(不能为空,不能包含数字字符)</td>
        </tr>
        <tr>
          <td>电子邮件:</td>
            <td><input type="email" name="txtEmail" />(必须包含@和.)</td>
        </tr>
        <tr>
          <td>账号:</td>
            <td><input type="text" name="loginName" />(可包含 a-z、0-9 和下划线)</td>
        </tr>
        <tr>
          <td>密码:</td>
            <td><input type="password" name="txtPassword" />(不能为空,不能少于6个字符,
只能包含数字和字母)</td>
        </tr>
        <tr>
          <td>确认密码</td>
            <td><input type="password" name="txtRePassword" />(与上面密码一致)</td>
        </tr>
```

```
        <tr style="background-color:#ccc">
         <td> </td>
        <td><input type="submit" value="提交" />  <input type="reset" value="重置" />
</td>
        </tr>
    </table>
    </form>
</body>
</html>
```

【说明】在 JavaScript 程序中使用 Form 对象，可以实现更为复杂的 Web 页面信息交互过程。但前提是这些交互过程只在 Web 页面内进行，不需要占用服务器资源。

4.11 综合案例——美肤堂商品复选框全选效果

在讲解了 BOM 和 DOM 编程的基础知识后，本节讲解使用 JavaScript 程序实现美肤堂商品复选框的全选效果。

【例 4-15】使用 JavaScript 程序实现美肤堂商品复选框的全选效果。当用户单击“全选”复选框时，所有商品前面的复选框都被选中；再次单击“全选”复选框，所有商品前面的复选框都被取消。本例文件 4-15.html 在浏览器中的显示效果如图 4-22 所示。代码如下：

```
<!doctype html>
<html>
<head>
<meta charset="gb2312">
<title>美肤堂商品复选框的全选效果</title>
<style type="text/css">
  table {
        margin:0 auto;
        width:300px;
        border-width:0;
  }
  td {
        text-align:center;
  }
  tdimg {
        width:107px;
        height:123px;
  }
  hr {
        border:1px #cccccc dashed ;
  }
```

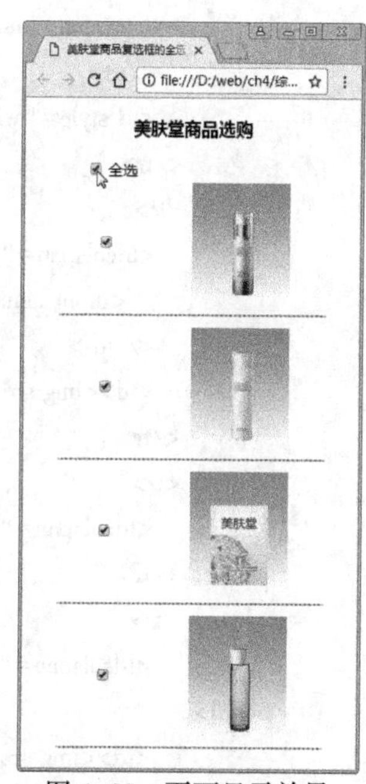

图 4-22 页面显示效果

```
</style>
<script language="javascript">
    functioncheckAll(boolValue) {
        var allCheckBoxs=document.getElementsByName("isBuy");
        for (var i=0;i<allCheckBoxs.length;i++) {
            if(allCheckBoxs[i].type=="checkbox") //可能有重名的其他类型元素,所以要判断类型
                allCheckBoxs[i].checked=boolValue; //检查是否选中用 checked,而不是 value
        }
    }
    function change(){
        var initmmAll=document.getElementsByName("mmall");
        if(initmmAll[0].checked==true)
            checkAll(true);
        else
            checkAll(false);
    }
</script>
</head>
<body>
<h3 align="center">美肤堂商品选购</h3>
<form action="" name="buyForm" method="post">
    <table>
        <tr>
            <td style="width:50px; text-align:right;">
                <input  name="mmall" type="checkbox" onclick="change()" />
            </td>
            <td style="width:50px; text-align:left;">全选</td>
        </tr>
        <tr>
            <tdcolspan="2" align="center">
                <input name="isBuy" type="checkbox" id="isBuy" value="prod1" />
            </ td >
            <td><img src="images/product001.jpg" /></td>
        </tr>
        <tr>
            <tdcolspan="3" ><hr noshade="noshade"/></td>
        </tr>
        <tr>
            <tdcolspan="2" ><input name="isBuy" type="checkbox" id="isBuy" value="prod2" />
</td>
            <td><img src="images/product002.jpg" ></td>
        </tr>
        <tr>
```

```
            <tdcolspan="3" ><hr noshade="noshade" /></td>
        </tr>
        <tr>
            <tdcolspan="2"><input name="isBuy" type="checkbox" id="isBuy" value="prod3" />
</td>
            <td><img src="images/product003. jpg"></td>
        </tr>
        <tr>
            <tdcolspan="3"><hr noshade="noshade" /></td>
        </tr>
        <tr>
            <tdcolspan="2" ><input name="isBuy" type="checkbox" id="isbuy" value="prod4" />
</td>
            <td><img src="images/product004. jpg"></td>
        </tr>
        <tr>
            <tdcolspan="3" ><hr noshade="noshade" /></td>
            </tr>
    </table>
    </form>
</body>
</html>
```

【说明】

① 判断“全选”复选框的状态。欲设置复选框的全选或全不选，首先需要判断“全选”复选框是选中还是未被选中状态，然后再调用设置函数对其他复选框进行整体设置。

② 编写设置全选或全不选的函数 checkAll（）并调用该函数。由于复选框的状态发生变化时会触发 change 事件，所以在“全选”复选框的 onchange 事件下调用 judge（）函数。

习题 4

1）编写程序实现按时间随机变化的网页背景，如图 4-23 所示。

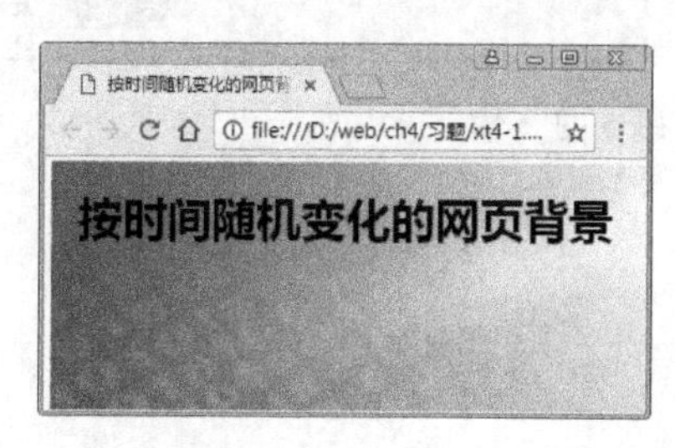

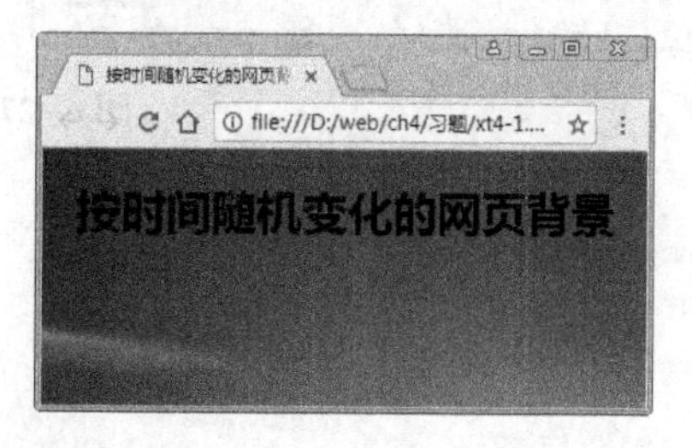

图 4-23　题 1 图

2）使用 window 对象的 setTimeout( )方法和 clearTimeout( )方法设计一个简单的计时器。当单击“开始计时”按钮后启动计时器，文本框从 0 开始进行计时；单击“暂停计时”按钮后暂停计时，如图 4-24 所示。

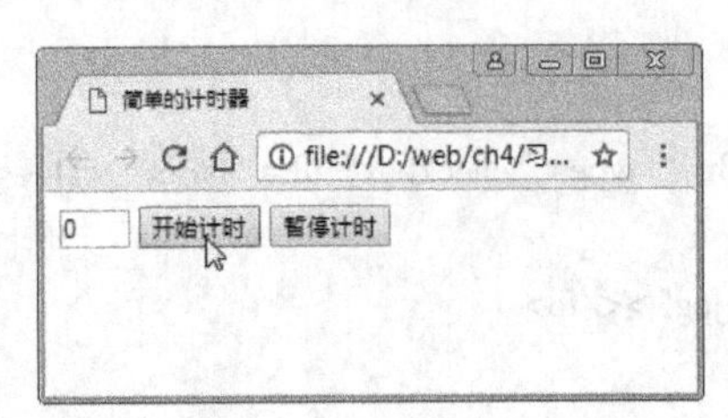

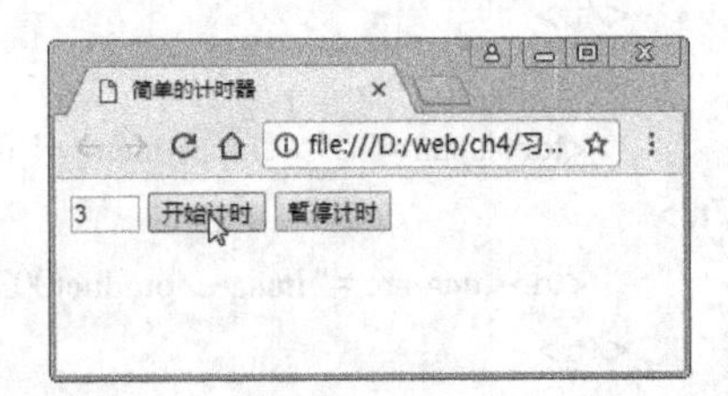

图 4-24　题 2 图

3）使用对象的事件编程实现当用户选择下拉菜单的颜色时，文本框的字体颜色跟随改变，如图 4-25 所示。

4）制作一个禁止使用鼠标右键操作的网页。当浏览者在网页上单击鼠标右键时，自动弹出一个警告对话框，禁止用户使用右键快捷菜单，如图 4-26 所示。

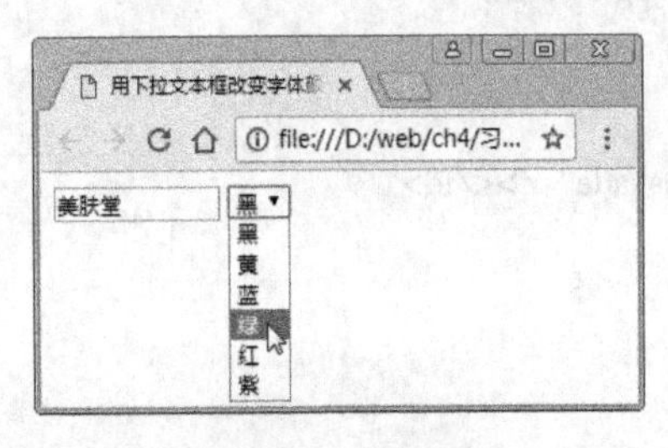

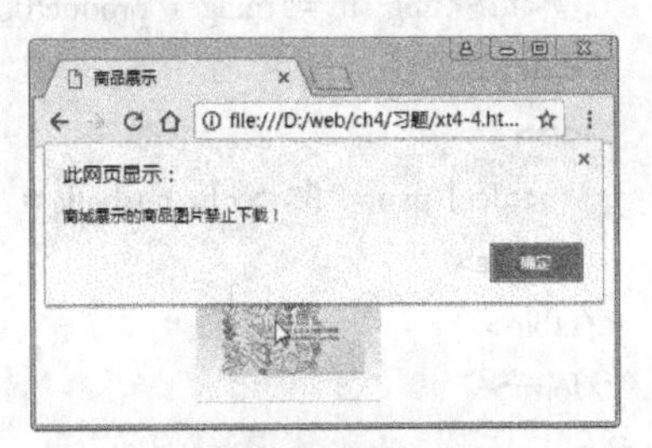

图 4-25　题 3 图　　　　图 4-26　题 4 图

5）使用 Form 对象实现 Web 页面信息交互，要求浏览者输入姓名并接受商城协议。当不输入姓名并且未接受协议时，单击“提交”按钮会弹出警告框，提示用户输入姓名并且接受协议；当用户输入姓名并且接受协议时，单击“复位”按钮会弹出确认框，等待用户确认是否清除输入的信息，如图 4-27 所示。

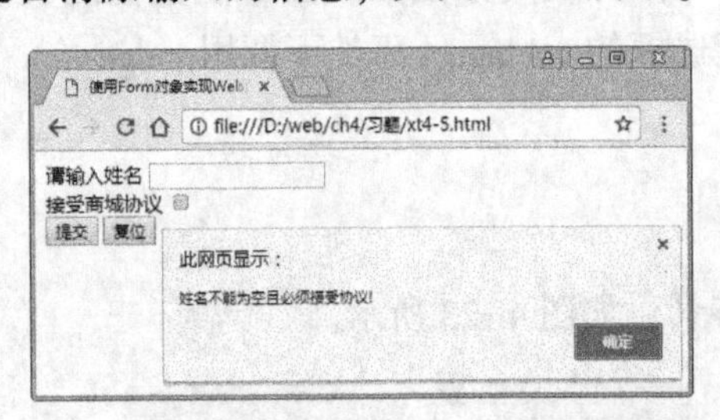

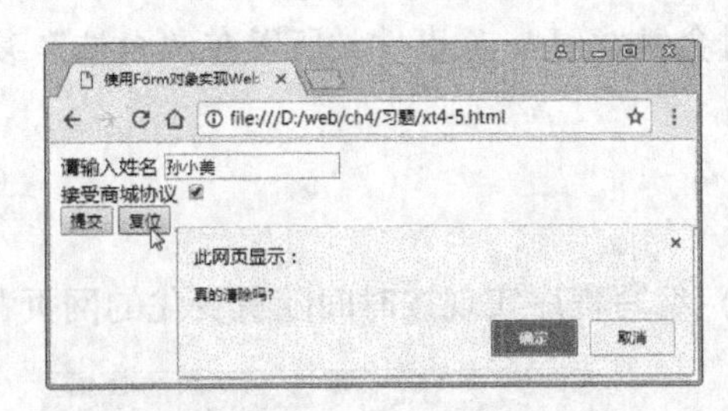

图 4-27　题 5 图

第5章　JavaScript 网页特效

在网页中添加一些适当的网页特效，使页面具有动态效果，丰富页面的观赏性与表现力，能吸引更多的浏览者访问页面。JavaScript 技术可以实现各种网页特效，本章将综合之前介绍的 JavaScript 的基本知识，通过综合案例详解介绍 JavaScript 各种网页特效的核心技巧和实现过程。

5.1　文字特效

使用 JavaScript 脚本可以制作各种文字特效，通过这些特效，可以使页面中的文字动起来。

5.1.1　制作颜色变换的欢迎词

本例使用随机函数 Math. random( ) 和 setTimeout( ) 延迟方法实现文字在页面中以随机颜色逐字输出。

【例 5-1】在页面中显示颜色变幻、逐字输出的欢迎词，如图 5-1 所示。

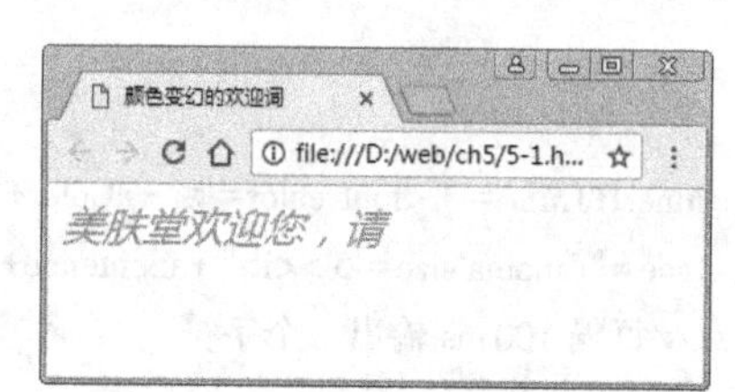

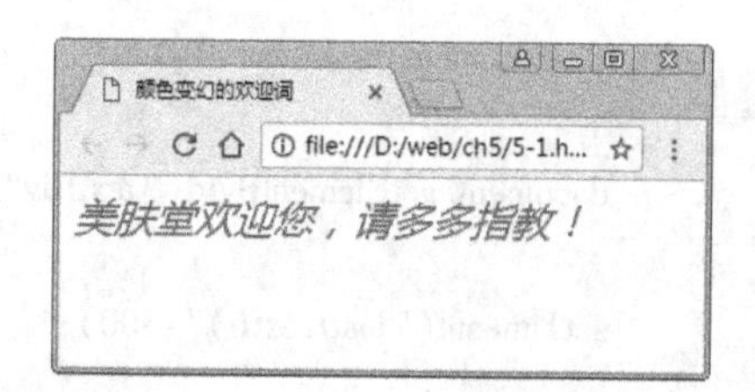

图 5-1　颜色变换的欢迎词

代码如下：

```
<!doctype html>
<html>
<head>
<title>颜色变幻的欢迎词</title>
<body onLoad="loadText()">
<script language="JavaScript">
varsomeText = "美肤堂欢迎您,请多多指教!";
varaChar;                                          //定义取出的每个字符
varaSentence;                                      //定义语句
var i=0;
var colors = new Array("ff0000","ffff66","ff3399","00ffff","ff9900","00ff00"); //定义随机颜色数组
varaColor;
```

```
functionloadText()                                   //生成随机颜色文字的函数
{
    aColor = colors[Math.floor(Math.random() * colors.length)];    //产生随机颜色
    aChar = someText.charAt(i);                      //逐字取出字符
    if (i == 0)                                      //如果是第一个字符
        aSentence = aChar;                           //取出第一个字符
    else                                             //如果不是第一个字符
        aSentence += aChar;                          //在原有的字符后累加新的字符
    if (i < 50) i++;
    if (document.all)
    {
      textDiv.innerHTML= "<font color='#"+aColor+"' face='Tahoma' size='7'>
                                 <i>"+aSentence+"</i>";
       setTimeout("loadText()",100);           //每隔 100 ms 输出一个字符
    }
    else if (document.layers)
    {
       document.textDiv.document.write("<font color='#"+aColor+"' face='Tahoma' size='5'>
                                             <i>"+aSentence+"</i>");
       document.textDiv.document.close();
       setTimeout("loadText()",100);           //每隔 100 ms 输出一个字符
    }
    else if (document.getElementById)
    {
       document.getElementById("textDiv").innerHTML = "<font color='#"+aColor+"'
                                             face='Tahoma'size='5'><i>"+aSentence+"</i>";
       setTimeout("loadText()",100);           //每隔 100 ms 输出一个字符
    }
}
</script>
<div id="textDiv"></div>
</body>
```

5.1.2 打字效果

文字在页面中逐一出现即可形成打字效果，其原理很简单，每次多获取一个待打出的字符串的值，输出覆盖原来输出的内容即可。

【例 5-2】 制作美肤堂简介的打字效果，页面的显示效果如图 5-2 所示。

代码如下：

```
<!doctype html>
<html>
<head>
```

```
<title>JS 打字机效果</title>
<style type = "text/css">
 #main {                                  //打字区域的样式
   width: 80%;                            //宽度为窗口的 80%
   height: 750px;
   margin: auto;                          //水平自动居中对齐
   padding: 10px;                         //内边距 10px
   background: #cfe1ca;
   border: 10px outset #f9c6aa;           //边框宽度 10px
   line-height: 30px;                     //行高 30px
   color: #9f3c61;
   font-size: 18px;                       //文字大小 18px
 }
</style>
<script type = "text/javascript">
 var typeWriter = {
  msg: function(msg) {
   return msg;                            //获取打字的内容
  },
  len: function() {
   return this. msg. length;              //获取打字内容的长度
  },
  seq: 0,
  speed: 150,                             //打字时间(ms)
  type: function() {
   var _this = this;
   document. getElementById("main"). innerHTML = _this. msg. substring(0, _this. seq);
   if (_this. seq == _this. len()) {     //如果输出完毕
     _this. seq = 0;
       clearTimeout(t);                   //取消计时器
   }
   else {                                 //如果没有输出完毕
     _this. seq++;                        //获取一个待打出的字符串的值
     var t =setTimeout(function() {_this. type()}, this. speed); //设置打字的时间间隔(速度)
   }
  }
 }
window. onload = function() {   //页面加载时自动调用获取文字内容函数和打字输出函数
  var msg = "美肤堂化妆品有限公司,是开封家化联合股份……(此处省略文字)";
  functiongetMsg() {
   return msg;
  }
  typeWriter. msg =getMsg(msg);
```

```
        typeWriter.type();
    }
  </script>
</head>
<body>
  <div id = "main"> </div>
</body>
</html>
```

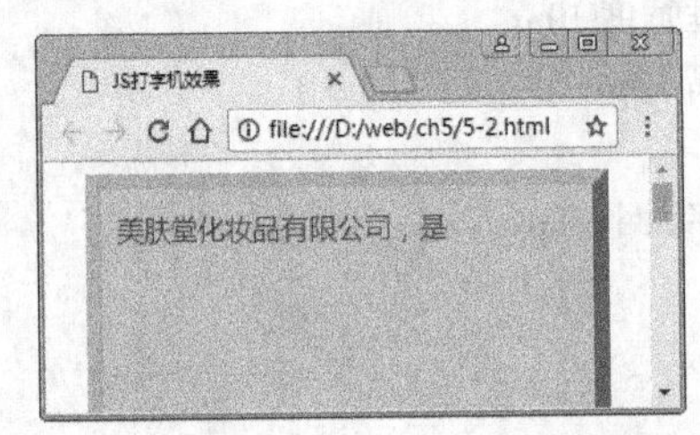

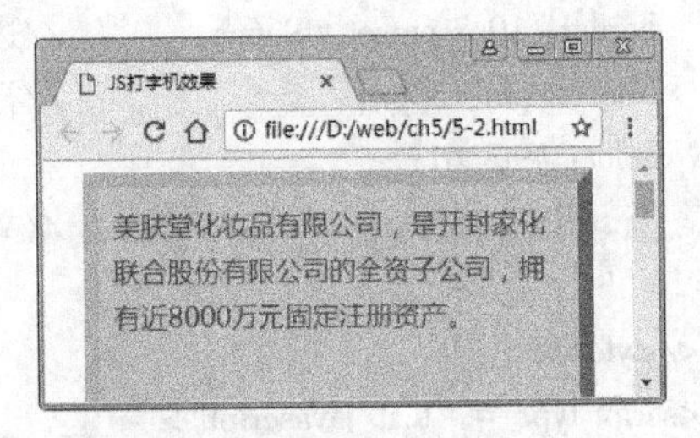

图 5-2　打字效果

【说明】

① 函数 getMsg()用于获取打字的内容，函数 type()用于打印输出获取的内容。

② setTimeout(function(){_this.type()}, this.speed); 语句用于设置打印的速度，this.speed 的值越小则打印速度越快。

5.2　菜单与选项卡特效

菜单与选项卡效果是常见的网页效果，许多网站都可以看到这些效果的应用，这种效果通常需要结合嵌套无序列表来实现。

5.2.1　制作美肤学堂导航菜单

【例 5-3】 使用 JavaScript 脚本制作美肤学堂导航菜单，页面显示效果如图 5-3 所示。

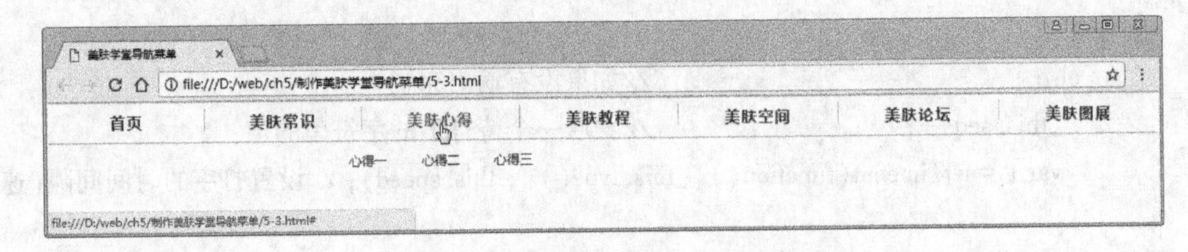

图 5-3　二级纵向列表模式的导航菜单

代码如下：

```
<!doctype html>
<html>
<head>
<meta http-equiv="Content-Type" content="text/html; charset=gb2312" />
<title>美肤学堂导航菜单</title>
```

```
<link rel="stylesheet" href="css/style. css" />
<script type="text/javascript">
functionshowadv(par,par2,par3){
    document. getElementById("a0"). style. display = "none";
    document. getElementById("a0color"). style. color ="";
    document. getElementById("a0bg"). style. backgroundImage="";
    document. getElementById("a1"). style. display = "none";
    document. getElementById("a1color"). style. color ="";
    document. getElementById("a1bg"). style. backgroundImage="";
    document. getElementById("a2"). style. display = "none";
    document. getElementById("a2color"). style. color ="";
    document. getElementById("a2bg"). style. backgroundImage="";
    document. getElementById("a3"). style. display = "none";
    document. getElementById("a3color"). style. color ="";
    document. getElementById("a3bg"). style. backgroundImage="";
    document. getElementById("a4"). style. display = "none";
    document. getElementById("a4color"). style. color ="";
    document. getElementById("a4bg"). style. backgroundImage="";
    document. getElementById("a5"). style. display = "none";
    document. getElementById("a5color"). style. color ="";
    document. getElementById("a5bg"). style. backgroundImage="";
    document. getElementById("a6"). style. display = "none";
    document. getElementById("a6color"). style. color ="";
    document. getElementById("a6bg"). style. backgroundImage="";
    document. getElementById(par). style. display ="";
    document. getElementById(par2). style. color = "#ffffff";
    document. getElementById(par3). style. backgroundImage = "url(images/i13. gif)";
}
</script>
</head>
<body>
<div>
    <table align="center" cellspacing="0" cellpadding="0" width="1206" border="0">
      <tr>
        <td>
          <div class="i01w">
            <tablecellspacing="0" cellpadding="0" width="100%" border="0">
              <tr>
                <td width="166" height="42" align="center" id="a0bg">
                  <span id="a0color" onmouseover="showadv('a0','a0color','a0bg')">
                    <ahref="#"><font color="#FA4A05">首页</font></a>
                  </span>
                </td>
```

```
                    <td width="1"><img src="images/i14.gif" width="1" height="25" /></td>
                    <td id="a1bg" align="center" width="166">
                      <span id="a1color" onmouseover="showadv('a1','a1color','a1bg')">
                        <a href="#">美肤常识</a>
                      </span>
                    </td>
                    <td width="1"><img src="images/i14.gif" width="1" height="25" /></td>
                    <td id="a2bg" align="center" width="166">
                      <span id="a2color" onmouseover="showadv('a2','a2color','a2bg')">
                        <a href="#">美肤心得</a>
                      </span>
                    </td>
                    …(此处省略其余4个类似的主菜单定义)
                  </tr>
                </table>
            </div>
          </td>
          </tr>
          <tr>
            <td>
              <table width="100%" height="41" cellpadding="0" cellspacing="0" id="a0" border="0">
                <tr>
                  <td align="left" style="padding-left:12px">欢迎来到美肤学堂</td>
                </tr>
              </table>
              <table id="a1" style="DISPLAY: none" height="41" cellspacing="0" cellpadding=
"0" width="100%" border="0">
                  <tr>
                    <td   style="padding-left:97px" align="left">
                      <ul class="i02w">
                          <li>常识一</li>
                         <li>常识二</li>
                          <li>常识三</li>
                      </ul>
                    </td>
                  </tr>
              </table>
              <table id="a2" style="DISPLAY: none" height="41" cellspacing="0" cellpadding="0"
width="100%" border="0">
                  <tr>
                    <td style="padding-left:292px" align="left">
                      <ul class="i02w">
                        <li><a href="#">心得一</a></li>
```

```
                <li><a href="#">心得二</a></li>
                <li><a href="#">心得三</a></li>
              </ul>
            </td>
          </tr>
        </table>
              …(此处省略其余 4 个类似的子菜单项定义)
        </table>
      </td>
    </tr>
  </table>
</div>
</body>
</html>
```

【说明】

① 本例应用 document 对象的 getElementById( )方法获取页面元素，实现网站导航菜单的功能。

② 通过设置鼠标经过主菜单时的 display 样式显示或隐藏子菜单。

5.2.2　制作 Tab 选项卡切换效果

许多网站都可以看到 Tab 选项卡栏目切换的效果，实现的方式有很多，不过总的来说原理都是一致的，都是通过鼠标事件触发相应的功能函数，实现相关栏目的切换。

【例 5-4】 制作美肤堂客服中心页面的栏目切换效果，页面的显示效果如图 5-4 所示。

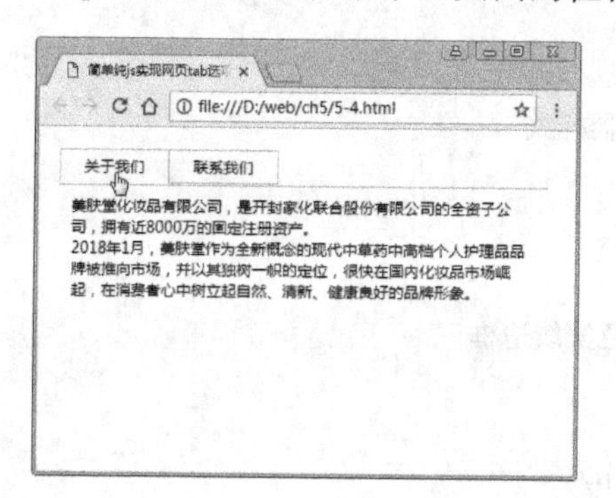

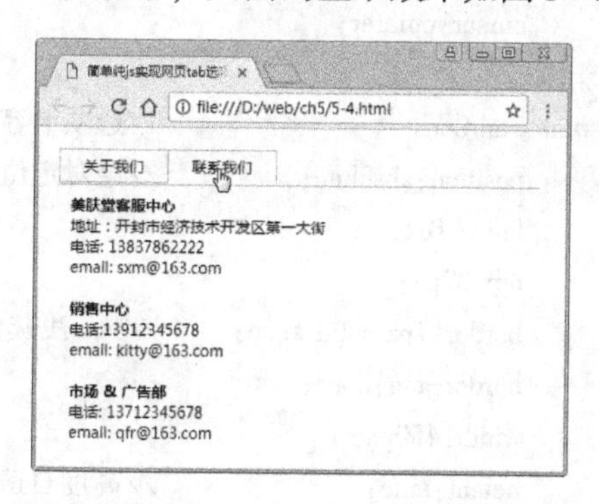

图 5-4　Tab 选项卡切换效果

代码如下：

```
<html>
<head>
<meta charset="gb2312">
<title>简单纯 js 实现网页 Tab 选项卡切换效果</title>
<style>
* {                                //页面所有元素的默认外边距和内边距
```

```
    margin:0;
    padding:0;
}
body{                               //页面整体样式
    font-size:14px;
    font-family:"MicrosoftYaHei";
}
ul,li{                              //列表和列表项样式
    list-style:none;                //列表项无符号
}
#tab{                               //选项卡样式
    position:relative;              //相对定位
    margin-left:20px;               //左外边距 20px
    margin-top:20px                 //上外边距 20px
}
#tab .tabList ul li{                //选项卡列表项样式
    float:left;                     //向左浮动
    background:#fefefe;
    border:1px solid #ccc;          //1px 浅灰色实线边框
    padding:5px 0;
    width:100px;
    text-align:center;              //文本水平居中对齐
    margin-left:-1px;
    position:relative;
    cursor:pointer;
}
#tab .tabCon{                       //选项卡容器样式
    position:absolute;              //绝对定位
    left:-1px;
    top:32px;
    border:1px solid #ccc;          //1px 浅灰色实线边框
    border-top:none;
    width:450px;
    height:auto;                    //高度自适应
}
#tab .tabCon div{                   //非当前选项卡样式
    padding:10px;
    position:absolute;
    opacity:0;                      //完全透明,无法看到选项卡
}
#tab .tabList li.cur{               //当前选项卡列表样式
    border-bottom:none;             //当前选项卡底部无边框
    background:#fff;
```

```
}
#tab . tabCon div. cur{          //当前选项卡不透明样式
    opacity:1;                   //完全不透明,能够看到选项卡
}
</style>
</head>
<body>
<div id="tab">
  <div class="tabList">
    <ul>
      <li class="cur">关于我们</li>
      <li>联系我们</li>
    </ul>
  </div>
  <div class="tabCon">
    <div class="cur">
      <p>美肤堂化妆品有限公司,是开封家化联合股份有限公司……(此处省略文字)</p>
      <p>2018 年 1 月,美肤堂作为全新概念的现代中草药……(此处省略文字)</p>
    </div>
    <div>
      <p><strong>美肤堂客服中心</strong></p>
      <p>地址:开封市经济技术开发区第一大街</p>
      <p>电话: 13837862222</p>
      <p>email:sxm@ 163. com</p><br/>
      <p><strong>销售中心</strong></p>
      <p>电话:13912345678</p>
      <p>email: kitty@ 163. com</p><br/>
      <p><strong>市场 & 广告部</strong></p>
      <p>电话: 13712345678 </p>
      <p>email:qfr@ 163. com</p>
    </div>
  </div>
</div>
<script>
window. onload = function() {
    varoDiv = document. getElementById("tab");
    varoLi = oDiv. getElementsByTagName("div")[0]. getElementsByTagName("li");
    varaCon = oDiv. getElementsByTagName("div")[1]. getElementsByTagName("div");
    var timer = null;
    for (var i = 0; i <oLi. length; i++) {
        oLi[i]. index = i;
        oLi[i]. onmouseover = function() {                    //鼠标悬停切换选项卡
            show(this. index);
```

```
            }
        }
        function show(a) {
            index = a;
            var alpha = 0;
            for (var j = 0; j <oLi.length; j++) {
                oLi[j].className = "";
                aCon[j].className = "";
                aCon[j].style.opacity = 0;
                aCon[j].style.filter = "alpha(opacity=0)";      //非当前选项卡完全透明
            }
            oLi[index].className = "cur";
            clearInterval(timer);
            timer =setInterval(function() {
                alpha += 2;
                alpha > 100 && (alpha = 100);
                aCon[index].style.opacity = alpha / 100;    //当前选项卡完全不透明
                aCon[index].style.filter = "alpha(opacity=" + alpha + ")";
                alpha == 100 &&clearInterval(timer);
            })
        }
    }
</script>
</body>
</html>
```

【说明】

① 实现选项卡切换效果的原理是将当前选项卡的不透明度样式设置为完全不透明，进而显示出选项卡；将非当前选项卡的不透明度样式设置为完全透明，隐藏了非当前选项卡。

② 本例中共设置了两个选项卡，如果用户需要设置更多的选项卡，很容易实现，只需要增加列表项<li>的定义即可。

③ 本例采用的是鼠标悬停切换选项卡的效果，如果需要设置为鼠标单击切换选项卡的效果，只需要将 JavaScript 脚本中的 onmouseover 修改为 onclick 即可。

5.3 图片特效

JavaScript 除了可以对页面中的文字进行特效处理外，还可以对页面中的图片实现各种特殊效果。

5.3.1 制作美肤堂浮动广告

浮动广告在网页中很常见，大多数网站的宽度都是为适合 1024×768 像素的分辨率而设计的，因此在使用更高的分辨率时，有一侧或者两侧就会有空闲的地方，为了不浪费资源，有些网站会在两边加上浮动的广告，在网页中拖拽滚动条时，浮动的广告也随着移动。本案例实现在页面中放置浮动广告的功能。

【例 5-5】 制作美肤堂页面的浮动广告，页面显示的效果如图 5-5 所示。

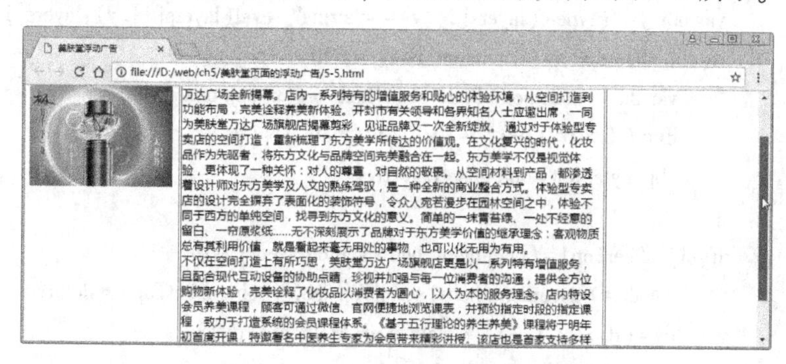

图 5-5　美肤堂页面的浮动广告

制作步骤如下。

（1）前期准备

在示例文件夹下创建图像文件夹 images，用来存放图像素材。将本页面需要使用的图像素材存放在文件夹 images 下。

（2）制作页面

在示例文件夹下新建一个名为 5-5. html 的网页，代码如下：

```
<script language="JavaScript">
    var delta=0. 15
    var layers;
    function floaters() {//定义实现浮动效果的函数 floaters()
      this. items= [];
      this. addItem= function(id,x,y,content) {
          document. write('<div id='+id+' style="z-index: 10; position: absolute;   width:80px;
height:60px;left:'+(typeof(x)=='string'? eval(x):x)+';top:'+(typeof(y)=='string'? eval(y):y)+'
">'+content+'</div>');
          var newItem= {};
          newItem. object= document. getElementById(id);
          if(y>10) {y=0}
          newItem. x= x;
          newItem. y= y;
          this. items[this. items. length] = newItem;
      }
      this. play= function() {
          layers= this. items
          setInterval('play()',10);              //设置浮动的时间间隔为 10 ms
      }
    }
   function play() {
```

```
            for( var i=0;i<layers. length;i++) {
                var obj= layers[i]. object;
                var obj_x= (typeof(layers[i]. x)= ='string'? eval(layers[i]. x):layers[i]. x);
                var obj_y= (typeof(layers[i]. y)= ='string'? eval(layers[i]. y):layers[i]. y);
                if(obj. offsetLeft! =(document. body. scrollLeft+obj_x)) {
                    var dx=(document. body. scrollLeft+obj_x-obj. offsetLeft) * delta;
                    dx=(dx>0? 1:-1) * Math. ceil(Math. abs(dx));
                    obj. style. left=obj. offsetLeft+dx;
                }
                if(obj. offsetTop! =(document. body. scrollTop+obj_y)) {
                    var dy=(document. body. scrollTop+obj_y-obj. offsetTop) * delta;
                    dy=(dy>0? 1:-1) * Math. ceil(Math. abs(dy));
                    obj. style. top=obj. offsetTop+dy;
                }
                obj. style. display= '';
            }
        }
    var strfloat = new floaters();                    //创建一个对象实例 strfloat
    strfloat. addItem("followDiv",6,80,"<img src='images/mftad. png' border='0'>");
                                                      //调用 addItem()方法
    strfloat. play();                                 //调用 play()方法
</script>
<!doctype html>
<html>
<head>
<meta charset="gb2312">
<title>美肤堂浮动广告</title>
</head>
<bodytopmargin="0" leftmargin="0" >
<h3 align="center">美肤堂体验型专卖店开启养美体验新时代</h3>
<table width="600" border="1" align="center">
  <tr>
    <td>
    2018 年 1 月 10 日,现代中草药个人护理……(此处省略文字)<br>
不仅在空间打造上有所巧思,美肤堂万达广场旗舰店更是以……(此处省略文字)
    </td>
  </tr>
</table>
</body>
</html>
```

【说明】

① 实现浮动广告的 JavaScript 脚本必须放置在页面的开头位置，即位于<!doctype html>

之前，否则不能实现广告的浮动效果。

② 应用构造函数创建一个自定义对象，在对象中创建定义<div>标签以及设置其位置的方法 addItem( )。

③ 定义实现浮动效果的函数 floaters( )，然后创建一个对象实例 strfloat，调用 addItem( )方法和 play( )方法，实现广告的浮动功能。

5.3.2　制作美肤堂轮播广告

在网站的首页中经常能够看到轮播广告，既美化了页面的外观，又可以节省版面的空间。本节主要讲解如何使用 JavaScript 脚本制作轮播广告。

【例 5-6】 制作美肤堂轮播广告，每隔一段时间，广告自动切换到下一幅画面；用户单击广告下方的数字，将直接切换到相应的画面；用户单击链接文字，可以打开相应的网页(读者可以根据需要自己设置链接的页面，这里不再制作该链接功能)，本例文件 5-6. html 在浏览器中的浏览效果如图 5-6 所示。

图 5-6　轮播广告

制作步骤如下。

(1) 前期准备

在栏目文件夹下创建图像文件夹 images，用来存放图像素材。将本页面需要使用的图像素材存放在文件夹 images 下，本实例中使用的图片素材大小均为 410 px×200 px。

轮播广告的特效需要使用特定的播放器插件，本例中使用的播放器插件名为 playswf. swf，将其复制到示例文件夹的根目录中。

(2) 制作页面

在示例文件夹下新建一个名为 5-6. html 的网页，代码如下：

```
<html>
<head>
<title>轮播广告</title>
</head>
<body>
<div style = " width:410px;height:220px;border:1px solid #000" >
<script type = text/javascript>
<!--
  imgUrl1 = " images/01. png" ;
```

```
imgtext1="太极系列";
imgLink1=escape("#");
imgUrl2="images/02. png";
imgtext2="美白系列";
imgLink2=escape("#");
imgUrl3="images/03. png";
imgtext3="滋养系列";
imgLink3=escape("#");
imgUrl4="images/04. png";
imgtext4="保健系列";
imgLink4=escape("#");
var focus_width=410                    //图片的宽度
var focus_height=200                   //图片的高度
var text_height=20                     //文字的高度
varswf_height = focus_height+text_height      //播放器的高度=图片的高度+文字的高度
varpics = imgUrl1+"|"+imgUrl2+"|"+imgUrl3+"|"+imgUrl4
var links =imgLink1+"|"+imgLink2+"|"+imgLink3+"|"+imgLink4
var texts =imgtext1+"|"+imgtext2+"|"+imgtext3+"|"+imgtext4
document. write('<object ID=" focus_flash" classid=" clsid: d27cdb6e-ae6d-11cf-96b8-44553540000"
codebase=" http://fpdownload. macromedia. com/pub/shockwave/cabs/flash/swflash. cab#version=6,0,0,0" width="'+ focus_width +'" height="'+ swf_height +'">');
document. write('<param name=" allowScriptAccess" value=" sameDomain"><param name=" movie" value=" playswf. swf"><param name=" quality" value=" high"><param name=" bgcolor" value=" #fff">');
document. write('<param name=" menu" value=" false"><param name=wmode value=" opaque">');
document. write('<param name=" FlashVars" value=" pics='+pics+'&links='+links+'&texts='+texts+'&borderwidth='+focus_width+'&borderheight='+focus_height+'&textheight='+text_height+'">');
document. write('<embed ID=" focus_flash" src=" playswf. swf" wmode=" opaque" FlashVars=" pics='+pics+'&links='+links+'&texts='+texts+'&borderwidth='+focus_width+'&borderheight='+focus_height+'&textheight='+text_height+'" menu=" false" bgcolor=" #c5c5c5" quality=" high" width="'+ focus_width+'" height="'+ swf_height +'" allowScriptAccess=" sameDomain" type=" application/x-shockwave-flash" pluginspage=" http://www. macromedia. com/go/getflashplayer" />');
document. write('</object>');
-->
</script>
</div>
</body>
</html>
```

【说明】 制作幻灯片切换效果的关键在于播放器参数的设置，要求如下。

① 播放器参数中的 focus_width 设置为图片的宽度（410 px），focus_height 设置为图片的高度（200 px），text_height 设置为文字的高度（20 px），pics 用于定义图片的来源，links 用

于定义链接文字的链接地址，texts 用于定义链接文字的内容。

② 幻灯片所在 Div 容器的宽度应当等于图片的宽度，Div 容器的高度应当等于图片的高度+文字的高度。例如，设置 Div 容器的宽度为 410 px，恰好等于图片的宽度；设置 Div 容器的高度为 220 px，恰好等于图片的高度（200 px）+文字的高度（20 px）。

习题 5

1）编写程序设置网页字体的大小，可以分为大、中、小 3 种模式显示，如图 5-7 所示。

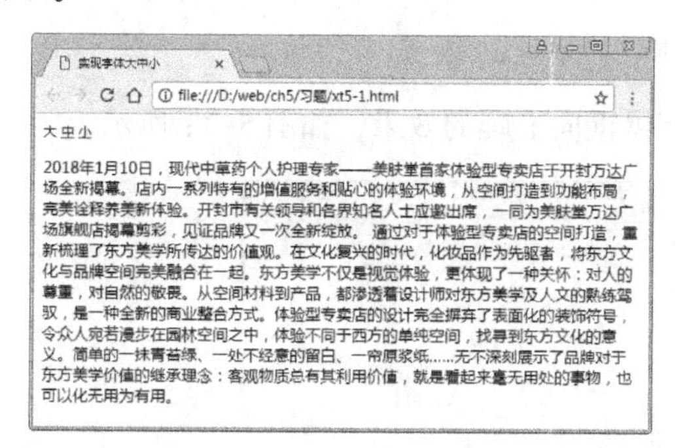

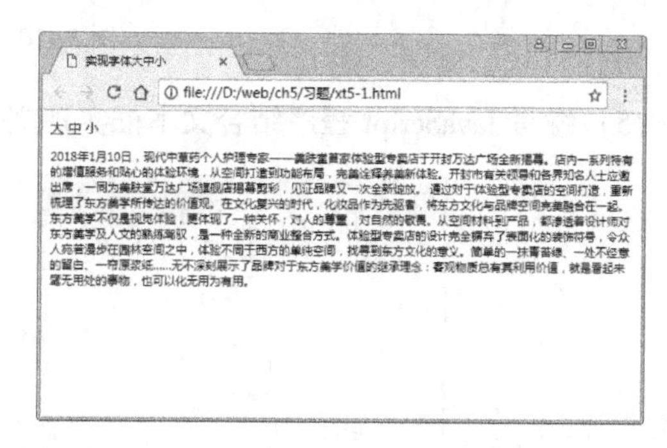

图 5-7　题 1 图

2）制作一个循环切换画面的广告网页。每隔一段时间，广告自动切换到下一幅画面；用户单击广告右边的小图，将直接切换到相应的画面，效果如图 5-8 所示。

图 5-8　题 2 图

3）制作循环滚动的美肤堂产品展示页面，滚动的图像支持超链接，并且鼠标指针移动到图像上时，画面静止；鼠标指针移出图像后，图像继续滚动，效果如图 5-9 所示。

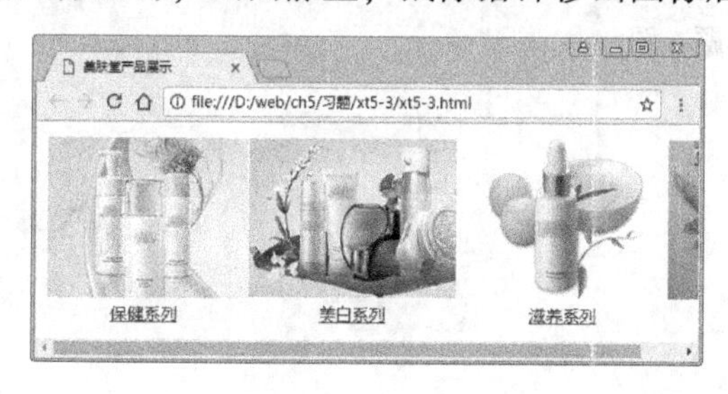

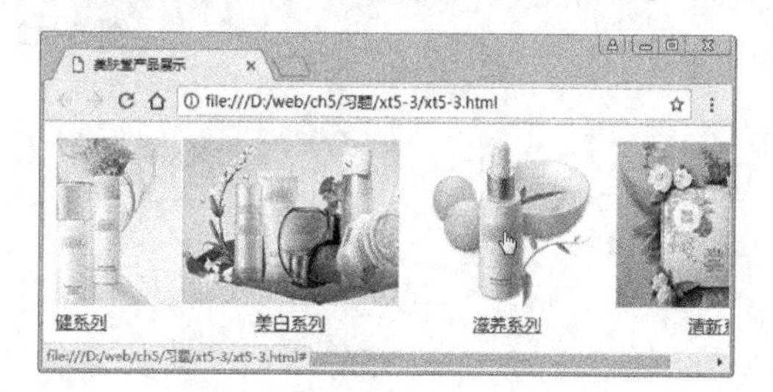

图 5-9　题 3 图

4）文字循环向上滚动，当光标移动到文字上时，文字停止滚动；光标移开则继续滚动，如图 5-10 所示。

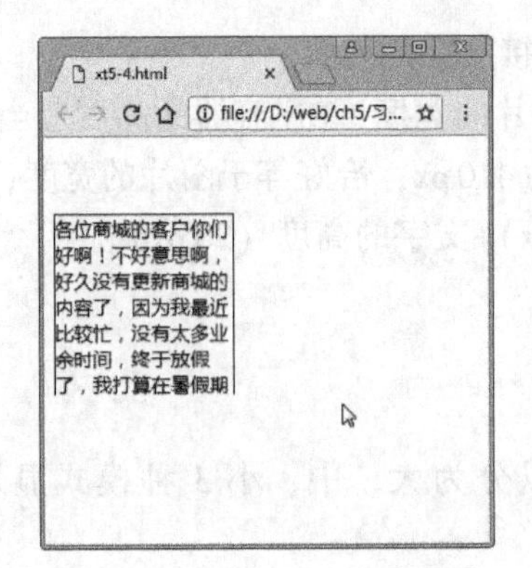

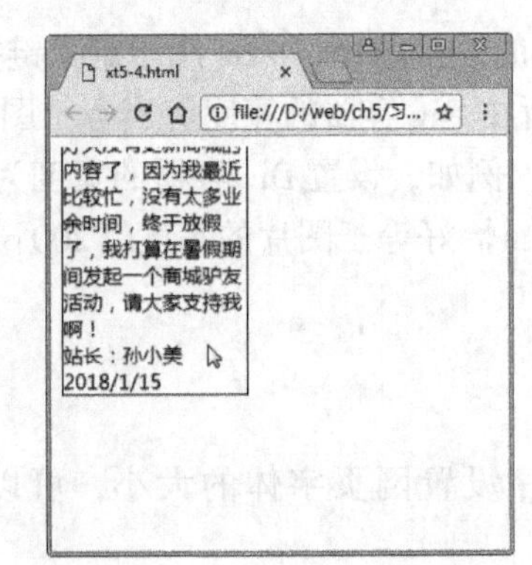

图 5-10　题 4 图

5）编写 JavaScript 程序结合文本框实现文字慢慢向上爬的效果，如图 5-11 所示。

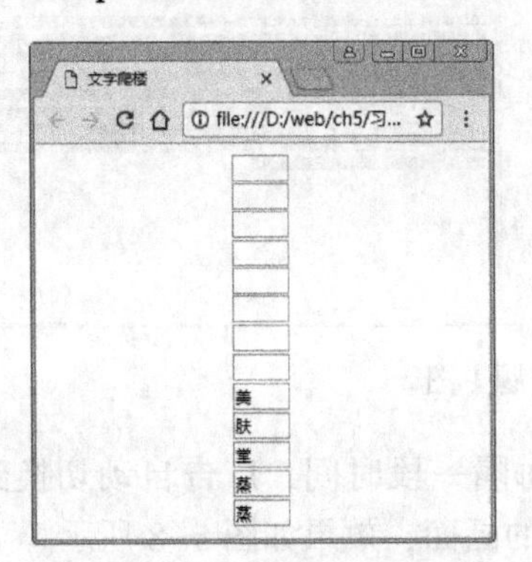

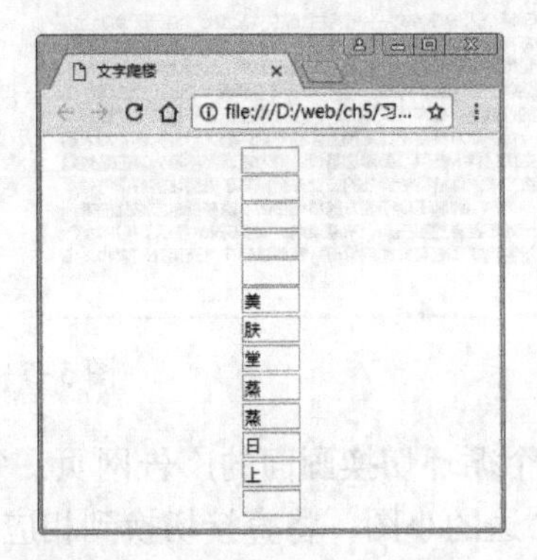

图 5-11　题 5 图

6）使用 JavaScript 脚本制作二级纵向列表模式的导航菜单，如图 5-12 所示。

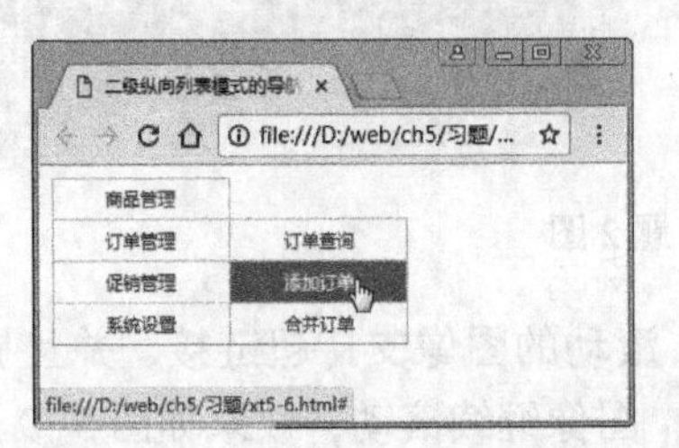

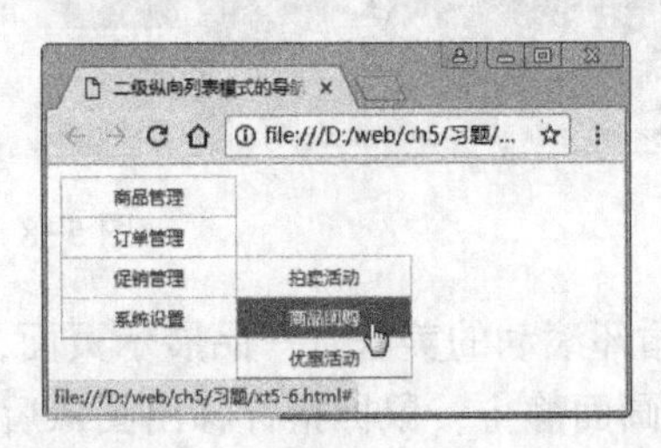

图 5-12　题 6 图

第 6 章　JavaScript 在 HTML5 中的应用

HTML5 引入了多媒体、API、数据库支持等高级应用功能，允许更大的灵活性，支持开发非常精彩的交互式网站。HTML5 还提供了高效的数据管理、绘制、视频和音频工具，结合 JavaScript 编程，进一步促进了 Web 应用的开发。

6.1　HTML5 拖放 API

拖放是 HTML5 标准中非常重要的部分，通过拖放 API（Application Programming Interface，应用程序编程接口）可以让 HTML 页面中的任意元素都变成可拖动的，使用拖放机制可以开发出更友好的人机交互界面。

拖放操作可以分为两个动作：在某个元素上按下鼠标移动鼠标（没有松开鼠标），此时开始拖动，在拖动的过程中，只要没有松开鼠标，将会不断产生事件，这个过程称为“拖”；把被拖动的元素拖动到另外一个元素上并松开鼠标，这个过程称为“放”。

6.1.1　draggable 属性

draggable 属性用来定义元素是否可以拖动，该属性有两个值：true 和 false，默认为 false，当值为 true 时表示元素选中之后可以进行拖动操作，否则不能拖动。

【例 6-1】draggable 属性示例，本例文件 6-1.html 在浏览器中的显示效果如图 6-1 所示。代码如下：

图 6-1　页面显示效果

```
<!doctype html>
<html>
<head>
<meta charset="gb2312">
<title>draggable 属性示例</title>
</head>
<body>
<h1 align="center">元素 draggable 属性</h1>
<pdraggable="true">可以拖动的文字</p>
可以拖动的图片 <img src="images/logo.jpg" border="1" draggable="true">
</body>
</html>
```

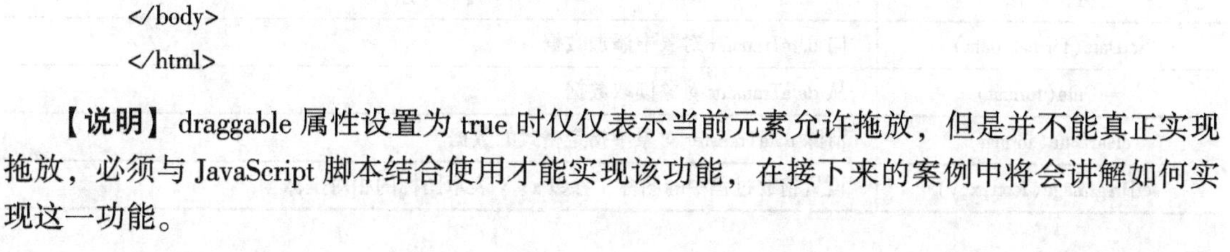

【说明】draggable 属性设置为 true 时仅仅表示当前元素允许拖放，但是并不能真正实现拖放，必须与 JavaScript 脚本结合使用才能实现该功能，在接下来的案例中将会讲解如何实现这一功能。

6.1.2 拖放触发的事件和数据传递

在例 6-1. html 中，设置元素的 draggable 属性为 true 只是定义了当前元素允许拖放，用户看不到拖放的效果，并且在拖放时也不能携带数据。因此，使用拖放时，还需要通过 JavaScript 脚本绑定事件监听器，并在事件监听器中设置所需携带的数据。

1. 拖放触发的事件

在拖放过程中，可触发的事件见表 6-1。

表 6-1 拖放时可能触发的事件

事　件	事 件 源	描　述
ondragstart	被拖动的 HTML 元素	开始拖动元素时触发该事件
ondrag	被拖动的 HTML 元素	拖动元素过程中触发该事件
ondragend	被拖动的 HTML 元素	拖动元素结束时触发该事件
ondragenter	拖动时鼠标所进入的目标元素	被拖动的元素进入目标元素的范围内时触发该事件
ondragleave	拖动时鼠标所离开的元素	被拖动的元素离开当前元素的范围内时触发该事件
ondragover	拖动时鼠标所经过的元素	在所经过的元素范围内，拖动元素时会不断地触发该事件
ondrop	停止拖动时鼠标所释放的目标元素	被拖动的元素释放到当前元素中时，会触发该事件

2. 数据传递

dataTransfer 对象用于从被拖动元素向目标元素传递数据，其中提供了许多实用的属性和方法。例如，通过 dropEffect 与 effectAllowed 属性相结合可以自定义拖放的效果，使用 setData( ) 和 getData( ) 方法可以将拖放元素的数据传递给目标元素。

dataTransfer 对象的属性见表 6-2。

表 6-2 dataTransfer 对象的属性

属　性	描　述
dropEffect	设置或返回允许的操作类型，可以是 none、copy、link 或 move
effectAllowed	设置或返回被拖放元素的操作效果类别，可以是 none、copy、copyLink、copyMove、link、linkMove、move、all 或 uninitialized
items	返回一个包含拖动数据的 dataTransferItemList 对象
types	返回一个 DOMStringList，包括了存入 dataTransfer 对象中数据的所有类型
files	返回一个拖动文件的集合，如果没有拖动文件该属性为空

dataTransfer 对象的方法见表 6-3。

表 6-3 dataTransfer 对象的方法

方　法	描　述
setData(format, data)	向 dataTransfer 对象中添加数据
getData(format)	从 dataTransfer 对象读取数据
clearData(format)	清除 dataTransfer 对象中指定格式的数据
setDragImage(icon, x, y)	设置拖放过程中的图标，参数 x、y 表示图标的相对坐标

在 dataTransfer 对象所提供的方法中，参数 format 用于表示在读取、添加或清空数据时的数据格式，该格式包括 text/plain（文本文字格式）、text/html（HTML 页面代码格式）、text/xml（XML 字符格式）和 text/url-list（URL 格式列表）。

需要注意的是，部分浏览器并不完全支持 text/plain、text/html、text/xml 和 text/url-list 格式，可以通过 text 简写方式进行兼容。

【例 6-2】 HTML5 拖放示例，用户可以拖动页面中的图片放置到目标矩形中，本例文件 6-2. html 在浏览器中的显示效果如图 6-2 所示。

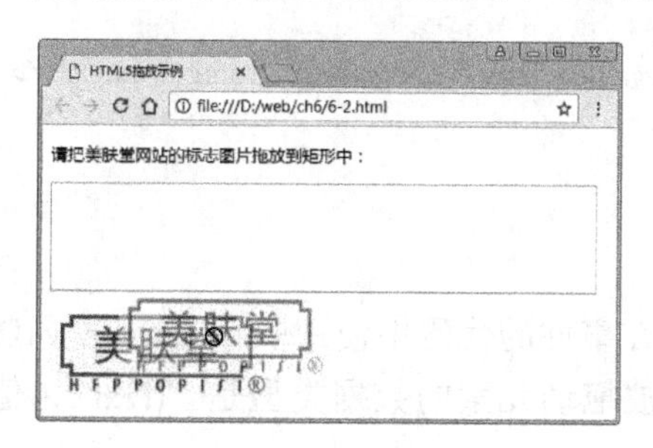

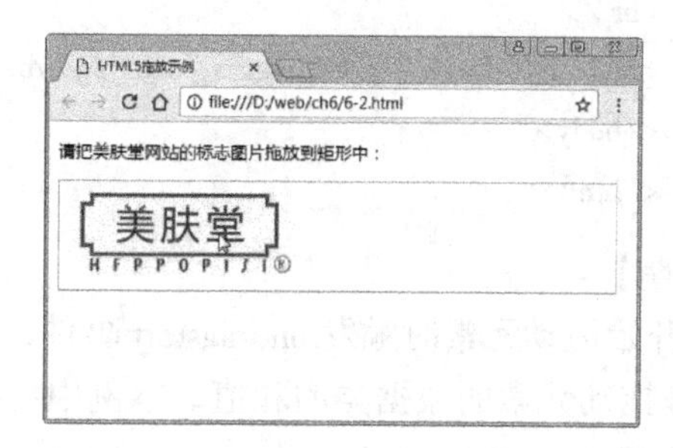

图 6-2　页面显示效果

代码如下：

```
<!doctype html>
<html>
<head>
<meta charset="gb2312">
<title>HTML5 拖放示例</title>
<style type="text/css">
#div1{                                          /*目标矩形的样式*/
width:500px;
height:80px;
padding:10px;
border:1px solid #aaaaaa;                       /*边框为 1px 浅灰色实线边框*/
  }
</style>
<script type="text/javascript">
functionallowDrop(ev){
  ev.preventDefault();                          //设置允许将元素放置到其他元素中
}
function drag(ev){
  ev.dataTransfer.setData("Text",ev.target.id);  //设置被拖动元素的数据类型和值
}
function drop(ev){                               //当放置被拖动元素时发生 drop 事件
  ev.preventDefault();                           //设置允许将元素放置到其他元素中
  var data=ev.dataTransfer.getData("Text");     //从 dataTransfer 对象读取被拖动元素的数据
  ev.target.appendChild(document.getElementById(data));
```

```
}
</script>
</head>
<body>
<p>请把美肤堂网站的标志图片拖放到矩形中:</p>
<div id="div1" ondrop="drop(event)" ondragover="allowDrop(event)">
</div>
<br />
<img id="drag1" src="images/logo.jpg" draggable="true" ondragstart="drag(event)" />
</body>
</html>
```

【说明】

① 开始拖动元素时触发 ondragstart 事件，在事件的代码中使用 dataTransfer.setData()方法设置被拖动元素的数据类型和值。本例中，被拖动元素的数据类型是“Text”，值是被拖动元素的 id（即“drag1”）。

② ondragover 事件规定放置被拖动元素的位置，默认为无法将元素放置到其他元素中。如果需要设置允许放置，必须阻止对元素的默认处理方式，需要通过调用 ondragover 事件的 event.preventDefault()方法来实现这一功能。

③ 当放置被拖动元素时将触发 drop 事件。本例中，div 元素的 ondrop 属性调用了一个函数 drop(event)来实现放置被拖动元素的功能。

6.2 多媒体播放

在 HTML5 出现之前并没有将视频和音频嵌入到页面的标准方式，多媒体内容在大多数情况下都是通过第三方插件或集成在 Web 浏览器的应用程序置于页面中。通过这样的方式实现的音视频功能，需要借助第三方插件，并且实现代码复杂冗长。由于这些插件不是浏览器自身提供的，往往需要手动安装，不仅烦琐而且容易导致浏览器崩溃。运用 HTML5 中新增的<video>标签和<audio>标签可以避免这样的问题。

6.2.1 HTML5 的多媒体支持

HTML5 中提供了<video>和<audio>标签，可以直接在浏览器中播放视频和音频文件，无需事先在浏览器上安装任何插件，只要浏览器本身支持 HTML5 规范即可。目前各种主流浏览器如 IE 9+、Firefox、Opera、Safari 和 Chrome 等都支持使用<video>和<audio>标签来播放视频和音频。

HTML5 对原生音频和视频的支持潜力巨大，但由于音频、视频的格式众多，以及相关厂商的专利限制，导致各浏览器厂商无法自由使用这些音频和视频的解码器，浏览器能够支持的音频和视频格式相对有限。如果用户需要在网页中使用 HTML5 的音频和视频，就必须熟悉下面列举的音频和视频格式。音频格式有 Ogg Vorbis、MP3、WAV，视频格式有 Ogg、H.264（MP4）、WebM。

1. 音频格式

（1）Ogg Vorbis

Ogg Vorbis 是一种新的音频压缩格式，类似于 MP3 等现有的音乐格式，它是完全免费、开放和没有专利限制的。Ogg Vorbis 有一个很出众的特点，就是支持多声道。Ogg Vorbis 文件的扩展名是 .ogg，这种文件的设计格式非常先进，目前创建的 Ogg 文件可以在未来的任何播放器上播放。因此，这种文件格式可以不断地进行大小和音质的改良，而不影响旧有的编码器或播放器。

（2）MP3

MP3 格式诞生于 20 世纪 80 年代的德国。所谓的 MP3 是指 MPEG 标准中的音频部分，也就是 MPEG 音频层。MPEG 音频文件的压缩是一种有损压缩，通过牺牲声音文件中 12～16 kHz 的高音频部分的质量来压缩文件的大小。相同时间长度的音乐文件，用 MP3 格式存储，一般只有 WAV 文件的 1/10，而音质也次于 CD 格式或 WAV 格式的声音文件。

（3）WAV

WAV 格式是 Microsoft 公司开发的一种声音文件格式，用于保存 Windows 平台的音频信息资源，被 Windows 平台及其应用程序所支持，支持多种音频位数、采样频率和声道，是目前 PC 上广为流行的声音文件格式。几乎所有的音频编辑软件都识别 WAV 格式。

2. 视频格式

（1）Ogg

Ogg 也是 HTML5 所使用的视频格式之一。Ogg 采用多通道编码技术，可以在保持编码器的灵活性的同时而不损害原本的立体声空间影像，而且实现的复杂程度比传统的联合立体声方式要低。

（2）H.264（MP4）

MP4 的全称是 MPEG-4 Part 14，是一种储存数字音频和数字视频的多媒体文件格式，文件扩展名为 .mp4。MP4 封装格式是基于 QuickTime 容器格式定义，媒体描述与媒体数据分开，目前被广泛应用于封装 H.264 视频和 ACC 视频，是高清视频的代表。

（3）WebM

WebM 由 Google 提出，是一个开放、免费的媒体文件格式。WebM 影片格式其实是以 Matroska（即 MKV）容器格式为基础开发的新容器格式，包括了 VP8 影片轨和 Ogg Vorbis 音轨。WebM 标准的网络视频更加偏向于开源并且是基于 HTML5 标准的，WebM 项目旨在为对每个人都开放的网络开发高质量、开放的视频格式，其重点是解决视频服务这一核心的网络用户体验。

6.2.2 音频标签

目前，大多数音频是通过插件（比如 Flash）来播放的。然而，并非所有浏览器都拥有同样的插件。HTML5 规定了一种通过音频标签<audio>来包含音频的标准方法，<audio>标签能够播放声音文件或者音频流。

1. <audio>标签支持的音频格式及浏览器兼容性

<audio>标签支持 3 种音频格式，在不同的浏览器中的兼容性见表 6-4。

表 6-4　3 种音频格式的浏览器兼容性

音频格式	IE 9+	Firefox	Opera	Chrome	Safari
Ogg Vorbis		√	√	√	
MP3	√			√	√
WAV		√	√		√

2. <audio>标签的属性

<audio>标签的属性见表 6-5。

表 6-5　<audio>标签的属性

属　性	描　述
autoplay	如果出现该属性，则音频在就绪后马上播放
controls	如果出现该属性，则向用户显示控件，比如播放、暂停和音量控件
loop	如果出现该属性，则每当音频结束时重新开始播放
preload	如果出现该属性，则音频在页面加载时进行加载，并预备播放
src	要播放音频的 URL

为了解决浏览器对音频和视频格式的支持，使用<source>标签为音频或视频指定多个媒体源，浏览器可以选择适合自己播放的媒体源。

【例 6-3】使用<audio>标签播放音频，本例文件 6-3. html 在浏览器中的显示效果如图 6-3 所示。代码如下：

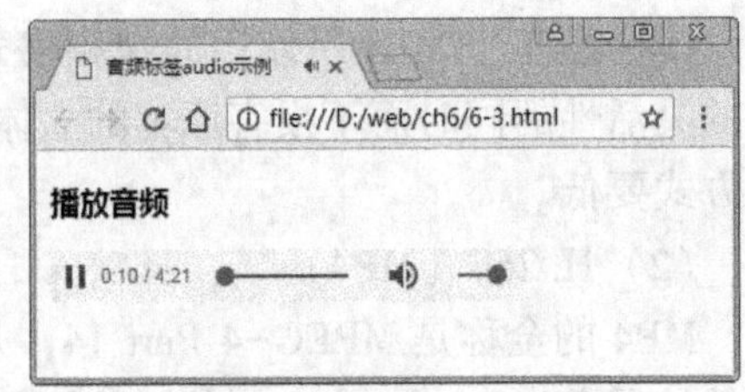

图 6-3　页面的显示效果

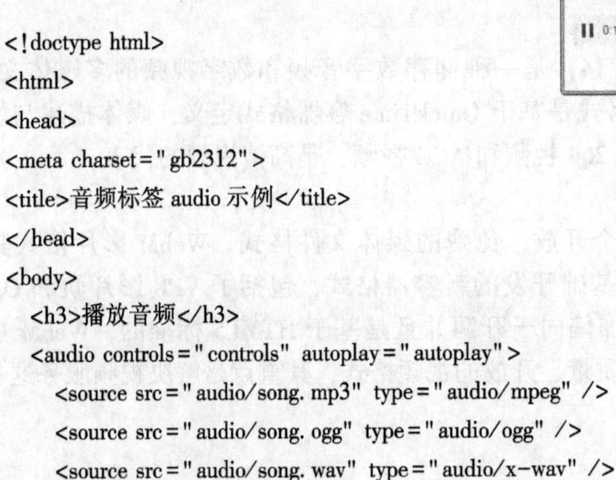

```
<!doctype html>
<html>
<head>
<meta charset="gb2312">
<title>音频标签 audio 示例</title>
</head>
<body>
  <h3>播放音频</h3>
  <audio controls="controls" autoplay="autoplay">
    <source src="audio/song. mp3" type="audio/mpeg" />
    <source src="audio/song. ogg" type="audio/ogg" />
    <source src="audio/song. wav" type="audio/x-wav" />
    您的浏览器不支持音频标签
  </audio>
</body>
</html>
```

【说明】

① <audio>与</audio>标签之间插入的内容是供不支持<audio>标签的浏览器显示的。

② <audio>标签允许包含多个<source>标签。<source>标签可以链接不同的音频文件，

浏览器将使用第一个可识别的格式。

6.2.3 视频标签

对于视频来说，大多数视频也是通过插件（比如 Flash）来显示的。然而，并非所有浏览器都拥有同样的插件。HTML5 规定了一种通过视频标签<video>来包含视频的标准方法。<video>标签能够播放视频文件或者视频流。

1. <video>标签支持的视频格式及浏览器兼容性

<video>标签支持 3 种视频格式，在不同的浏览器中的兼容性见表 6-6。

表 6-6 3 种视频格式的浏览器兼容性

视频格式	IE 9+	Firefox	Opera	Chrome	Safari
Ogg		√	√	√	
MPEG 4	√			√	√
WebM		√	√	√	

2. <video>标签的属性

<video>标签的属性见表 6-7。

表 6-7 <video>标签的属性

属　性	描　述
autoplay	如果出现该属性，则视频在就绪后马上播放
controls	如果出现该属性，则向用户显示控件，比如播放、暂停和音量控件
height	设置视频播放器的高度
loop	如果出现该属性，则每当音频结束时重新开始播放
preload	如果出现该属性，则视频在页面加载时进行加载，并预备播放。如果使用"autoplay"，则忽略该属性
src	要播放音频的 URL
width	设置视频播放器的宽度

【例 6-4】使用<video>标签播放视频，本例文件 6-4.html 在浏览器中的显示效果如图 6-4 所示。

图 6-4 页面的显示效果

代码如下：

```
<!doctype html>
<html>
<head>
<meta charset="gb2312">
<title>视频标签 video 示例</title>
</head>
<body>
  <h3>播放视频</h3>
  <video controls="controls" autoplay="autoplay">
    <source src="video/movie.mp4" type="video/mp4" />
    <source src="video/movie.webm" type="video/webm" />
```

```
        <source src="video/movie.ogg" type="video/ogg" />
        您的浏览器不支持视频标签
    </video>
</body>
</html>
```

【说明】

① <video>与</video>标签之间插入的内容是供不支持<video>标签的浏览器显示的。

② <video>标签同样允许包含多个<source>标签，这里不再赘述。

6.2.4 HTML5 多媒体 API

HTML5 中提供了 Video 和 Audio 对象，用于控制视频或音频的回放及当前状态等信息，Video 和 Audio 对象的相似度非常高，区别在于所占屏幕空间不同，但属性与方法基本相同。Video 和 Audio 对象常用的属性见表 6-8。

表 6-8 Video 和 Audio 对象常用的属性

属　性	描　述
autoplay	用于设置或返回是否在就绪（加载完成）后随即播放音频
controls	用于设置或返回视频（音频）是否应该显示控件（如播放/暂停等）
currentSrc	返回当前视频或（音频）的 URL
currentTime	用于设置或返回视频（音频）中的当前播放位置（以秒计）
duration	返回视频（音频）的总长度（以秒计）
defaultMuted	用于设置或返回视频（音频）默认是否静音
muted	用于设置或返回是否关闭声音
ended	返回视频（音频）的播放是否已结束
readyState	返回视频（音频）当前的就绪状态
paused	用于设置或返回视频（音频）是否暂停
volume	用于设置或返回视频（音频）的音量
loop	用于设置或返回视频（音频）是否应在结束时再次播放
networkState	返回视频（音频）的当前网络状态
src	用于设置或返回视频（音频）的 src 属性的值

Video 和 Audio 对象常用的方法见表 6-9。

表 6-9 Video 和 Audio 对象常用的方法

方　法	描　述
play()	开始播放视频（音频）
pause()	暂停当前播放的视频（音频）
load()	重新加载视频（音频）元素
canPlayType()	检查浏览器是否能够播放指定的视频（音频）类型
addTextTrack()	向视频添（音频）加新的文本轨道

【**例 6-5**】使用 Video 对象创建一个自定义视频播放器，播放器包括“开始播放/暂停播放”按钮、播放进度信息和“静音/取消静音”按钮，本例文件 6-5. html 在浏览器中的显示效果如图 6-5 所示。

图 6-5　页面的显示效果

代码如下：

```
<!doctype html>
<html>
<head>
<meta charset="gb2312">
<title>使用 Video 对象自定义视频播放器</title>
  <body>
    <div id="videoDiv">
        <video id="myVideo" controls>
            <source src="video/movie. mp4" type="video/mp4" />
            <source src="video/movie. webm" type="video/webm" />
            <source src="video/movie. ogg" type="video/ogg" />
            您的浏览器不支持<video />标签
        </video>
    </div>
    <div id="controlBar" >
     <input id="videoPlayer" type="button" value="开始播放" />
        <input id="videoInfo" type="text" disabled style="width:70px"/>
        <input id="videoVoice" type="button" value="静音" />
    </div>
     <script type="text/javascript">
          var myVideo=document. getElementById("myVideo");
          var videoPlayer=document. getElementById("videoPlayer");
          var videoVoice=document. getElementById("videoVoice");
          var videoInfo=document. getElementById("videoInfo");
          //播放/暂停按钮
          videoPlayer. onclick=function(){
              if(myVideo. paused){
                  myVideo. play();
```

```
                    videoPlayer. value="暂停播放";
                } else{
                    myVideo. pause();
                    videoPlayer. value="开始播放";
                }
            };
            //视频播放时,播放进度信息同步
            myVideo. ontimeupdate=function(){
                var currentTime=myVideo. currentTime. toFixed(2);
                var totalTime=myVideo. duration. toFixed(2);
                videoInfo. value=currentTime+"/"+totalTime;
            };
            //静音或取消静音
            videoVoice. onclick=function(){
                if(!myVideo. muted){
                    videoVoice. value="取消静音";
                    myVideo. muted=true;
                } else{
                    videoVoice. value="静音";
                    myVideo. muted=false;
                }
            };
        </script>
    </body>
</html>
```

【说明】本例中显示的播放进度信息包括当前播放时间和总播放时间，二者都保留了两位小数，实现的方法是使用 toFixed()方法将数字四舍五入为指定小数位数的数字。

6.3 Canvas 绘图

HTML5 的<canvas>元素有一个基于 JavaScript 的绘图 API，在页面上放置一个<canvas>元素就相当于在页面上放置了一块“画布”，可以在其中进行图形的描绘。<canvas>元素拥有多种绘制路径、矩形、圆形、字符以及添加图像的方法，设计者可以控制其每一像素。

6.3.1 创建<canvas>元素

<canvas>元素的主要属性是画布宽度属性 width 和高度属性 height，单位是像素。向页面中添加<canvas>元素的语法格式为：

```
<canvas id="画布标识" width="画布宽度" height="画布高度">
    …
</canvas>
```

<canvas>看起来很像<img>，唯一不同就是它不含 src 和 alt 属性。如果不指定 width 和 height 属性值，默认的画布大小是宽 300 像素，高 150 像素。

例如，创建一个标识为 myCanvas，宽度为 200 像素，高度为 100 像素的<canvas>元素，代码如下：

```
<canvas id="myCanvas" width="200" height="100"></canvas>
```

6.3.2 构建绘图环境

大多数<canvas>绘图 API 都没有定义在<canvas>元素本身上，而是定义在通过画布的 getContext()方法获得的一个“绘图环境”对象上。getContext()方法返回一个用于在画布上绘图的环境，其语法如下：

```
canvas.getContext(contextID)
```

参数 contextID 指定了用户想要在画布上绘制的类型。“2d”，即二维绘图，这个方法返回一个上下文对象 CanvasRenderingContext2D，该对象导出一个二维绘图 API。

6.3.3 通过 JavaScript 绘制图形

<canvas>元素只是图形容器，其本身是没有绘图能力的，所有的绘制工作必须在 JavaScript 内部完成。

在画布上绘图的核心是上下文对象 CanvasRenderingContext2D，用户可以在 JavaScript 代码中使用 getContext()方法渲染上下文进而在画布上显示形状和文本。

JavaScript 使用 getElementById 方法通过 canvas 的 id 定位 canvas 元素，例如以下代码：

```
varmyCanvas = document.getElementById('myCanvas');
```

然后，创建 context 对象，例如以下代码：

```
varmyContext = myCanvas.getContext("2d");
```

getContext()方法使用一个上下文作为其参数，一旦渲染上下文可用，程序就可以调用各种绘图方法。表 6-10 列出了渲染上下文对象的常用方法。

表 6-10 渲染上下文对象的常用方法

方　法	描　述
fillRect()	绘制一个填充的矩形
strokeRect()	绘制一个矩形轮廓
clearRect()	清除画布的矩形区域
lineTo()	绘制一条直线
arc()	绘制圆弧或圆
moveTo()	当前绘图点移动到指定位置
beginPath()	开始绘制路径
closePath()	标记路径绘制操作结束
stroke()	绘制当前路径的边框

（续）

方　法	描　述
fill()	填充路径的内部区域
fillText()	在画布上绘制一个字符串
createLinearGradient()	创建一条线性颜色渐变
drawImage()	把一幅图像放置到画布上

需要说明的是，canvas 画布的左上角为坐标原点(0,0)。

1. 绘制矩形

（1）绘制填充的矩形

fillRect()方法用来绘制填充的矩形，语法格式为：

fillRect(x,y,weight, height)

其中的参数含义如下。

x，y：矩形左上角的坐标。

weight，height：矩形的宽度和高度。

说明：fillRect()方法使用 fillStyle 属性所指定的颜色、渐变和模式来填充指定的矩形。

（2）绘制矩形轮廓

strokeRect()方法用来绘制矩形的轮廓，语法格式为：

strokeRect(x,y,weight, height)

其中的参数含义如下。

x，y：矩形左上角的坐标。

weight，height：矩形的宽度和高度。

说明：strokeRect()方法按照指定的位置和大小绘制一个矩形的边框（但并不填充矩形的内部），线条颜色和线条宽度由 strokeStyle 和 lineWidth 属性指定。

【例 6-6】绘制填充的矩形和矩形轮廓，本例文件 6-6. html 在浏览器中的显示效果如图 6-6 所示。

代码如下：

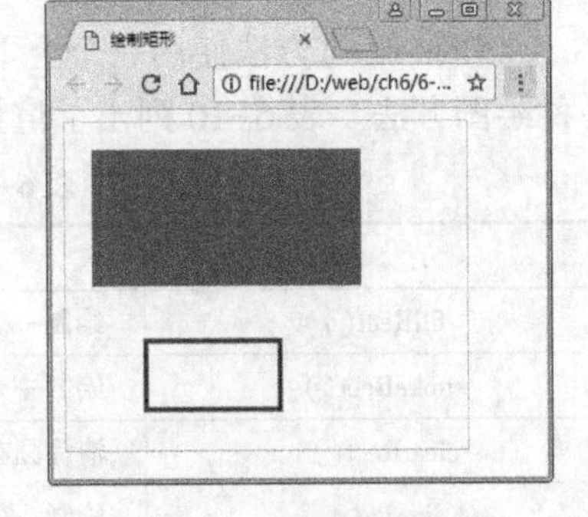

图 6-6　页面显示效果

```
<!doctype html>
<html>
  <head>
    <meta charset="gb2312">
    <title>绘制矩形</title>
  </head>
  <body>
    <canvas id="myCanvas" width="300" height="240" style="border:1px solid #c3c3c3;">
  您的浏览器不支持 canvas 元素 .
    </canvas>
    <script type="text/javascript">
```

```
        var c=document.getElementById("myCanvas");   //获取画布对象
        varcxt=c.getContext("2d");                   //获取画布上绘图的环境
        cxt.fillStyle="#ff0000";                     //设置填充颜色
        cxt.fillRect(20,20,200,100);                 //绘制填充矩形
        cxt.strokeStyle="#0000ff";                   //设置轮廓颜色
        cxt.lineWidth="3";                           //设置轮廓线条宽度
        cxt.strokeRect(60,160,100,50);               //绘制矩形轮廓
    </script>
  </body>
</html>
```

2. 绘制路径

（1） lineTo( )方法

lineTo( )方法用来绘制一条直线，语法格式为：

lineTo(x,y)

其中的参数含义如下。

x，y：直线终点的坐标。

说明：lineTo( )方法为当前子路径添加一条直线。这条直线从当前点开始，到(x,y)结束。当方法返回时，当前点是(x,y)。

（2） moveTo( )方法

在绘制直线时，通常配合 moveTo( )方法设置绘制直线的当前位置并开始一条新的子路径，其语法格式为：

moveTo(x, y)

其中的参数含义如下。

x，y：新的当前点的坐标。

说明：moveTo( )方法将当前位置设置为(x, y)并用它作为第一点创建一条新的子路径。如果之前有一条子路径并且它包含刚才的那一点，那么从路径中删除该子路径。

当用户需要绘制一个路径封闭的图形时，需要使用 beginPath( )方法初始化绘制路径和 closePath( )方法标记路径绘制操作结束。

- beginPath( )方法的语法格式为：

beginPath( )

说明：beginPath( )方法丢弃任何当前定义的路径并且开始一条新的路径，并把当前的点设置为(0,0)。当第一次创建画布的环境时，beginPath( )方法会被显式调用。

- closePath( )方法的语法格式为：

closePath( )

说明：closePath( )方法用来关闭一条打开的子路径。如果画布的子路径是打开的，closePath( )方法通过添加一条线条连接当前点和子路径起始点来关闭它；如果子路径已经闭合了，这个方法不做任何事情。一旦子路径闭合，就不能再为其添加更多的直线或曲线了；

如果要继续向该路径添加直线或曲线，需要调用 moveTo( )方法开始一条新的子路径。

【例 6-7】绘制路径，本例文件 6-7. html 在浏览器中的显示效果如图 6-7 所示。代码如下：

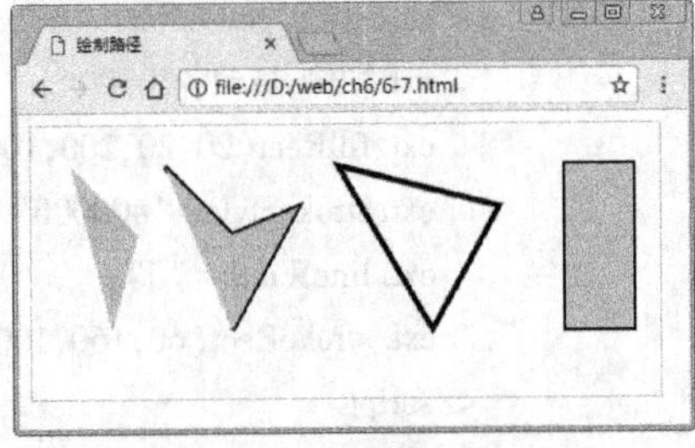

图 6-7 页面显示效果

```
<!doctype html>
<html>
  <head>
    <meta charset="gb2312">
    <title>绘制路径</title>
  </head>
  <body>
    <canvas id="myCanvas" width="470" height="200" style="border:1px solid #c3c3c3;">
您的浏览器不支持 canvas 元素.
    </canvas>
    <script type="text/javascript">
      var c=document.getElementById("myCanvas");
      varcxt=c.getContext("2d");
          cxt.beginPath();                    //设定起始点
          cxt.moveTo(30,30);
          cxt.lineTo(80,80);                  //从(30,30)到(80,80)绘制直线
          cxt.lineTo(60,150);                 //从(80,80)到(60,150)绘制直线
          cxt.closePath();                    //关闭路径
          cxt.fillStyle="lightgrey";          //设定绘制样式
          cxt.fill();                         //进行填充
          cxt.beginPath();                    //开始创建路径
          cxt.moveTo(100,30);                 //设定起始点
          cxt.lineTo(150,80);                 //绘制折线
          cxt.lineTo(200,60);
          cxt.lineTo(150,150);
          cxt.lineWidth=4;
          cxt.strokeStyle="black";
          cxt.stroke();                       //沿着当前路径绘制或画一条直线
          cxt.fill();                         //进行填充
          cxt.beginPath();                    //开始创建路径
          cxt.moveTo(230,30);                 //设定起始点
          cxt.lineTo(300,150);                //绘制折线
          cxt.lineTo(350,60);
          cxt.closePath();
          cxt.stroke();                       //沿着当前路径绘制或画一条直线
          cxt.beginPath();
          cxt.rect(400,30,50,120);            //绘制矩形路径
          cxt.stroke();
          cxt.fill();
```

```
        </script>
    </body>
</html>
```

【说明】

① 本例中使用了 moveTo( )方法指定了绘制直线的起点位置，lineTo( )方法接受直线的终点坐标，最后 stroke( )方法完成绘图操作。

② 本例中使用 beginPath( )方法初始化路径，第一次使用 moveTo( )方法改变当前绘画位置到(50,20)，接着使用两次 lineTo( )方法绘制三角形的两边，最后使用 closePath( )关闭路径形成三角形的第三边。

3. 绘制圆弧或圆

在 HTML5 中提供了以下两个绘制圆弧的方法。

(1) arc( )方法

arc( )方法使用一个中心点和半径，为一个画布的当前子路径添加一条弧，语法格式为：

arc(x, y, radius,startAngle, endAngle, counterclockwise)

其中的参数含义如下。

x，y：描述弧的圆形的圆心坐标。

radius：描述弧的圆形的半径。

startAngle，endAngle：沿着圆指定弧的开始点和结束点的一个角度。这个角度用弧度来衡量，沿着 x 轴正半轴的三点钟方向的角度为 0，角度沿着逆时针方向而增加。

counterclockwise：弧沿着圆周的逆时针方向（TRUE）还是顺时针方向（FALSE）遍历，如图 6-8 所示。

说明：这个方法的前 5 个参数指定了圆周的一个起始点和结束点。调用这个方法会在当前点和当前子路径的起始点之间添加一条直线。接下来，它沿着圆周在子路径的起始点和结束点之间添加弧。最后一个 counterclockwise 参数指定了圆应该沿着哪个方向遍历来连接起始点和结束点。

(2) arcTo( )方法

arcTo( )方法使用切点和半径的方式绘制一条圆弧路径，语法格式为：

arcTo(x1, y1, x2, y2, radius)

arcTo( )方法的绘图原理如图 6-9 所示。

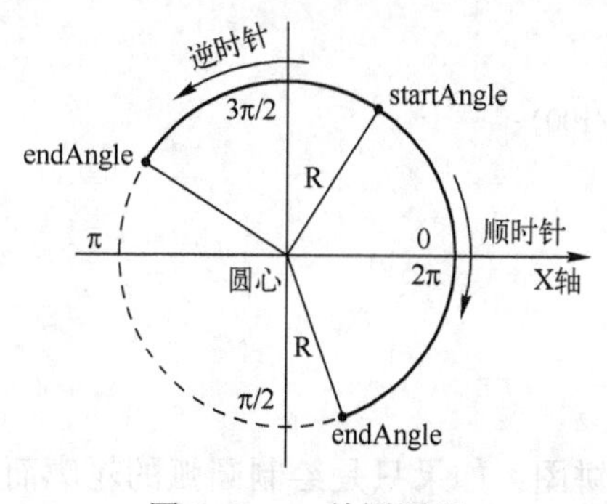

图 6-8　arc 绘图原理

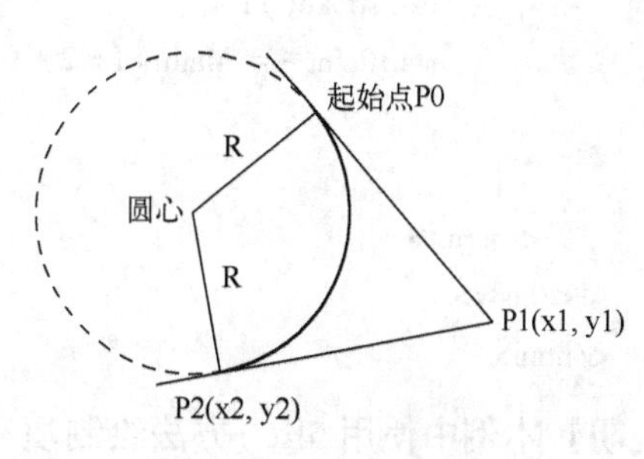

图 6-9　arcTo 绘图原理

其中的参数含义如下：

P0 为起始点；

参数 x1、y1 分别是点 P1 的 x、y 坐标，P0P1 为圆弧的切线，P0 为切点；

参数 x2、y2 分别是点 P2 的 x、y 坐标，P1P2 为圆弧的切线，P2 为切点；

参数 radius 表示圆弧的对应半径。

【例 6-8】 绘制圆饼图，本例文件 6-8.html 在浏览器中的显示效果如图 6-10 所示。代码如下：

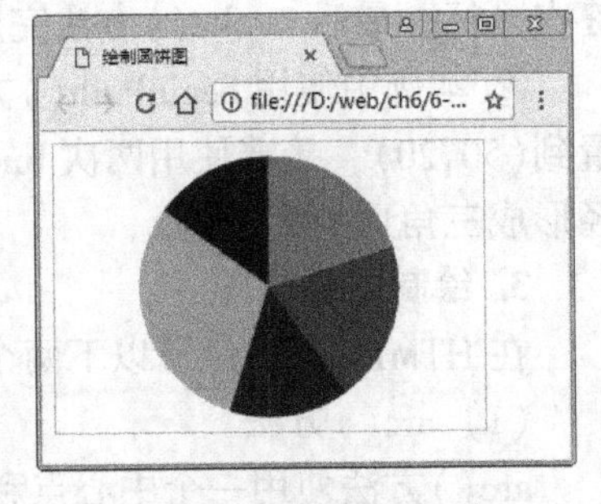

图 6-10　页面显示效果

```
<!doctype html>
<html>
  <head>
    <meta charset="gb2312">
    <title>绘制圆饼图</title>
  </head>
  <body>
    <canvas id="myCanvas" width="300" height="200" style="border:1px solid #c3c3c3;">
您的浏览器不支持 canvas 元素.
    </canvas>
    <script type="text/javascript">
      var c=document.getElementById("myCanvas");
      varcxt=c.getContext("2d");
      var color = ["#27255F","#77D1F6","#2F368F","#3666B0","#2CA8E0"];
      var data = [15,30,15,20,20];
      drawCircle();                          //调用函数
      function drawCircle(){                 //函数的声明
      var startPoint = 1.5 * Math.PI;
        for(var i=0;i<data.length;i++){
          cxt.fillStyle = color[i];
          cxt.strokeStyle = color[i];
          cxt.beginPath();                   //开始创建路径
          cxt.moveTo(150,100);
          cxt.arc(150,100,90,startPoint,startPoint-Math.PI*2*(data[i]/100),true);
          cxt.fill();
          cxt.stroke();
          startPoint -= Math.PI*2*(data[i]/100);
        }
      }
    </script>
  </body>
</html>
```

【说明】 本例中使用 fill()方法绘制填充的圆饼图，如果只是绘制圆弧的轮廓而不填充的话，则使用 stroke()方法完成绘制。

4. 绘制文字

（1）绘制填充文字

fillText( )方法用于填充方式绘制字符串，语法格式为：

fillText(text,x,y,[maxWidth])

其中的参数含义如下。

text：表示绘制文字的内容。

x，y：绘制文字的起点坐标。

maxWidth：可选参数，表示显示文字的最大宽度，可以防止溢出。

（2）绘制轮廓文字

strokeText( )方法用于轮廓方式绘制字符串，语法格式为：

strokeText(text,x,y,[maxWidth])

该方法的参数部分的解释与 fillText( )方法相同。

fillText( )方法和 strokeText( )方法的文字属性设置如下。

font：字体。

textAlign：水平对齐方式。

textBaseline：垂直对齐方式。

【例 6-9】 绘制填充文字和轮廓文字，本例文件 6-9. html 在浏览器中的显示效果如图 6-11 所示。代码如下：

图 6-11　页面显示效果

```
<!doctype html>
<html>
  <head>
    <meta charset="gb2312">
    <title>绘制文字</title>
  </head>
  <body>
    <canvas id="myCanvas" width="200" height="100" style="border:1px solid #c3c3c3;">
您的浏览器不支持 canvas 元素 .
    </canvas>
    <script type="text/javascript">
      var c=document. getElementById("myCanvas");        //获取画布对象
      varcxt=c. getContext("2d");                        //获取画布上绘图的环境
      cxt. fillStyle="#0000ff ";                         //设置填充颜色
      cxt. font = '24pt 黑体';
      cxt. fillText('美肤堂特色', 10, 30);                //绘制填充文字
      cxt. strokeStyle="#00ff00";                        //设置线条颜色
      cxt. shadowOffsetX = 5;                            //设置阴影向右偏移 5 像素
      cxt. shadowOffsetY = 5;                            //设置阴影向下偏移 5 像素
      cxt. shadowBlur = 10;                              //设置阴影模糊范围
```

```
        cxt.shadowColor = 'black';                      //设置阴影的颜色
        cxt.lineWidth="1";                              //设置线条宽度
        cxt.font = '40pt 黑体';
        cxt.strokeText('自然', 40, 80);                 //绘制轮廓文字
    </script>
  </body>
</html>
```

【说明】本例中的填充文字使用的是默认的渲染属性，轮廓文字使用了阴影渲染属性，这些属性同样适用于其他图形。

5. 绘制渐变

（1）绘制线性渐变

createLinearGradient()方法用于创建一条线性颜色渐变，语法格式为：

createLinearGradient(xStart,yStart,xEnd,yEnd)

其中的参数含义如下。

xStart，yStart：渐变的起始点的坐标。

xEnd，yEnd：渐变的结束点的坐标。

说明：该方法创建并返回了一个新的 CanvasGradient 对象，它在指定的起始点和结束点之间线性地内插颜色值。这个方法并没有为渐变指定任何颜色，用户可以使用返回对象的 addColorStop()来实现这个功能。要使用一个渐变来勾勒线条或填充区域，只需要把 CanvasGradient 对象赋给 strokeStyle 属性或 fillStyle 属性即可。

（2）绘制径向渐变

- createRadialGradient()方法用于创建一条放射颜色渐变，语法格式为：

createRadialGradient(xStart,yStart,radiusStart,xEnd,yEnd,radiusEnd)

其中的参数含义如下。

xStart，yStart：开始圆的圆心坐标。

radiusStart：开始圆的半径。

xEnd，yEnd：结束圆的圆心坐标。

radiusEnd：结束圆的半径。

说明：该方法创建并返回了一个新的 CanvasGradient 对象，该对象在两个指定圆的圆周之间放射性地插值颜色。这个方法并没有为渐变指定任何颜色，用户可以使用返回对象的 addColorStop()方法来实现这个功能。要使用一个渐变来勾勒线条或填充区域，只需要把 CanvasGradient 对象赋给 strokeStyle 属性或 fillStyle 属性即可。

- addColorStop()方法在渐变中的某一点添加一个颜色变化，语法格式为：

addColorStop(offset,color)

其中的参数含义如下。

offset：这是一个范围在0.0~1.0的浮点值，表示渐变的开始点和结束点之间的偏移量。offset 为 0 对应开始点，offset 为 1 对应结束点。

color：指定 offset 显示的颜色，沿着渐变某一点的颜色是根据这个值以及任何其他的颜色色标来插值的。

【例 6-10】绘制线性渐变和径向渐变，本例文件 6-10. html 在浏览器中的显示效果如图 6-12 所示。代码如下：

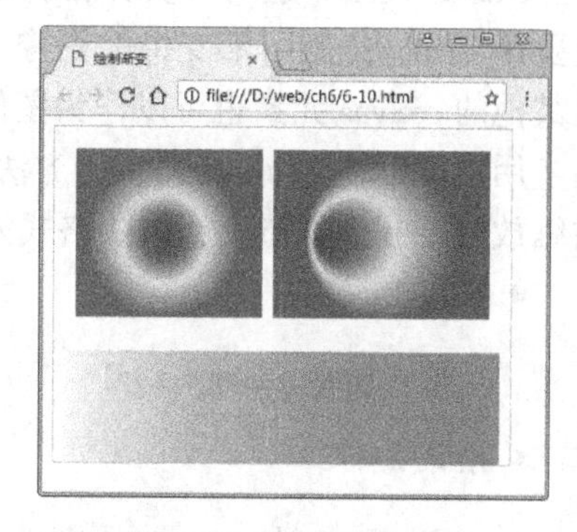

图 6-12　页面显示效果

```
<!doctype html>
<html>
  <head>
    <meta charset="gb2312">
    <title>绘制渐变</title>
  </head>
  <body>
    <canvas id="myCanvas" width="420" height="300" style="border:1px solid #c3c3c3;">
您的浏览器不支持 canvas 元素.
    </canvas>
    <script type="text/javascript">
      var c=document.getElementById("myCanvas");
      varcxt=c.getContext("2d");
      //创建 RadialGradient 对象--绘制同心圆
      vargrd=cxt.createRadialGradient(100,100,10,100,100,70);
      grd.addColorStop(0,"red");                    //设定渐变色
      grd.addColorStop(0.5,"yellow");
      grd.addColorStop(1,"gray");
      cxt.fillStyle=grd;                            //指定填充样式为 RadialGradient 对象
      cxt.fillRect(20,20,170,150);                  //使用渐变色填充矩形区域
      //创建 RadialGradient 对象--绘制普通包含关系的圆
      grd=cxt.createRadialGradient(250,100,10,300,100,70);
      grd.addColorStop(0,"red");
      grd.addColorStop(0.5,"yellow");
      grd.addColorStop(1,"gray");
      cxt.fillStyle=grd;                            //指定填充样式为 RadialGradient 对象
      cxt.fillRect(200,20,200,150);                 //使用渐变色填充矩形区域
      //绘制线性渐变
      vargrd=cxt.createLinearGradient(10,200,400,240);
      grd.addColorStop(0,"#ffffff");                //渐变起点
      grd.addColorStop(1,"#00ff00");                //渐变结束点
      cxt.fillStyle=grd;
      cxt.fillRect(10,200,400,240);
    </script>
  </body>
</html>
```

6. 绘制图像

canvas 相当有趣的一项功能就是可以引入图像，它可以用于图片合成或者制作背景等。只要是 Gecko 排版引擎支持的图像（如 PNG、GIF、JPEG 等）都可以引入到 canvas 中，并且其他的 canvas 元素也可以作为图像的来源。

用户可以使用 drawImage( )方法在一个画布上绘制图像，也可以将源图像的任意矩形区域缩放或绘制到画布上，语法格式如下几种。

- 格式 1：

```
drawImage(image,x,y)
```

- 格式 2：

```
drawImage(image,x,y,width,height)
```

- 格式 3：

```
drawImage(image,sourceX,sourceY,sourceWidth,sourceHeight,destX,destY,destWidth,destHeight)
```

drawImage( )方法有 3 种格式。格式 1 把整个图像复制到画布，将其放置到指定点的左上角，并且将每个图像像素映射成画布坐标系统的一个单元；格式 2 也把整个图像复制到画布，但是允许用户用画布单位来指定想要的图像的宽度和高度；格式 3 则是完全通用的，它允许用户指定图像的任何矩形区域并复制它，对画布中的任何位置都可进行任何的缩放。

其中的参数含义如下。

image：所要绘制的图像。

x，y：要绘制图像左上角的坐标。

width，height：图像实际绘制的尺寸，指定这些参数使得图像可以缩放。

sourceX，sourceY：图像所要绘制区域的左上角。

sourceWidth，sourceHeight：图像所要绘制区域的大小。

destX，destY：所要绘制的图像区域的左上角的画布坐标。

destWidth，destHeight：图像区域所要绘制的画布大小。

【例 6-11】 在画布上进行图像缩放、切割与绘制。图像素材的原始尺寸为 2125×1062 像素，首先在画布的左侧绘制被缩放的图像，然后在原图上切割局部图像缩放后绘制在画布的右侧。本例文件 6-11. html 在浏览器中的显示效果如图 6-13 所示。代码如下：

图 6-13　页面显示效果

```
<html>
    <head>
        <meta charset="gb2312">
        <title>绘制图像</title>
    </head>
    <body>
        <h3>绘制图像</h3>
        <hr />
        <canvas id="myCanvas" width="650" height="240" style="border:1px solid">
            对不起,您的浏览器不支持 HTML5 画布 API。
        </canvas>
        <script>
            var c = document.getElementById("myCanvas");
            var ctx = c.getContext("2d");
            //装载图像
            var img = new Image();
            img.src = "images/guilin.jpg";
            img.onload = function(){
                //缩放图像为 350×200 像素的比例,从画布的(20,20)坐标作为起点绘制
                ctx.drawImage(img,20,20,350,200);
                //从图像上的(960,730)坐标开始进行切割,切割的尺寸为 330×330 像素
                //并且将其绘制在画布的(380,20)坐标开始,缩放为 250×200 像素
                ctx.drawImage(img,960,730,330,330,380,20,250,200);
            }
        </script>
    </body>
</html>
```

Canvas 绘画功能非常强大，除了以上所讲的基本绘画方法之外，还包括设置 Canvas 绘图样式、Canvas 画布处理、Canvas 中图形图像的组合和 Canvas 动画等功能。由于篇幅所限，本书未能涵盖所有的知识点，读者可以自学其他相关的内容。

6.4 HTML5 地理定位 API

地理定位（Geolocation）就是确定某个设备或用户在地球上所处位置的过程。地理定位是 HTML5 中非常重要的新功能。使用地理定位 API 将会得到一对经纬度值，显示用户所在的位置。

6.4.1 Geolocation 基础

在学习地理定位 API 之前，首先要测试用户的浏览器是否支持地理定位 API，其次还要了解地理定位的实现方法。

1. 浏览器支持

IE 9、Firefox、Chrome、Safari 以及 Opera 浏览器都支持地理定位，可以使用 JavaScript 来验证浏览器是否支持地理定位 API。代码如下：

```
if (navigator.geolocation){
    //支持地理定位 API 时执行的代码
    //navigator.geolocation 调用浏览器的地理位置接口
}else{
    //不支持地理定位 API 时执行的代码
}
```

2. 地理定位的实现方法

目前，网站可以使用 3 种方法来确定浏览者的地理位置。

（1）通过 IP 地址定位

所有面向公众网络的 IP 地址及其纬度/经度（latitude/longitude）位置都被存储在数据库之中。一旦网站获得了浏览者的 IP 地址，通过一个简单的查询就可以粗略地确定浏览者所在的地理位置。根据所使用设备的质量，可以在几米的半径范围内识别浏览者所在的位置。

（2）全球定位系统（GPS）

全球定位系统（GPS）是一个由 24 颗地球轨道卫星组成的系统，GPS 向这些卫星发送一条消息，利用发送和接收该消息的时间，就可以以数米半径的精度确定信息发送者的纬度和经度。对于需要精确定位的开发人员来说，GPS 是一个理想的解决方案。

（3）蜂窝电话基站的位置定位

这种地理定位的方法是根据蜂窝电话基站的位置进行三角定位，尽管有时不完全精确，但该方法可以快速地定位用户的位置。

6.4.2 Geolocation API 实现地理定位

无论采用上述哪种定位技术，HTML5 都可以采用它进行定位。Geolocation API 存在于 navigator 对象中，只包含以下 3 个方法：

- getCurrentPosition()　　　　//当前位置
- watchPosition()　　　　　　//监视位置
- clearWatch()　　　　　　　//清除监视

1. getCurrentPosition()方法

要获取地理位置，Geolocation API 提供了两种模式：单次获得和重复获得地理位置。单次获得地理位置使用 getCurrentPosition()方法，语法格式如下：

getCurrentPosition(success,error,option)

该方法最多可以有以下 3 个参数。

- success：成功获取位置信息的回调函数，它是方法唯一必需的参数；
- error：用于捕获获取位置信息出错的情况；
- option：第三个参数是配置项，该对象影响了获取位置时的一些细节。

如果获得地理位置成功，则 getCurrentPosition( )方法返回位置对象，包含以下属性，见表 6-11。

表 6-11　位置对象的属性

属　　性	描　　述
coords. latitude	十进制数的纬度
coords. longitude	十进制数的经度
coords. accuracy	位置精度
coords. altitude	海拔，海平面以上以米计
coords. altitudeAccuracy	位置的海拔精度
coords. heading	方向，从正北开始以度计
coords. speed	速度，以米/每秒计
timestamp	响应的日期/时间

2. watchPosition( )方法

watchPosition( )方法的参数与 getCurrentPosition( )方法的参数相同，用于返回用户的当前位置，并继续返回用户移动时的更新位置。

watchPosition( )方法和 getCurrentPosition( )方法的主要区别是它会持续告诉用户位置的改变，所以基本上它一直在更新用户的位置。当用户在移动的时候，这个功能会非常有利于追踪用户的位置。

3. clearWatch( )方法

clearWatch( )方法用于停止 watchPosition( )方法。

6.4.3　案例——使用 HTML5 获取地理位置及百度地图

【例 6-12】HTML5 获取地理位置及百度地图实例。页面打开显示出用户在百度地图中的位置，并用红色标记标注出来。本例文件 6-12. html 在浏览器中的显示效果如图 6-14 所示。

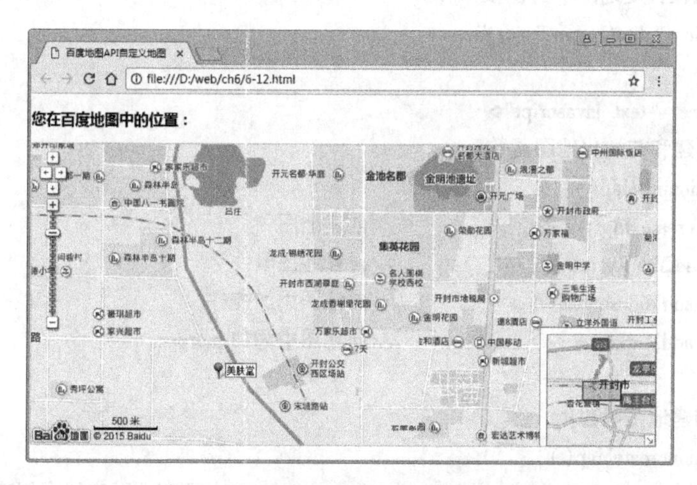

图 6-14　HTML5 获取地理位置及百度地图

代码如下：

```
<!doctype html>
<html>
<head>
<meta charset="gb2312" />
    <meta name="keywords" content="百度地图,百度地图 API,百度地图自定义工具" />
    <meta name="description" content="百度地图 API 自定义地图,可视化生成百度地图" />
    <title>百度地图 API 自定义地图</title>
    <style type="text/css">
        html,body{margin:0;padding:0;}
        .iw_poi_title {color:#CC5522;font-size:14px;font-weight:bold;overflow:hidden;
            padding-right:13px;white-space:nowrap}
        .iw_poi_content {font:12px arial,sans-serif;overflow:visible;padding-top:4px;
            white-space:-moz-pre-wrap;word-wrap:break-word}
        #dituContent {                  /*百度地图容器样式*/
          width: 800px;                 /*容器宽 800px*/
          height: 378px;                /*容器高 378px*/
          border: #ccc solid 1px;       /*边框为 1px 浅灰色实线*/
        }
    </style>
    <!--引用百度地图 API-->
    <script type="text/javascript" src="http://api.map.baidu.com/api? key=&v=1.1&services=
true">
    </script>
</head>
<body>
<!--百度地图容器-->
  <h3>您在百度地图中的位置:</h3>
  <div  id="dituContent"></div>
</body>
<script type="text/javascript">
    //创建和初始化地图函数:
    functioninitMap(){
        createMap();                    //创建地图
        setMapEvent();                  //设置地图事件
        addMapControl();                //向地图添加控件
        addMarker();                    //向地图中添加 marker
    }
    //创建地图函数:
    functioncreateMap(){
        var map = newBMap.Map("dituContent");  //在百度地图容器中创建一个地图
        var point = newBMap.Point(114.283922,34.790187);  //定义一个中心点坐标
```

```
        map.centerAndZoom(point,18);//设定地图的中心点和坐标并将地图显示在地图容器中
        window.map = map;                    //将 map 变量存储在全局
    }
    //地图事件设置函数:
    functionsetMapEvent(){
        map.enableDragging();                //启用地图拖拽事件,默认启用(可不写)
        map.enableScrollWheelZoom();         //启用地图滚轮放大缩小
        map.enableDoubleClickZoom();         //启用鼠标双击放大,默认启用(可不写)
        map.enableKeyboard();                //启用键盘上下左右键移动地图
    }
    //地图控件添加函数:
    functionaddMapControl(){
        //向地图中添加缩放控件
        var ctrl_nav = new BMap.NavigationControl(
{anchor:BMAP_ANCHOR_TOP_LEFT,type:BMAP_NAVIGATION_CONTROL_LARGE});
        map.addControl(ctrl_nav);
        //向地图中添加缩略图控件
        var ctrl_ove = new BMap.OverviewMapControl(
{anchor:BMAP_ANCHOR_BOTTOM_RIGHT,isOpen:1});
        map.addControl(ctrl_ove);
        //向地图中添加比例尺控件
        var ctrl_sca = new BMap.ScaleControl({anchor:BMAP_ANCHOR_BOTTOM_LEFT});
        map.addControl(ctrl_sca);
    }
    //标注点数组
    varmarkerArr = [{title:"美肤堂",content:"我的备注",point:"114.283922|34.790187",
      isOpen:0,icon:{w:21,h:21,l:0,t:0,x:6,lb:5}}];
    //创建 marker
    functionaddMarker(){
        for(var i=0;i<markerArr.length;i++){
            varjson = markerArr[i];
            var p0 =json.point.split("|")[0];
            var p1 =json.point.split("|")[1];
            var point = newBMap.Point(p0,p1);
            var iconImg = createIcon(json.icon);
            var marker = newBMap.Marker(point,{icon:iconImg});
            var iw =createInfoWindow(i);
            var label = newBMap.Label(
              json.title,{"offset":new BMap.Size(json.icon.lb-json.icon.x+10,-20)});
            marker.setLabel(label);
            map.addOverlay(marker);
            label.setStyle({
                borderColor:"#808080",
```

```
                color:"#333",
                cursor:"pointer"
            });
            (function(){
                var index = i;
                var _iw =createInfoWindow(i);
                var _marker = marker;
                _marker.addEventListener("click",function(){
                    this.openInfoWindow(_iw);
                });
                _iw.addEventListener("open",function(){
                    _marker.getLabel().hide();
                })
                _iw.addEventListener("close",function(){
                    _marker.getLabel().show();
                })
                label.addEventListener("click",function(){
                    _marker.openInfoWindow(_iw);
                })
                if(!!json.isOpen){
                    label.hide();
                    _marker.openInfoWindow(_iw);
                }
            })()
        }
    }
    //创建 InfoWindow
    functioncreateInfoWindow(i){
        varjson = markerArr[i];
        var iw = newBMap.InfoWindow("<b class='iw_poi_title' title='" + json.title + "'>" + json.title + "</b><div class='iw_poi_content'>"+json.content+"</div>");
        return iw;
    }
    //创建一个 Icon
    functioncreateIcon(json){
        var icon = newBMap.Icon("http://map.baidu.com/image/us_mk_icon.png", new BMap.Size(json.w,json.h),{imageOffset: new BMap.Size(-json.l,-json.t),infoWindowOffset:new BMap.Size(json.lb+5,1),offset:new BMap.Size(json.x,json.h)})
        return icon;
    }
    initMap();                    //创建和初始化地图
</script>
</html>
```

【**说明**】使用 HTML5 获取地理位置及百度地图需要互联网在线支持，因此，在网页的<head>区域需要添加获取地理位置及百度地图的 JavaScript 脚本引用代码。脚本文件来自于互联网，因此，用户网站中不需要相关的 .js 文件，只需要正确引用网络资源的位置即可。代码如下：

```
<script type="text/javascript" src="http://api.map.baidu.com/api?key=&v=1.1&services=true">
</script>
```

习题 6

1）使用 HTML5 拖放 API 实现购物车拖放效果，如图 6-15 所示。

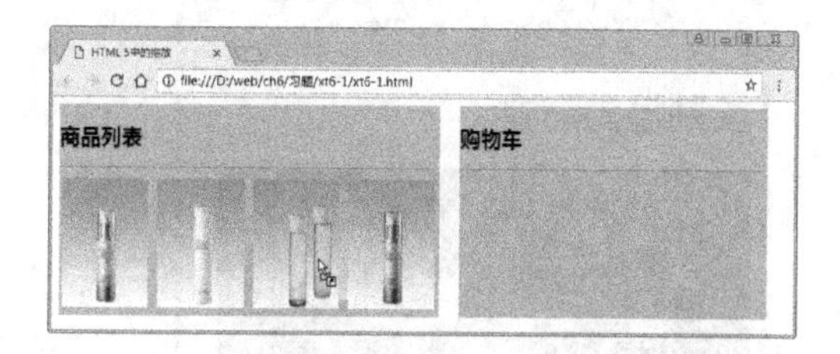

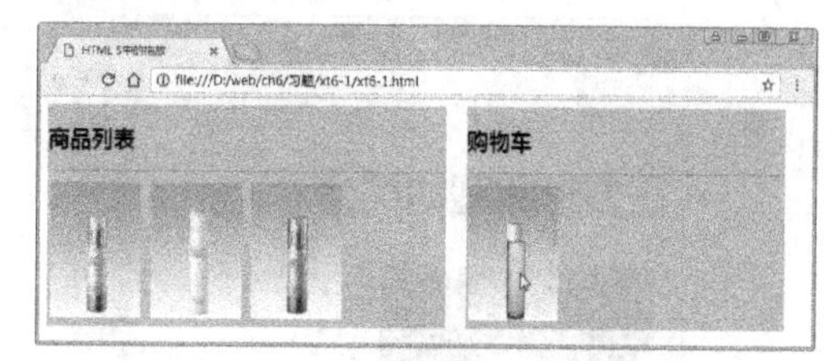

图 6-15　题 1 图

2）使用<video>标签播放视频，如图 6-16 所示。
3）使用 Canvas 元素绘制一个三角形，如图 6-17 所示。

图 6-16　题 2 图

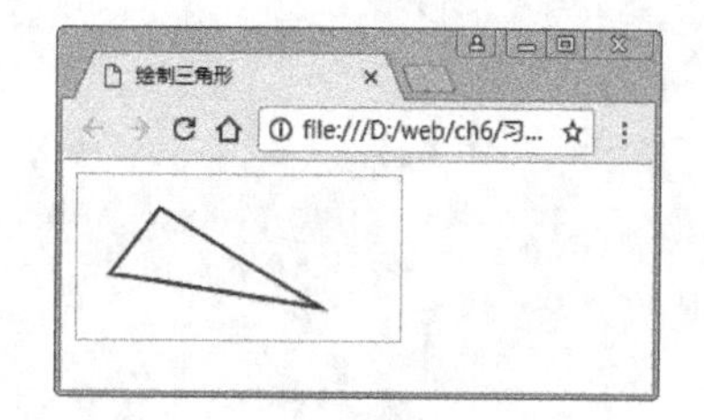

图 6-17　题 3 图

4）使用 Canvas 元素绘制一个火柴棒小人，如图 6-18 所示。
5）使用 Canvas 元素绘制填充文字和轮廓文字，如图 6-19 所示。
6）使用 Canvas 元素绘制一个图形组合，如图 6-20 所示。
7）使用 Canvas 元素绘制一个径向渐变图形，如图 6-21 所示。

图 6-18　题 4 图

图 6-19　题 5 图

图 6-20　题 6 图

图 6-21　题 7 图

第 7 章　jQuery 基础

jQuery 是一个兼容多浏览器的 JavaScript 库，利用 jQuery 的语法设计可以使开发者更加便捷地操作文档对象、选择 DOM 元素、制作动画效果、进行事件处理、使用 Ajax 以及其他功能。除此以外，jQuery 还提供 API 允许开发者编写插件，其模块化的使用方式使开发者可以很轻松地开发出功能强大的静态或动态网页。

7.1　jQuery 概述

7.1.1　什么是 jQuery

JavaScript 语言是 Web 前端语言发展过程中的一个重要里程碑，其实时性、跨平台、简单易用的特点决定了其在 Web 前端设计中的重要地位。但是，随着浏览器种类的推陈出新，JavaScript 对浏览器的兼容性受到了极大挑战，2006 年 1 月，美国 John Resing 创建了一个基于 JavaScript 的开源框架——jQuery。与 JavaScript 相比，jQuery 具有代码高效、浏览器兼容性更好等特征，极大地简化了对 DOM 对象、事件处理、动画效果以及 Ajax 等操作。

jQuery 是继 Prototype 之后又一个优秀的 JavaScript 库。它是轻量级的 JS 库，兼容 CSS3，还兼容各种浏览器（IE 6.0+，FF 1.5+，Safari 2.0+，Opera 9.0+）。jQuery 使用户能够更加方便地处理 HTML、events，实现动画效果，并且方便地为网站提供 Ajax 交互。

7.1.2　jQuery 的特点

jQuery 的设计理念是“写更少，做更多（The Write Less，Do More）”，是一种将 JavaScript、CSS、DOM、Ajax 等特征集于一体的强大框架，通过简单的代码来实现各种页面特效。

jQuery 的特点如下：

（1）访问和操作 DOM 元素

jQuery 中封装了大量的 DOM 操作，可以非常方便地获取或修改页面中的某个元素，包含元素的移动、复制、删除等操作。

（2）强大的选择器

jQuery 允许开发人员使用 CSS 1～CSS 3 所有的选择器，方便快捷地控制元素的 CSS 样式，并很好地兼容各种浏览器。

（3）可靠的事件处理机制

使用 jQuery 将表现层与功能相分离，可靠的事件处理机制让开发者更多专注于程序的逻辑设计；在预留退路（graceful degradation）、循序渐进以及非入侵式（unobtrusive）方面，jQuery 表现得非常优秀。

（4）完善的 Ajax 操作

Ajax 异步交互技术极大方便了程序的开发，提高了浏览者的体验度；在 jQuery 库中将 Ajax 操作封装到一个函数 $. ajax( )中，开发者只需专心实现业务逻辑处理，而无需关注浏览器的兼容性问题。

（5）链式操作方式

在某一个对象上产生一系列动作时，jQuery 允许在现有对象上连续多次操作，链式操作是 jQuery 的特色之一。

（6）完善的文档

jQuery 是一个开源产品，提供了丰富的文档。

7.2 编写 jQuery 程序

在编写 jQuery 程序之前，用户需要掌握如何搭建 jQuery 的开发环境。

7.2.1 下载与配置 jQuery

1. 下载 jQuery

用户可以在 jQuery 的官方网站 http://jquery. com/下载最新的 jQuery 库。在下载界面可以直接下载 jQuery 1. x、jQuery 2. x 和 jQuery 3. x 三种版本。其中，jQuery 1. x 版本在原来的基础上继续对 IE 6、7、8 版本的浏览器进行支持；而 jQuery 2. x 以上不再支持 IE 8 及更早版本，但因其具有更小、更快等特点，得到用户的一致好评。

每个版本又分为以下两种：开发版（Development version）和生产版（Production version），区别见表 7-1。

表 7-1　开发版和生产版的区别

版　本	大　小	描　述
jquery-1. x. js	约 288 KB	开发版，完整无压缩，多用于学习、开发和测试
jquery-3. x. js	约 262 KB	
jquery-1. x. min. js	约 94 KB	生产版，经过压缩工具压缩，体积相对比较小，主要用于产品和项目中
jquery-3. x. min. js	约 85 KB	

2. 配置 jQuery

本书下载使用的 jQuery 是 jquery-3. 2. 1. min. js 生产版，jQuery 不需要安装，将下载的 jquery-3. 2. 1. min. js 文件放到网站中的公共位置即可。通常将该文件保存在一个独立的文件夹 js 中，只需在使用的 HTML 页面中引入该库文件的位置即可。

在编写页面的<head>标签中，引入 jQuery 库的示例代码如下所示：

```
<head>
    <script src="js/jquery-3. 2. 1. min. js" type="text/javascript"></script>
</head>
```

需要注意的是，引用 jQuery 的<script>标签必须放在所有的自定义脚本文件的<script>之前，否则在自定义的脚本代码中应用不到 jQuery 脚本库。

7.2.2 编写一个简单的 jQuery 程序

在页面中引入 jQuery 库后，通过 $( ) 函数来获取页面中的元素，并对元素进行定位或效果处理。在没有特别说明下，$ 符号即为 jQuery 对象的缩写形式，例如：$("myDiv")与 jQuery("myDiv")完全等价。

【例 7-1】编写一个简单的 jQuery 程序，本例文件 7-1.html 在浏览器中的显示效果如图 7-1 所示。代码如下：

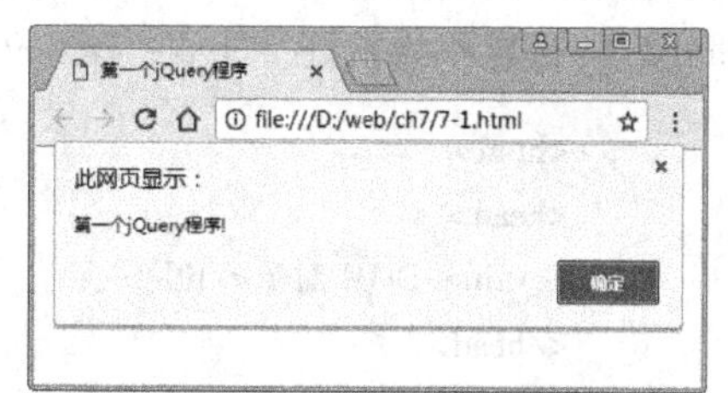

图 7-1 页面显示效果

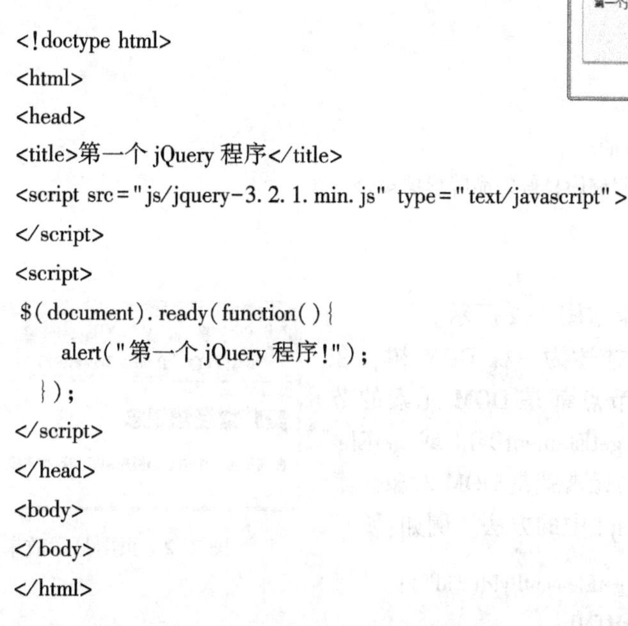

```
<!doctype html>
<html>
<head>
<title>第一个 jQuery 程序</title>
<script src="js/jquery-3.2.1.min.js" type="text/javascript">
</script>
<script>
$(document).ready(function(){
    alert("第一个 jQuery 程序!");
  });
</script>
</head>
<body>
</body>
</html>
```

【说明】$(document)是 jQuery 的常用对象，表示 HTML 文档对象。$(document).ready( )方法指定 $(document)的 ready 事件处理函数，其作用类似于 JavaScript 中的 window.onload 事件，也是当页面被载入时自动执行。但二者也有一定的区别，具体见表 7-2。

表 7-2 window.onload 与 $(document).ready( )区别

区别项	window.onload	$(document).ready( )
执行时间	必须在页面全部加载完毕（包含图片）后才能执行	在页面中所有 DOM 结构下载完毕后执行，可能 DOM 元素关联的内容并没有加载完毕
执行次数	一个页面只能有一个；当页面中存在多个 window.onload 时，仅输出最后一个的结果，无法完成多个结果同时输出	一个页面可以有多个，结果可以相继输出
简化写法	无	可以简写成 $( )

7.3 jQuery 对象和 DOM 对象

刚开始学习 jQuery，经常分不清楚哪些是 jQuery 对象，哪些是 DOM 对象。因此，了解

jQuery 对象和 DOM 对象以及它们之间的关系是非常必要的。

7.3.1　jQuery 对象和 DOM 对象简介

1. DOM 对象

DOM 是 Document Object Model，即文档对象模型的缩写。DOM 是以层次结构组织的节点或信息片段的集合，每一个 DOM 都可以表示成一棵树。DOM 对象在第 5 章中已经有过详细介绍，这里不再赘述。下面构建一个基本的网页，网页代码如下：

```
<html>
<head>
  <title>DOM 对象</title>
</head>
<body>
  <h2>美肤堂经营理念</h2>
  <p>在消费者心中树立起健康良好的品牌形象</p>
</body>
</html>
```

网页在浏览器中的显示效果如图 7-2 所示。

图 7-2　页面显示效果

可以把上面的 HTML 结构描述为一棵 DOM 树，在这棵 DOM 树中，<h2>、<p>节点都是 DOM 元素的节点，可以使用 JavaScript 中的 getElementById 或 getElementByTagName 来获取，得到的元素就是 DOM 对象。

DOM 对象可以使用 JavaScript 中的方法。例如：

```
vardomObject = document.getElementById("id");
var html =domObject.innerHTML;
```

2. jQuery 对象

jQuery 对象就是通过 jQuery 包装 DOM 对象后产生的对象。jQuery 对象是独有的，可以使用 jQuery 里的方法。例如：

```
$("#sample").html();        //获取 id 为 sample 的元素内的 html 代码
```

这段代码等同于：

```
document.getElementById("sample").innerHTML;
```

虽然 jQuery 对象是包装 DOM 对象后产生的，但是 jQuery 无法使用 DOM 对象的任何方法，同理 DOM 对象也不能使用 jQuery 里面的方法。

诸如 $("#sample").innerHTML、document.getElementById("sample").html()之类的写法都是错误的。

3. jQuery 对象和 DOM 对象的对比

jQuery 对象不同于 DOM 对象，但在实际使用时经常被混淆。DOM 对象是通用的，既可以在 jQuery 程序中使用，也可以在标准 JavaScript 程序中使用。例如，在 JavaScript 程序中根据 HTML 元素 id 获取对应的 DOM 对象的方法如下：

```
vardomObj = document.getElementById("id");
```

而 jQuery 对象来自 jQuery 类库，只能在 jQuery 程序中使用，只有 jQuery 对象才能引用 jQuery 类库中定义的方法。因此，应该尽可能在 jQuery 程序中使用 jQuery 对象，这样才能充分发挥 jQuery 类库的优势。通过 jQuery 的选择器 $( ) 可以获得 HTML 元素获取对应的 jQuery 对象。例如，根据 HTML 元素 id 获取对应的 jQuery 对象的方法如下：

```
varjqObj = $("#id");
```

需要注意的是，使用 document.getElementsById("id") 得到的是 DOM 对象，而用#id 作为选择符取得的是 jQuery 对象，这两者并不是等价的。

7.3.2 jQuery 对象和 DOM 对象的相互转换

既然 jQuery 对象和 DOM 对象有区别也有联系，那么 jQuery 对象与 DOM 对象也可以相互转换。在两者转换之前首先约定好定义变量的风格。如果获取的是 jQuery 对象，则在变量前面加上 $，例如：

```
var $obj =jQuery 对象;
```

如果获取的是 DOM 对象，则与用户平时习惯的表示方法一样：

```
var obj = DOM 对象;
```

1. jQuery 对象转换成 DOM 对象

jQuery 提供了两种转换方式将一个 jQuery 对象转换成 DOM 对象：[index] 和 get(index)。

1）jQuery 对象是一个类似数组的对象，可以通过 [index] 的方法得到相应的 DOM 对象。例如：

```
var $mr = $("#mr");           //jQuery 对象
var mr = $mr[0];              //DOM 对象
alert(mr.value);              //获取 DOM 元素的 value 的值并弹出
```

2）jQuery 本身也提供 get(index) 方法，可以得到相应的 DOM 对象。例如：

```
var $mr = $("#mr");           //jQuery 对象
var mr = $mr.get(0);          //DOM 对象
alert(mr.value);              //获取 DOM 元素的 value 的值并弹出
```

2. DOM 对象转换成 jQuery 对象

对于一个 DOM 对象，只需要用 $( ) 把它包装起来，就可以得到一个 jQuery 对象，即 $(DOM 对象)。例如：

```
var mr= document.getElementById("mr");     //DOM 对象
var $mr = $(mr);                            //jQuery 对象
alert($(mr).val());                         //获取文本框的值并弹出
```

转换后，DOM 对象就可以任意使用 jQuery 中的方法了。

通过以上方法，可以任意实现 DOM 对象和 jQuery 对象之间的转换。需要特别声明的是，DOM 对象才能使用 DOM 中的方法，jQuery 对象是不可以使用 DOM 中的方法的。

【例 7-2】DOM 对象转换成 jQuery 对象。本例页面加载后，首先使用 DOM 对象的方法弹出 p 节点的内容，之后将 DOM 对象转换为 jQuery 对象，同样再弹出 p 节点的内容。本例文件 7-2.html 在浏览器中的显示效果如图 7-3 所示。

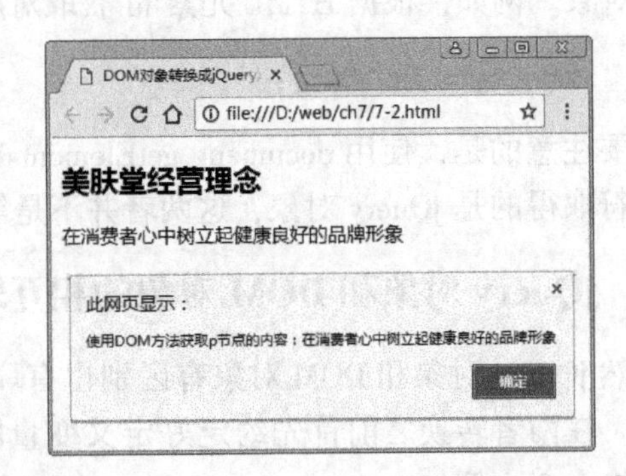

图 7-3　页面显示效果

代码如下：

```
<!doctype html>
<html>
<head>
<title> DOM 对象转换成 jQuery 对象</title>
<script src="js/jquery-3.2.1.min.js" type="text/javascript">
</script>
<script>
$(document).ready(function(){
        vardomObj = document.getElementById("nodep");
        alert("使用 DOM 方法获取 p 节点的内容:"+domObj.innerHTML);
        var $jqueryObj = $(domObj);
        alert("使用 jQuery 方法获取 p 节点的内容:"+$jqueryObj.html());
})
</script>
</head>
<body>
    <h2>美肤堂经营理念</h2>
    <p id="nodep">在消费者心中树立起健康良好的品牌形象</p>
</body>
</html>
```

【例 7-3】jQuery 对象转换成 DOM 对象。本例页面加载后，首先获取两个 jQuery 对象，使用 jQuery 对象的方法分别弹出两个 p 节点的内容，之后将 jQuery 对象转换为 DOM

对象，同样再弹出两次 p 节点的内容。本例文件 7-3. html 在浏览器中的显示效果如图 7-4 所示。

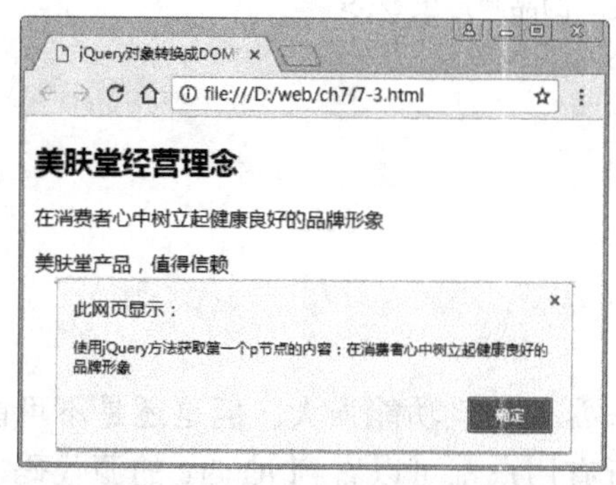

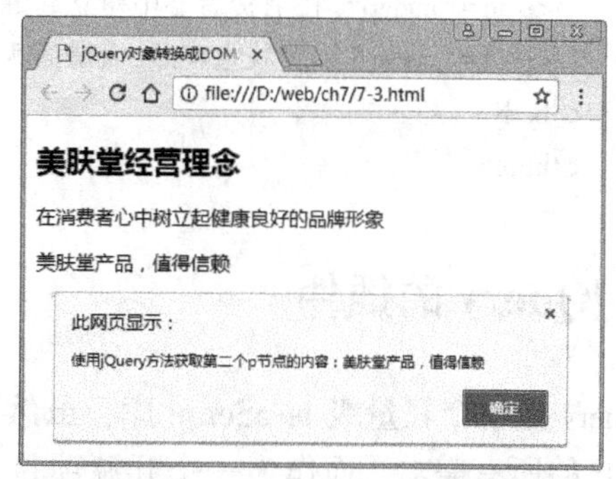

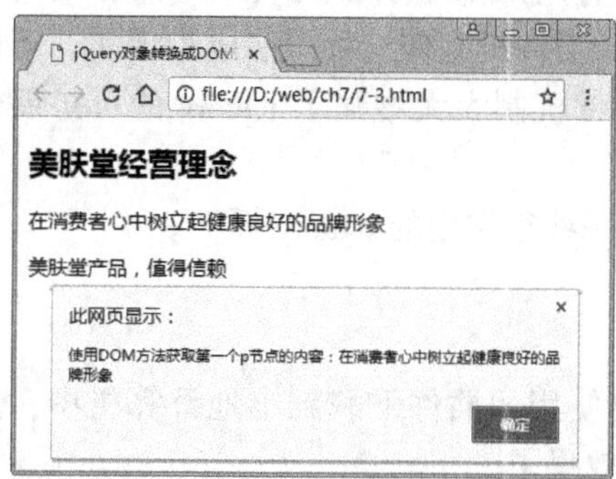

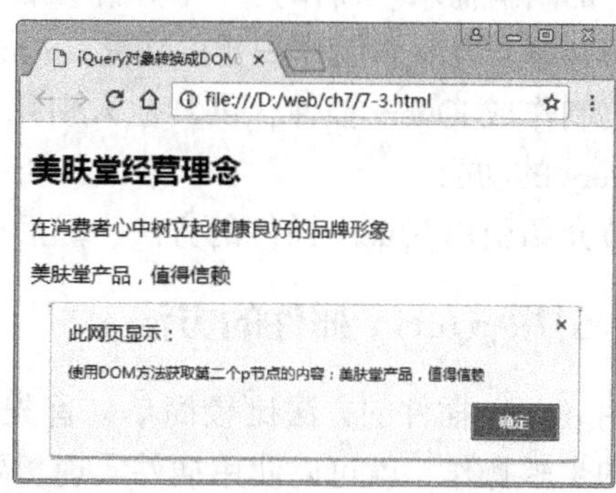

图 7-4　页面显示效果

代码如下：

```
<!doctype html>
<html>
<head>
<title> jQuery 对象转换成 DOM 对象</title>
<script src="js/jquery-3.2.1.min.js" type="text/javascript">
</script>
<script>
$(document).ready(function(){
        var $jQueryObj = $("#nodep");
        alert("使用 jQuery 方法获取第一个 p 节点的内容:"+ $jQueryObj.html());
        var $jQueryObj1 = $("#nodep1");
        alert("使用 jQuery 方法获取第二个 p 节点的内容:"+ $jQueryObj1.html());
        vardomObj = $jQueryObj[0];
        alert("使用 DOM 方法获取第一个 p 节点的内容:"+domObj.innerHTML);
        vardomObj1 = $jQueryObj1.get(0);
        alert("使用 DOM 方法获取第二个 p 节点的内容:"+domObj1.innerHTML);
})
</script>
</head>
```

```
<body>
    <h2>美肤堂经营理念</h2>
    <p id="nodep">在消费者心中树立起健康良好的品牌形象</p>
    <p id="nodep1">美肤堂产品,值得信赖</p>
</body>
</html>
```

7.4 jQuery 的插件

jQuery 是一个轻量级 JavaScript 库，虽然它非常便捷且功能强大，但是还是不可能满足所有用户的所有需求。而作为一个开源项目，所有用户都可以看到 jQuery 的源代码，很多人都希望共享自己日常工作积累的功能。jQuery 的插件机制使这种想法成为现实，可以把自己的代码制作成 jQuery 插件，供其他人引用。插件机制大大增强了 jQuery 的可扩展性，扩充了 jQuery 的功能。

本节介绍引用 jQuery 插件的方法，然后介绍一些很实用的 jQuery 插件。

7.4.1 引用 jQuery 插件的方法

引用 jQuery 插件的方法比较简单，首先将要使用的插件下载到本地计算机中，然后按照下面的步骤操作，就可以使用插件实现想要的效果了。

1）把下载的插件包含到<head>标签内，并确保它位于主 jQuery 源文件（jquery-3.2.1.min.js）之后。

2）包含一个自定义的 JavaScript 文件，并在其中使用插件创建或扩展的方法。例如以下示例代码：

```
<head>
<script src="js/jquery-3.2.1.min.js" type="text/javascript">
<script src="js/jquery.effect.js" type="text/javascript"></script>
<script src="js/jquery.overlay.min.js" type="text/javascript"></script>
</head>
```

需要说明的是，建议将下载的 jQuery 插件的文件命名为“jquery.[插件名].js”，以免和其他 JavaScript 库插件混淆。

7.4.2 常用的插件简介

在 jQuery 官方网站中，有一个 Plugins（插件）超级链接，单击该超级链接，将进入到 jQuery 的插件分类列表页面（http://plugins.jquery.com/），如图 7-5 所示。在该页面中，单击分类名称，可以查看每个分类下的插件概要信息及下载超级链接。用户也可以在上面的搜索（Search）文本框中输入指定的插件名称，搜索所需插件。

从图 7-5 可以看出，常用的 jQuery 的插件类别包括 UI 插件、表单插件、幻灯片插件、滚动插件、图像插件、图表插件、布局插件和文字处理插件等。

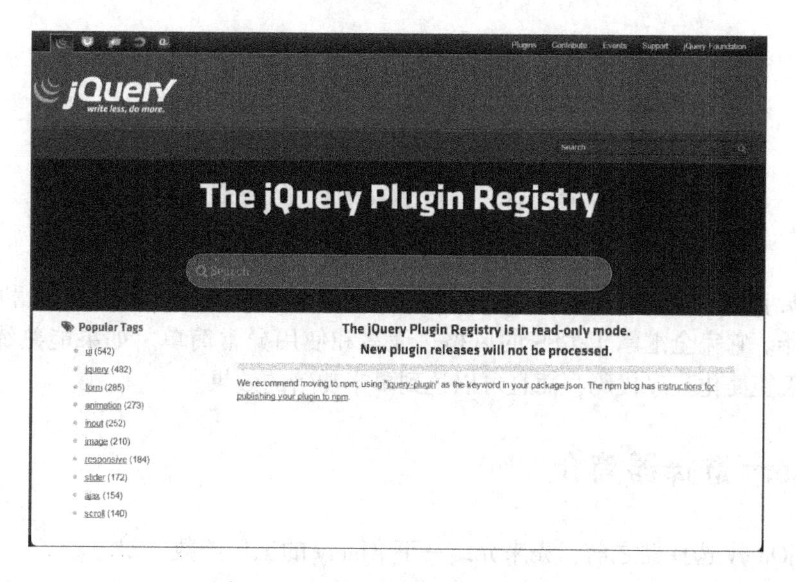

图 7-5　jQuery 的插件分类列表页面

习题 7

1）jQuery 3. x 版本相对于 jQuery 1. x 的最大区别是什么?

2）简述 HTML 页面中引入 jQuery 库文件的方法。

3）简述 DOM 对象和 jQuery 对象的区别。

4）如何将 jQuery 对象转换成 DOM 对象?

5）在网页中使用 p 元素定义了一个字符串“单击我，我就会消失。”。然后通过 jQuery 编程实现单击 p 元素时隐藏 p 元素，如图 7-6 所示。

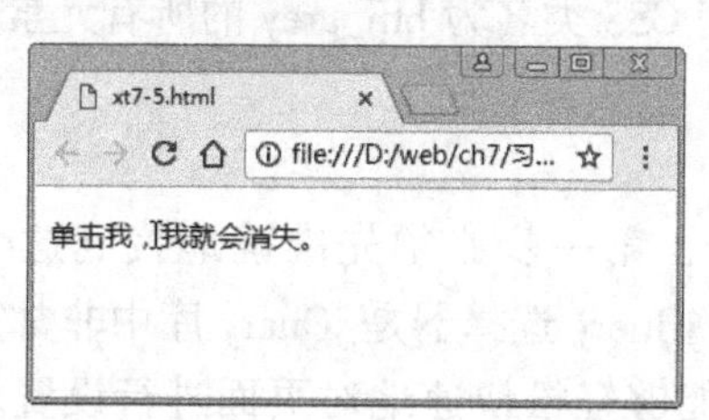

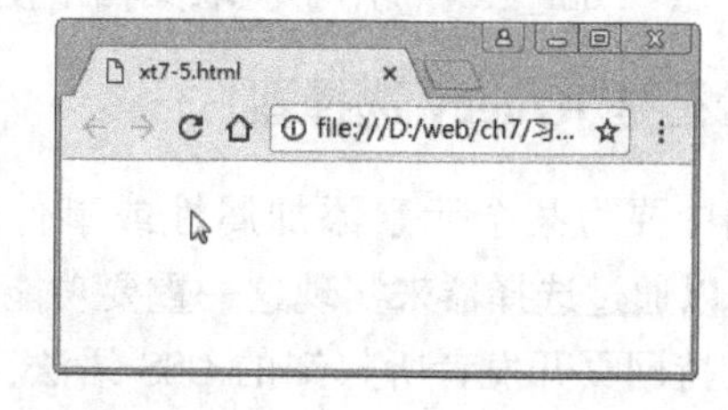

图 7-6　题 5 图

第8章　jQuery 选择器

选择器是 jQuery 强大功能的基础，在 jQuery 中，对事件处理、遍历 DOM 和 Ajax 操作都依赖于选择器。它完全继承了 CSS 的风格，编写和使用异常简单。如果能熟练掌握 jQuery 选择器，不仅能简化程序代码，而且可以达到事半功倍的效果。

8.1　jQuery 选择器简介

在介绍 jQuery 选择器之前，先来介绍一下 jQuery 的工厂函数“$”。

8.1.1　jQuery 的工厂函数

在 jQuery 中，无论使用哪种类型的选择符都需要从一个“$”符号和一对“( )”开始。在“( )”中通常使用字符串参数，参数中可以包含任何 CSS 选择符表达式。

下面介绍几种比较常见的用法。

（1）在参数中使用标记名

例如，$("div")用于获取文档中全部的<div>。

（2）在参数中使用 ID

例如，$("#username")用于获取文档中 ID 属性值为 username 的一个元素。

（3）在参数中使用 CSS 类名

例如，$(".btn_grey")用于获取文档中使用 CSS 类名为 btn_grey 的所有元素。

8.1.2　什么是 jQuery 选择器

在页面中要为某个元素添加属性或事件时，第一步必须先准确地找到这个元素，在 jQuery 中可以通过选择器来实现这一重要功能。jQuery 选择器是 jQuery 库中非常重要的部分之一，它支持网页开发者所熟知的 CSS 语法，能够轻松快速地对页面进行设置。一个典型的 jQuery 选择器的语法格式为：

```
$(selector).methodName();
```

其中，selector 是一个字符串表达式，用于识别 DOM 中的元素，然后使用 jQuery 提供的方法集合加以设置。

多个 jQuery 操作可以以链的形式串起来，语法格式为：

```
$(selector).method1().method2().method3();
```

例如，要隐藏 id 为 test 的 DOM 元素，并为它添加名为 content 的样式，实现如下：

```
$('#test').hide().addClass('content');
```

8.1.3 jQuery 选择器的优势

与传统的 JavaScript 获取页面元素和编写事件处理程序相比，jQuery 选择器具有明显的优势，具体表现在以下 3 个方面：

- 代码更简单。
- 支持 CSS1 到 CSS3 选择器。
- 完善的检测机制。

1. 代码更简单

在 jQuery 库中封装了大量可以直接通过选择器调用的方法或函数，使用户仅使用简单的几行代码就可以实现比较复杂的功能。

例如，可以使用 $('#id') 代替 JavaScript 代码中的 document.getElementById() 函数，即通过 id 来获取元素；使用 $('tagName') 代替 JavaScript 代码中的 document.getElementsByTagName() 函数，即通过标签名称获取 HTML 元素等。

2. 支持 CSS1 到 CSS3 选择器

jQuery 选择器支持 CSS1、CSS2 的全部和 CSS3 几乎所有的选择器，以及 jQuery 独创的高级且复杂的选择器，有一定 CSS 经验的开发人员可以很容易地切入到 jQuery 的学习中来。

一般来说，使用 CSS 选择器时，开发人员需要考虑主流的浏览器是否支持某些选择器。但在 jQuery 中，开发人员则可以放心地使用 jQuery 选择器，无需考虑浏览器是否支持这些选择器，这极大地方便了开发者。

3. 完善的检测机制

在传统的 JavaScript 代码中，给页面中的元素设定某个事务时必须先找到该元素，然后赋予相应的事件或属性；如果该元素在页面中不存在或已被删除，那么浏览器会提示运行出错之后的信息，这会影响后边代码的执行。因此，为避免显示这样的出错信息，通常要先检测该元素是否存在，如果存在，再执行它的属性或事件代码。例如下面的例子：

```
<p>测试页面</p>
<script type="text/javascript">
    alert(document.getElementById("test").value);
</script>
```

运行以上代码，浏览器就会报错，原因是网页中没有 id 为“test”的元素。

将以上代码改进为如下形式：

```
<p>测试页面</p>
script type="text/javascript">
  if(document.getElementById("test")){
    alert(document.getElementById("test").value);
  }
</script>
```

这样就可以避免浏览器报错了。如果要操作的元素很多，用户需要做大量重复的工作对每个元素进行判断，这无疑会使开发人员感到烦琐。而 jQuery 在这方面的处理是非常好的，即使用 jQuery 获取网页中不存在的元素也不会报错，看下面的例子，代码如下：

```
<p>测试页面</p>
script type="text/javascript">
  alert($("#test").val());          // 无需判断 $("#test")是否存在
</script>
```

有了 jQuery 的这个防护措施，即使以后用户因为某种原因删除了网页上曾经使用过的元素，也不用担心网页的 JavaScript 代码会报错了。

jQuery 选择器完全继承了 CSS 选择器的风格，将 jQuery 选择器分为 4 类：基础选择器、层次选择器、过滤选择器和表单选择器。

8.2 基础选择器

基础选择器是 jQuery 中最常用的选择器，通过元素的 id、className 或 tagName 来查找页面中的元素，见表 8-1。

表 8-1 基础选择器

选 择 器	描 述	返 回
#id	根据元素的 ID 属性进行匹配	单个 jQuery 对象
. class	根据元素的 class 属性进行匹配	jQuery 对象数组
element	根据元素的标签名进行匹配	jQuery 对象数组
selector1, selector2, .. selectorN	将每个选择器匹配的结果合并后一起返回	jQuery 对象数组
*	匹配页面的所有元素，包括 html、head、body 等	jQuery 对象数组

8.2.1 ID 选择器

每个 HTML 元素都有一个 id，可以根据 id 选取对应的 HTML 元素。ID 选择器#id 就是利用 HTML 元素的 id 属性值来筛选匹配的元素，并以 jQuery 包装集的形式返回给对象。这就好像在单位中每个职工都有自己的工号一样，职工的姓名是可以重复的，但是工号却是不能重复的，因此根据工号就可以获取指定职工的信息。

ID 选择器的使用方法如下：

```
$("#id");
```

其中，id 为要查询元素的 ID 属性值。例如，要查询 id 属性值为 test 的元素，可以使用下面的 jQuery 代码：

```
$("#test");
```

需要注意的是，如果页面中出现了两个相同的 id 属性值，程序运行时页面会报出 JavaScript 运行错误的对话框，所以在页面中设置 id 属性值时要确保该属性值在页面中是唯一的。

【例 8-1】在页面中添加一个 ID 属性值为 test 的文本框和一个按钮，通过单击按钮来获取在文本框中输入的值，本例文件 8-1. html 在浏览器中的显示效果如图 8-1 所示。代码如下：

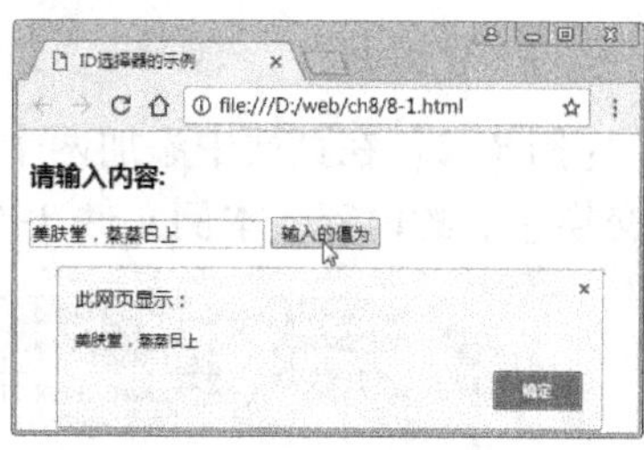

图 8-1　页面显示效果

```
<html>
<head>
<title>ID 选择器的示例</title>
<script src = " js/jquery-3.2.1.min.js"  type = " text/javas-
cript" >
</script>
<script type = " text/javascript" >
  $(document).ready(function(){
   //为按钮绑定单击事件
    $(" input[type='button']").click(function(){
      var inputValue = $("#test").val();//获取文本框的值
      alert(inputValue);
    });
  });
</script>
</head>
<body>
  <h3>请输入内容:</h3>
  <input type=" text"  id=" test"  name=" test"  value=" " />
  <input type=" button"  value=" 输入的值为" />
</body>
</html>
```

【说明】

① ID 选择器是以"#id"的形式获取对象的，在这段代码中用 $("#testInput")获取了一个 id 属性值为 testInput 的 jQuery 包装集，然后调用包装集的 val()方法取得文本输入框的值。

② 代码 $("input[type='button']")使用了 jQuery 中的属性选择器匹配文档中的按钮，关于属性选择器的用法本章后续内容将会讲解。

8.2.2　元素选择器

元素选择器是根据元素名称匹配相应的元素。元素选择器指向的是 DOM 元素的标记名，也就是说元素选择器是根据元素的标记名选择的。可以把元素的标记名理解成职工的姓名，在一个单位中可能有多个姓名为"张三"的职工，但是姓名为"孙小美"的职工也许只有一个，因此通过元素选择器匹配到的元素是可能有多个的，也可能只有一个。多数情况下，元素选择器匹配的是一组元素。元素选择器的使用方法如下：

```
$("element");
```

其中，element 是要获取元素的标记名。例如，要获取全部 p 元素，可以使用下面的 jQuery 代码：

```
$("p");
```

【例 8-2】 在页面中添加两个<div>标记和一个按钮，通过单击按钮来获取这两个<div>，并交换它们的内容，本例文件 8-2. html 在浏览器中的显示效果如图 8-2 所示。

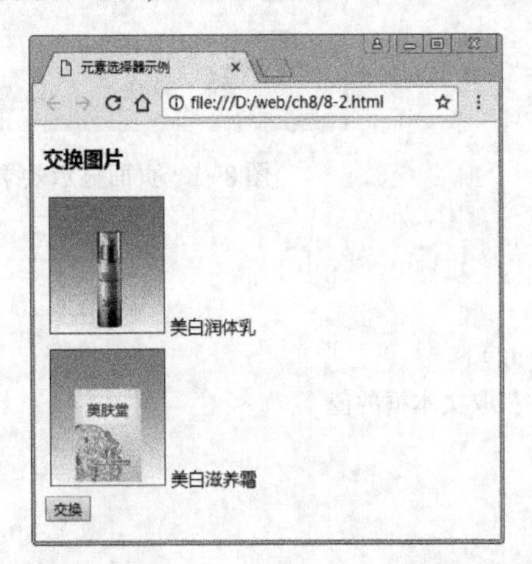

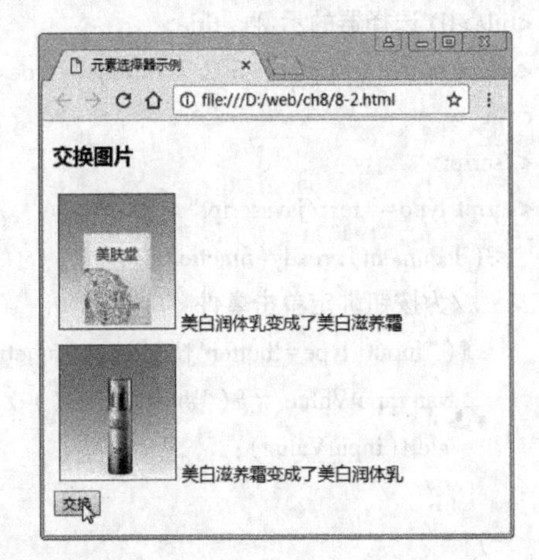

图 8-2　单击按钮交换<div>的内容

代码如下：

```
<html>
<head>
<title>元素选择器示例</title>
<style type="text/css">
img{
    border:1px solid #00f;
}
div{
    padding:5px;
}
</style>
<script src="js/jquery-3.2.1.min.js" type="text/javascript">
</script>
<script type="text/javascript">
  $(document).ready(function(){
    $("#button").click(function(){          //为按钮绑定单击事件
      //获取第一个 div 元素
      $("div").eq(0).html("<img src='images/02.jpg'/> 美白润体乳变成了美白滋养霜");
      //获取第二个 div 元素
      $("div").get(1).innerHTML="<img src='images/01.jpg'/> 美白滋养霜变成了美白润体乳";
    });
  });
</script>
</head>
```

```
<body>
    <h3>交换图片</h3>
    <div><img src="images/01.jpg"/> 美白润体乳</div>
    <div><img src="images/02.jpg"/> 美白滋养霜</div>
    <input type="button" id="button" value="交换" />
</body>
</html>
```

【说明】

① 在上面的代码中，使用元素选择器获取了一组 div 元素的 jQuery 包装集，它是一组 Object 对象，存储方式为［Object Object］，但是这种方式并不能显示出单独元素的文本信息，需要通过索引器来确定要选取哪个 div 元素，在这里分别使用了两个不同的索引器 eq() 和 get()。这里的索引器类似于房间的门牌号，所不同的是，门牌号是从 1 开始计数的，而索引器是从 0 开始计数的。

② 本实例中使用了两种方法设置元素的文本内容，html()方法是 jQuery 的方法，innerHTML 方法是 DOM 对象的方法。这里使用了 $(document).ready()方法，当页面元素载入就绪时就会自动执行程序，自动为按钮绑定单击事件。

③ eq()方法返回的是一个 jQuery 包装集，所以它只能调用 jQuery 的方法，而 get()方法返回的是一个 DOM 对象，所以它只能用 DOM 对象的方法。eq()方法与 get()方法默认都是从 0 开始计数，$("#test").get(0)等效于 $("#test")[0]。

8.2.3 类名选择器

类名选择器是通过元素拥有的 CSS 类的名称查找匹配的 DOM 元素。在一个页面中，一个元素可以有多个 CSS 类，一个 CSS 类又可以匹配多个元素，如果有元素中有一个匹配的类的名称就可以被类名选择器选取到。简单地说类名选择器就是以元素具有的 CSS 类名称查找匹配的元素。类名选择器的使用方法如下：

```
$(".class");
```

其中，class 为要查询元素所用的 CSS 类名。例如，要查询使用 CSS 类名为 digital 的元素，可以使用下面的 jQuery 代码：

```
$(".digital");
```

【例 8-3】 在页面中添加两个<div>标记，并为其中的一个设置 CSS 类，然后通过 jQuery 的类名选择器选取设置了 CSS 类的<div>标记，并设置其 CSS 样式，本例文件 8-3.html 在浏览器中的显示效果如图 8-3 所示。代码如下：

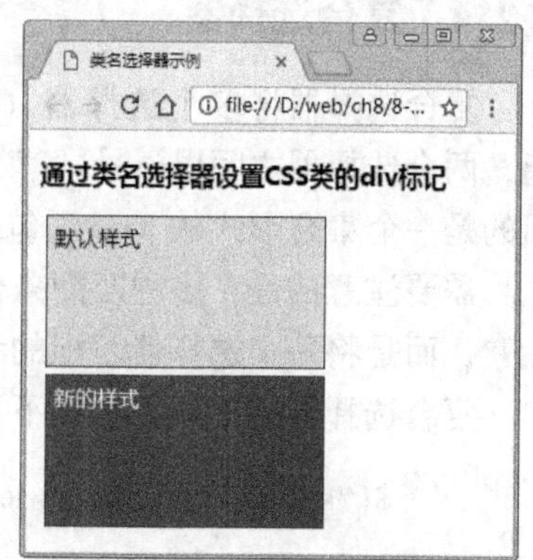

图 8-3 页面显示效果

```
<html>
<head>
<title>类名选择器示例</title>
<style type="text/css">
```

```
        div{
            border:1px solid #003a75;
            background-color:#cef;
            margin:5px;
            height:100px;
            width:200px;
            padding:5px;
        }
    </style>
    <script src="js/jquery-3.2.1.min.js" type="text/javascript">
    </script>
    <script type="text/javascript">
      $(document).ready(function() {
        var myClass= $(".myClass");                    //选取元素
        myClass.css("background-color","#c50210");//为选取的元素设置背景颜色
        myClass.css("color","#fff");               //为选取的元素设置文字颜色
         });
    </script>
    </head>
    <body>
      <h3>通过类名选择器设置 CSS 类的 div 标记</h3>
      <div>默认样式</div>
      <div class="myClass">新的样式</div>
    </body>
    </html>
```

【说明】在上面的代码中，只为其中的一个<div>标记设置了 CSS 类名称，但是由于程序中并没有名称为 myClass 的 CSS 类，所以这个类是没有任何属性的。类名选择器将返回一个名为 myClass 的 jQuery 包装集，利用 css()方法可以为对应的 div 元素设定 CSS 属性值，这里将元素的背景颜色设置为深红色，文字颜色设置为白色。

8.2.4 复合选择器

复合选择器将多个选择器（可以是 ID 选择器、元素选择或是类名选择器）组合在一起，两个选择器之间以逗号“,”分隔，只要符合其中的任何一个筛选条件就会被匹配，返回的是一个集合形式的 jQuery 包装集，利用 jQuery 索引器可以取得集合中的 jQuery 对象。

需要注意的是，多种匹配条件的选择器并不是匹配同时满足这几个选择器的匹配条件的元素，而是将每个选择器匹配的元素合并后一起返回。

复合选择器的使用方法如下：

```
$("selector1,selector2,selectorN");
```

参数说明如下。

- selector1：一个有效的选择器，可以是 ID 选择器、元素选择器或是类名选择器等。

- selector2：另一个有效的选择器，可以是 ID 选择器、元素选择器或是类名选择器等。
- selectorN：任意多个选择器，可以是 ID 选择器、元素选择器或是类名选择器等。

例如，要查询页面中的全部的<p>标记和使用 CSS 类 test 的<div>标记，可以使用下面的 jQuery 代码：

```
$("p,div.test");
```

【例 8-4】 在页面中添加 3 种不同元素并统一设置样式。使用复合选择器筛选 id 属性值为 span 的元素和<div>元素，并为它们添加新的样式，本例文件 8-4.html 在浏览器中的显示效果如图 8-4 所示。

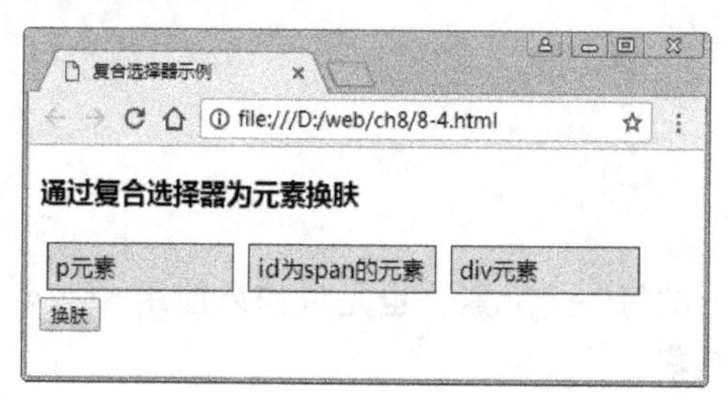

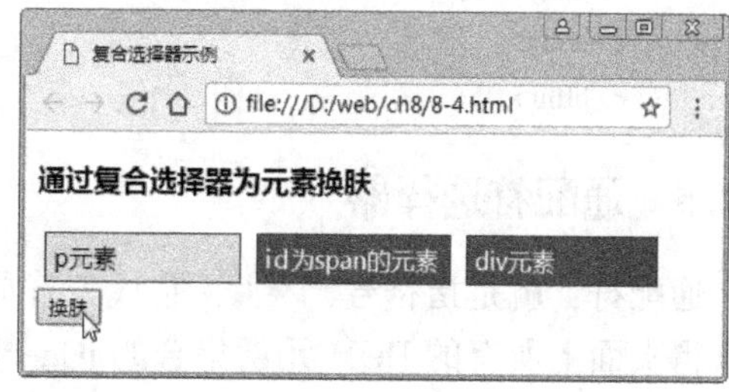

图 8-4　单击按钮为元素换肤

代码如下：

```
<html>
<head>
<title>复合选择器示例</title>
<style type="text/css">
.default{
      border:1px solid #003a75;
      background-color:yellow;
      margin:5px;
      width:120px;
      float:left;
      padding:5px;
}
.change{
      background-color:#c50210;
      color:#fff;
}
</style>
<script src="js/jquery-3.2.1.min.js" type="text/javascript">
</script>
<script type="text/javascript">
$(document).ready(function(){
      $("input[type=button]").click(function(){         //绑定按钮的单击事件
            $("#span,div").addClass("change");          //添加所使用的 CSS 类
```

```
        });
    });
</script>
</head>
<body>
    <h3>通过复合选择器为元素换肤</h3>
    <p class="default">p 元素</p>
    <span class="default" id="span">ID 为 span 的元素</span>
    <div class="default">div 元素</div>
    <input type="button" value="换肤" />
</body>
</html>
```

8.2.5 通配符选择器

通配符，就是指符号“*”，它代表着页面上的每一个元素，也是说如果使用 $("*") 将取得页面上所有的 DOM 元素集合的 jQuery 包装集。

8.3 层次选择器

jQuery 层次选择器是通过 DOM 对象的层次关系来获取特定的元素，如同辈元素、后代元素、子元素和相邻元素等层次选择器的用法与基础选择器相似，也是使用 $() 函数来实现，返回结果均为 jQuery 对象数组，见表 8-2。

表 8-2 层次选择器

选 择 器	描 述	返 回
$("ancestor descendant")	选取 ancestor 元素中的所有的子元素	jQuery 对象数组
$("parent>child")	选取 parent 元素中的直接子元素	jQuery 对象数组
$("prev+next")	选取紧邻 prev 元素之后的 next 元素	jQuery 对象数组
$("prev~siblings")	选取 prev 元素之后的 siblings 兄弟元素	jQuery 对象数组

8.3.1 ancestor descendant（祖先后代）选择器

ancestor descendant 选择器中的 ancestor 代表祖先，descendant 代表子孙，用于在给定的祖先元素下匹配所有的后代元素。ancestor descendant 选择器的使用方法如下：

```
$("ancestor descendant");
```

参数说明：

- ancestor 是指任何有效的选择器。
- descendant 是用以匹配元素的选择器，并且它是 ancestor 所指定元素的后代元素。

例如，要匹配 div 元素下的全部 img 元素，可以使用下面的 jQuery 代码：

```
$("div img");
```

8.3.2 parent>child（父>子）选择器

parent>child 选择器中的 parent 代表父元素，child 代表子元素，用于在给定的父元素下匹配所有的子元素。使用该选择器只能选择父元素的直接子元素。parent>child 选择器的使用方法如下：

```
$("parent > child");
```

参数说明：

- parent 是指任何有效的选择器。
- child 是用以匹配元素的选择器，并且它是 parent 元素的子元素。

例如，要匹配表单中所有的子元素 input，可以使用下面的 jQuery 代码：

```
$("form > input");
```

8.3.3 prev+next（前+后）选择器

prev + next 选择器用于匹配所有紧接在 prev 元素后的 next 元素。其中，prev 和 next 是两个相同级别的元素。prev + next 选择器的使用方法如下：

```
$("prev + next");
```

参数说明：

- prev 是指任何有效的选择器。
- next 是一个有效选择器并紧接着 prev 选择器。

例如，要匹配<div>标记后的<img>标记，可以使用下面的 jQuery 代码：

```
$("div +img");
```

8.3.4 prev~siblings（前~兄弟）选择器

prev ~ siblings 选择器用于匹配 prev 元素之后的所有 siblings 元素。其中，prev 和 siblings 是两个相同辈元素。prev ~ siblings 选择器的使用方法如下：

```
$("prev ~ siblings");
```

参数说明：

- prev 是指任何有效的选择器。
- siblings 是一个有效选择器并紧接着 prev 选择器。

例如，要匹配 div 元素的同辈元素 ul，可以使用下面的 jQuery 代码：

```
$("div ~ ul");
```

需要注意的是，$("prev+next")用于选取紧随 prev 元素之后的 next 元素，且 prev 元素和 next 元素有共同的父元素，功能与 $("prev").next("next")相同；而 $("prev~siblings")用于选取 prev 元素之后的 siblings 元素，两者有共同的父元素而不必紧邻，功能与 $("prev").nextAll("siblings")相同。

【**例 8-5**】层次选择器示例。通过层次选择器分别对子元素、直接子元素、相邻兄弟元素和普通兄弟元素进行选取并对其设置样式，本例文件 8-5. html 在浏览器中的显示效果如图 8-5 所示。代码如下：

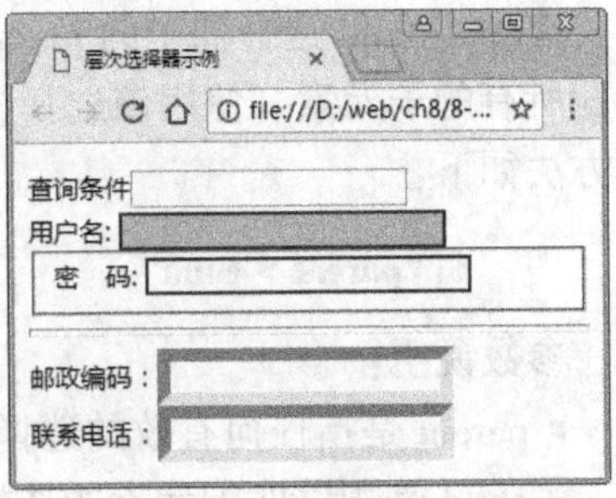

图 8-5　页面显示效果

```
<html>
<head>
<title>层次选择器示例</title>
<script src = " js/jquery - 3. 2. 1. min. js"  type = " text/javas-
cript" ></script>
</head>
<body>
  <div>
    查询条件<input name = " search"  />
    <form>
          <label>用户名:</label>
          <input name = " useName"  />
          <fieldset>
                <label>密    码:</label>
                <input name = " password"  />
          </fieldset>
        </form>
        <hr/>
        邮政编码:<input name = " none"  /><br/>
        联系电话:<input name = " none"  />
    </div>
    <script type = " text/javascript" >
        $(function(e) {
            $(" form input" ). css( " width" ," 200px" );        //第 1 个文本框采用默认样式
            $(" form > input" ). css( " background" ," pink" );  //第 2 个文本框采用粉色背景
            $(" label + input" ). css( " border-color" ," blue" ); //第 2、第 3 文本框边框为蓝色
            $(" form ~ input" ). css( " border-width" ," 8px" );  //最后两个文本框边框宽度 8px
            $(" * " ). css(" padding-top" ," 3px" );             //所有元素的上外边距为 3px
        });
    </script>
  </body>
</html>
```

【**说明**】

① 本例中，首先使用 $(" form input"). css(" width" ," 200px");定义表单中所有文本框的默认样式都是宽度 200 px，第 1 个文本框采用默认样式。

② 由于第 2 个文本框是表单 form 的直接子元素，因此，语句 $(" form > input"). css (" background" ," pink");将第二个文本框的背景色设置为粉色。

③ 由于第 2、第 3 文本框都是 label 元素的相邻兄弟元素（即文本框紧邻 label），因此，

语句 $("label + input").css("border-color","blue");将第 2、第 3 文本框的边框颜色设置为蓝色。

④ 由于最后两个文本框位于表单定义的结束之后，是表单 form 的普通兄弟元素（即文本框不需要紧邻表单 form，本例中二者之间还存在着一个水平线元素<hr/>），因此，语句 $("form ~ input").css("border-width","8px");将最后两个文本框的边框宽度设置为 8 px。

8.4 过滤选择器

基础选择器和层次选择器可以满足大部分 DOM 元素的选取需求，在 jQuery 中还提供了功能更加强大的过滤选择器，可以根据特定的过滤规则来筛选出所需要的页面元素。

过滤选择器又分为简单过滤器、内容过滤器、可见性过滤器、子元素过滤器和表单对象的属性过滤器。

8.4.1 简单过滤器

简单过滤器是指以冒号开头，通常用于实现简单过滤效果的过滤器。例如，匹配找到的第一个元素等。jQuery 提供的简单过滤器见表 8-3。

表 8-3 简单过滤器

选择器	描述	返回
:first	选取第一个元素	单个 jQuery 对象
:last	选取最后一个元素	单个 jQuery 对象
:even	选取所有索引值为偶数的元素，索引从 0 开始	jQuery 对象数组
:odd	选取所有索引值为奇数的元素，索引从 0 开始	jQuery 对象数组
:header	选取所有标题元素，如 h1、h2、h3 等	jQuery 对象数组
:foucs	选取当前获取焦点的元素（1.6+版本）	jQuery 对象数组
:root	获取文档的根元素（1.9+版本）	单个 jQuery 对象
:animated	选取所有正在执行动画效果的元素	jQuery 对象数组
:eq(index)	选取索引等于 index 的元素，索引从 0 开始	单个 jQuery 对象
:gt(index)	选取索引大于 index 的元素，索引从 0 开始	jQuery 对象数组
:lt(index)	选取索引小于 index 的元素，索引从 0 开始	jQuery 对象数组
:not(selector)	选取 selector 以外的元素	jQuery 对象数组

【例 8-6】 使用简单过滤器设置表格样式，本例文件 8-6.html 在浏览器中的显示效果如图 8-6 所示。代码如下：

```
<html>
<head>
<title>简单过滤器设置表格样式</title>
<script src="js/jquery-3.2.1.min.js" type="text/javascript">
</script>
</head>
```

图 8-6 页面显示效果

```
<body>
    <div>
        <table>
            <tr><td>商品名</td><td>商品价格</td><td>商品数量</td></tr>
            <tr><td>美白滋养霜</td><td>120</td><td>100</td></tr>
            <tr><td>美白润体乳</td><td>80</td><td>60</td></tr>
            <tr><td>美白面膜</td><td>68</td><td>40</td></tr>
            <tr><td>美白柔肤水</td><td>100</td><td>200</td></tr>
            <tr><td>美白日霜</td><td>60</td><td>300</td></tr>
            <tr><td>美白眼膜</td><td>98</td><td>100</td></tr>
            <tr><tdcolspan="3">共计 6 种商品</td></tr>
        </table>
    </div>
    <script type="text/javascript">
        $(function(e){
            $("table tr:first").css("background-color","yellow");//表格首行黄色背景
            $("table tr:last").css("text-align","right");        //表格尾行文本右对齐
            $("table tr:eq(4)").css("color","red");              //索引值为 4 的行的文字颜
                                                                  //色为红色
            $("table tr:lt(1)").css("font-weight","bold");       //表格首行文字加粗
            $("table tr:odd").css("background-color","#ddd");    //索引值为奇数行的背景为
                                                                  //浅灰色
            $(":root").css("background-color","ivry");           //网页乳白色背景
            $("table tr:not(:first)").css("font-size","13pt");   //表格除首行外的字体大
                                                                  //小 13pt
        });
    </script>
</body>
</html>
```

【说明】 table tr:eq(4)表示索引值为 4 的行的文字颜色为红色，对应的是实际表格的第 5 行；table tr：odd 表示索引值为奇数的行的背景色为浅灰色，对应的是实际表格的偶数行。

8.4.2 内容过滤器

内容过滤器是指根据元素的文字内容或所包含的子元素的特征进行过滤的选择器，见表 8-4。

表 8-4 内容过滤器

选 择 器	描 述	返 回
:contains(text)	选取包含 text 内容的元素	jQuery 对象数组
:has(selector)	选取含有 selector 所匹配元素的元素	jQuery 对象数组
:empty	选取所有不包含文本或者子元素的空元素	jQuery 对象数组
:parent	选取含有子元素或文本的元素	jQuery 对象数组

【例 8-7】使用内容过滤器设置表格样式，本例文件 8-7. html 在浏览器中的显示效果如图 8-7 所示。代码如下：

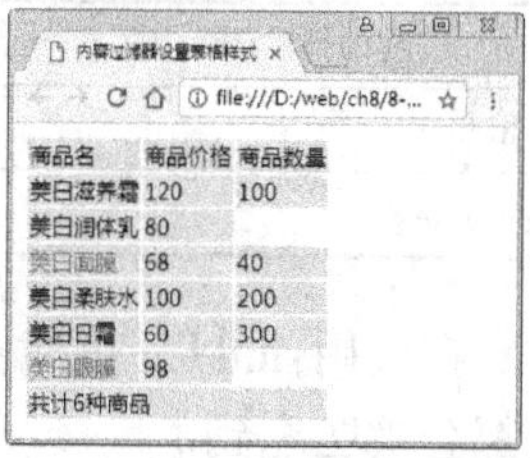

图 8-7　页面显示效果

```
<html>
<head>
<title>内容过滤器设置表格样式</title>
<script src = " js/jquery - 3. 2. 1. min. js"  type = " text/javascript" ></
script>
</head>
<body>
    <div>
        <table>
            <tr><td>商品名</td><td>商品价格</td><td>商品数量</td></tr>
            <tr><td>美白滋养霜</td><td>120</td><td>100</td></tr>
            <tr><td>美白润体乳</td><td>80</td><td></td></tr>
            <tr><td>美白面膜</td><td><span>68</span></td><td>40</td></tr>
            <tr><td>美白柔肤水</td><td>100</td><td>200</td></tr>
            <tr><td>美白日霜</td><td><span>60</span></td><td>300</td></tr>
            <tr><td>美白眼膜</td><td>98</td><td></td></tr>
            <tr><tdcolspan="3">共计 6 种商品</td></tr>
        </table>
    </div>
    <script type="text/javascript">
        $(function(e){
            $("td:contains('机')").css("color","red");              //包含"膜"字的单元格文字
                                                                     //变成红色
            $("td:parent").css("background-color","#ddd");          //包含内容的单元格浅灰色
                                                                     //背景
            $("td:empty").css("background-color","white");          //内容为空的单元格白色
                                                                     //背景
            $("td").has('span').css("background-color","yellow");   //有 span 标签的单元格黄色
                                                                     //背景
        });
    </script>
</body>
</html>
```

8.4.3　可见性过滤器

元素的可见状态有两种，分别是隐藏状态和显示状态。可见性过滤器就是利用元素的可见状态匹配元素的。因此，可见性过滤器也有两种，一种是匹配所有可见元素的：visible 过滤器，另一种是匹配所有不可见元素的：hidden 过滤器，见表 8-5。

表 8-5　可见性过滤器

选 择 器	描　述	返　回
:hidden	选取所有不可见元素，或者 type 为 hidden 的元素	jQuery 对象数组
:visible	选取所有的可见元素	jQuery 对象数组

在应用:hidden 过滤器时，display 属性是 none 以及 input 元素的 type 属性为 hidden 的元素都会被匹配到。

【例 8-8】 使用可见性过滤器将页面上隐藏的内容显示出来，本例文件 8-8.html 在浏览器中的显示效果如图 8-8 所示。

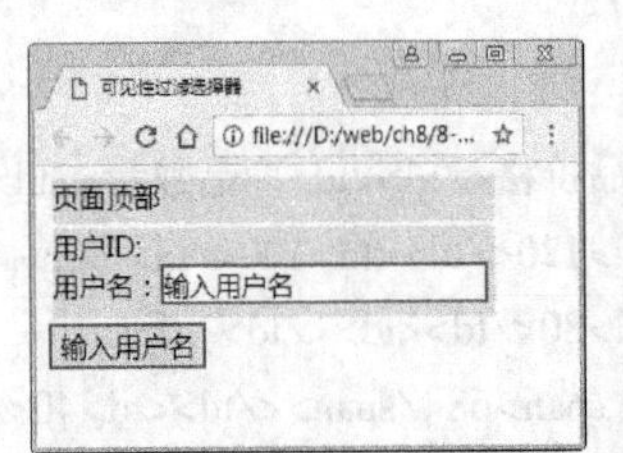

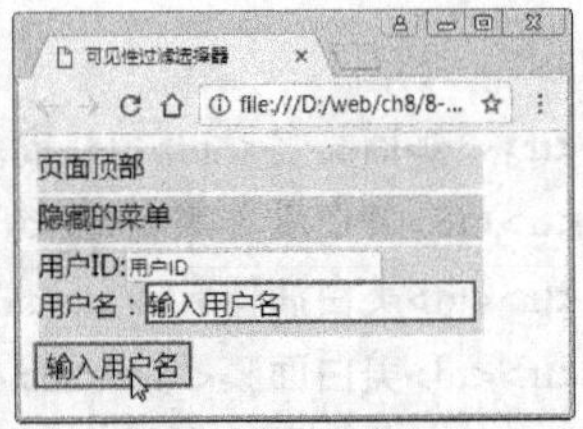

图 8-8　页面显示效果

代码如下：

```
<! doctype html>
<html>
<head>
<title>可见性过滤选择器</title>
<script src="js/jquery-3.2.1.min.js" type="text/javascript"></script>
<style type="text/css">
    div{
        width:300px;
        height:30px;
        margin:3px;
        background-color:#ccc;
    }
</style>
</head>
<body>
    <div id="topDiv">页面顶部</div>
    <div id="menuDiv" style="display:none;">隐藏的菜单</div>
    <div id="mainDiv" style="height:60px;">
      用户 ID:<input type="hidden" value="用户 ID" /><br/>
      用户名:<input type="text" name="userName" value="输入用户名" />
    </div>
    <input type="button" id="showHidden" value="输入用户名" onClick="showHiddenElement
()"/>
```

```
    <script type="text/javascript">
        $(function(e){                    //设置可见内容的样式
            $("div:visible").css("background-color","#dddddd");
            $("input:visible").css("border","2px solid blue");
            $(":visible").css("font-size","18px");
        });
        function showHiddenElement(){   //将页面上隐藏的内容显示出来
            $("div:hidden").show(1000);
            $("input:hidden").attr("type","text");
        }
    </script>
  </body>
</html>
```

【说明】

① :hidden 选择器用于选取所有不可见元素，包括<input type="hidden"/>、<div style="display:none;">等形式的不可见元素。

② visibility:hidden 和 opacity:0 修饰的元素在页面中占据一定的物理空间，所以都被视为可见的。

8.4.4 子元素过滤器

在页面设计过程中需要突出某些行时，可以通过简单过滤器中的:eq()来实现表格中行的凸显，但不能同时让多个表格具有相同的效果。在 jQuery 中，子元素过滤器可以轻松地选取所有父元素中的指定元素并进行处理，见表 8-6。

表 8-6 子元素过滤器

选 择 器	描 述	返 回
:first-child	选取每个父元素中的第一个元素	jQuery 对象数组
:last-child	选取每个父元素中的最后一个元素	jQuery 对象数组
:only-child	当父元素只有一个子元素，进行匹配；否则不匹配	jQuery 对象数组
:nth-child(N | odd | even)	选取每个父元素中的第 N 个子或奇偶元素	jQuery 对象数组
:first-of-type	选取每个父元素中的第一个元素（1.9+版本）	jQuery 对象数组
:last-of-type	选取每个父元素中的最后一个元素（1.9+版本）	jQuery 对象数组
:only-of-type	当父元素只有一个子元素时匹配，否则不匹配（1.9+版本）	jQuery 对象数组

【例 8-9】子元素过滤器示例，本例文件 8-9.html 在浏览器中的显示效果如图 8-9 所示。代码如下：

```
<!doctype html>
<html>
<head>
<title>子元素过滤器示例</title>
<script src="js/jquery-3.2.1.min.js" type="text/javascript">
```

图 8-9 页面显示效果

```
</script>
</head>
<body>
  <ul>
    <li>美白滋养霜</li>
    <li>美白润体乳</li>
    <li>美白面膜</li>
    <li>美白柔肤水</li>
</ul>
<script>
  $(document).ready(function(){
      $("ul li:nth-child(even)").css("border","2px solid red");  //选取索引为偶数的 li 子元
                                                                  //素添加边框
      });
</script>
</body>
</html>
```

【说明】网页中定义了 1 个 ul 列表，其中包含 4 个 li 子元素。在 jQuery 程序中使用 $("ul li:nth-child(even)")过滤器选取所有索引为偶数的 li 子元素，然后调用 css()方法为选取的 li 子元素添加红色实线边框。

8.4.5 表单对象的属性过滤器

表单对象的属性过滤器是指通过表单对象的属性特征（如选中、不可用等状态）进行筛选的选择器，包括:checked 过滤器、:disabled 过滤器、:enabled 过滤器和:selected 过滤器 4 种，见表 8-7。

表 8-7 表单对象的属性过滤器

选择器	描 述	返 回
:enabled	选取表单中属性为可用的元素	jQuery 对象数组
:disabled	选取表单中属性为不可用的元素	jQuery 对象数组
:checked	选取表单中被选中的元素（单选按钮、复选框）	jQuery 对象数组
:selected	选取表单中被选中的选项元素（下列列表）	jQuery 对象数组

【例 8-10】利用表单过滤器匹配表单中相应的元素，本例文件 8-10.html 在浏览器中的显示效果如图 8-10 所示。代码如下：

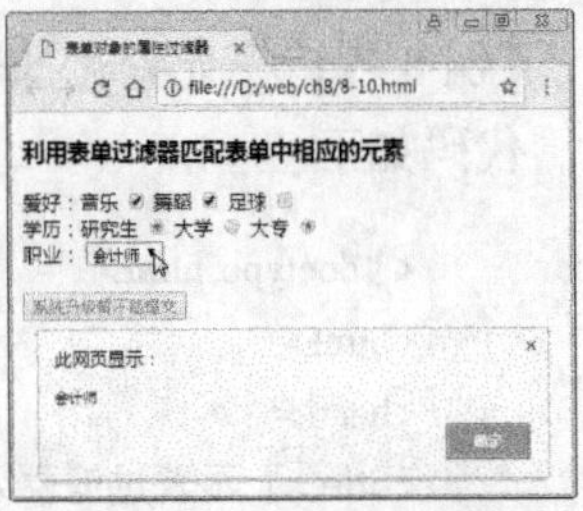

```
<html>
<head>
<title>表单对象的属性过滤器</title>
<script src="js/jquery-3.2.1.min.js" type="text/javascript"></
script>
<script type="text/javascript">
```

图 8-10 页面显示效果

```
        $(document).ready(function() {
          //为灰色不可用按钮赋值
          $("input:disabled").val("系统升级暂不能提交");
        });
        functionselectVal(){                          //下拉列表框变化时执行的方法
          alert( $("select option:selected").val());  //显示选中的值
        }
</script>
</head>
<body>
<form>
  <h3>利用表单过滤器匹配表单中相应的元素</h3>
  爱好:音乐 <input type="checkbox" checked="checked" value="音乐"/>
  舞蹈 <input type="checkbox" checked="checked" value="舞蹈"/>
  足球 <input type="checkbox" value="足球"/><br />
  学历:研究生 <input type="radio" checked="checked" value="研究生"/>
  大学 <input type="radio" value="大学"/>
  大专 <input type="radio" checked="checked" value="大专"/><br />
  职业:
  <selectonchange="selectVal()">
    <option value="工程师">工程师</option>
    <option value="教师">教师</option>
    <option value="会计师">会计师</option>
  </select><br /><br />
  <input type="button" value="提交" disabled>
</form>
</body>
</html>
```

【说明】网页中定义了 3 个复选框、3 个单选按钮、1 个下拉列表框和 1 个按钮。其中，选择下拉列表框中的“会计师”选项，则弹出消息框显示选择的列表项的值；不可用按钮的 value 值被修改为“系统升级暂不能提交”。

8.5 属性选择器

属性选择器是指根据元素的属性来筛选元素的选择器，见表 8-8。

表 8-8 属性选择器

选 择 器	描 述	返 回
[attribute]	选取包含给定属性的元素	jQuery 对象数组
[attribute=value]	选取属性等于某个特定值的元素	jQuery 对象数组
[attribute!=value]	选取属性不等于或不包含某个特定值的元素	jQuery 对象数组

（续）

选择器	描述	返回
[attribute^=value]	选取属性以某个值开始的元素	jQuery 对象数组
[attribute $=value]	选取属性以某个值结尾的元素	jQuery 对象数组
[attribute * =value]	选取属性中包含某个值的元素	jQuery 对象数组
[attribute1][attribute2][attribute3]	符合属性选择器，需要同时满足多个条件时使用	jQuery 对象数组

【例 8-11】 属性选择器示例，本例文件 8-11.html 在浏览器中的显示效果如图 8-11 所示。代码如下：

```
<html>
<head>
<title>属性选择器示例</title>
<script src="js/jquery-3.2.1.min.js" type="text/javascript">
</script>
</head>
<body>
  <div>no id</div>
  <div id="id1">id1</div>
  <div>no id</div>
  <div id="id2">id2</div>
<script>
  $(document).ready(function(){
      $('div[id]').css("border","2px dashed blue");      //所有包含 id 属性的 div 元素添加蓝色
                                                          //虚线边框
      $('div[id=id1]').css("border","6px double red");  //id 属性等于 id1 的 div 元素添加红色
                                                          //双线边框
  });
</script>
</body>
</html>
```

图 8-11　页面显示效果

【说明】 网页中定义了 4 个 div 元素，其中 2 个定义了 id 属性。在 jQuery 程序中使用 $('div[id]')属性选择器选取所有包含 id 属性的 div 元素，然后调用 css()方法为选取的 div 元素添加蓝色虚线边框；使用 $('div[id=id1]')属性选择器选取 id 属性等于 id1 的 div 元素，然后调用 css()方法为选取的 div 元素添加红色双线边框。

8.6 表单选择器

表单在 Web 前端开发中占据重要的地位，在 jQuery 中引入的表单选择器能够让用户更加方便地处理表单数据。通过表单选择器可以快速定位到某类表单元素，见表 8-9。

表 8-9　表单选择器

选　择　器	描　　述	返　　回
:input	选取所有的<input>、<textarea>、<select>和<button>元素	jQuery 对象数组
:text	选取所有的单行文本框	jQuery 对象数组
:password	选取所有的密码框	jQuery 对象数组
:radio	选取所有的单选框	jQuery 对象数组
:checkbox	选取所有的多选框	jQuery 对象数组
:submit	选取所有的提交按钮	jQuery 对象数组
:image	选取所有的图片按钮	jQuery 对象数组
:button	选取所有的按钮	jQuery 对象数组
:file	选取所有的文件域	jQuery 对象数组
:hidden	选取所有的不可见元素	jQuery 对象数组

【例 8-12】使用表单选择器统计各个表单元素的数量，本例文件 8-12. html 在浏览器中的显示效果如图 8-12 所示。

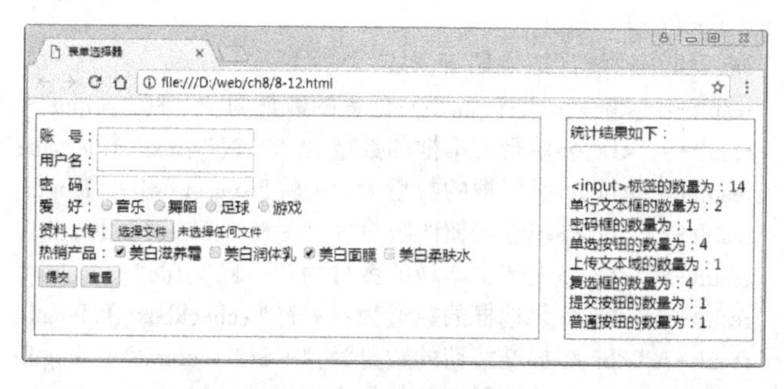

图 8-12　页面显示效果

代码如下：

```
<html>
<head>
<title>表单选择器</title>
<script src="js/jquery-3.2.1.min.js" type="text/javascript"></script>
<style type="text/css">
    * {margin-top:5px;}
    div{height:230px; }
    #formDiv{float:left;padding:4px; width:550px;border:1px solid #666;}
    #showResult{float:right;padding:4px; width:200px; border:1px solid #666;}
</style>
</head>
<body>
  <div id="formDiv">
    <form id="myform" action="#">
        账　号:<input type="text" /><br />
```

```
        用户名:<input type="text" name="userName" /><br />
        密  码:<input type="password" name="userPwd"/><br />
        爱  好:<input type="radio" name="hobby" value="音乐"/>音乐
        <input type="radio" name="hobby" value="舞蹈"/>舞蹈
        <input type="radio" name="hobby" value="足球"/>足球
        <input type="radio" name="hobby" value="游戏"/>游戏<br />
        资料上传:<input type="file" /><br />
热销产品:<input type="checkbox" name="goodsType" value="美白滋养霜" checked />美白滋养霜
        <input type="checkbox" name="goodsType" value="美白润体乳" />美白润体乳
        <input type="checkbox" name="goodsType" value="美白面膜" checked/>美白面膜
        <input type="checkbox" name="goodsType" value="美白柔肤水" />美白柔肤水<br/>
        <input type="submit" value="提交" />
        <input type="button" value="重置" /><br />
    </form>
    </div>
    <div id="showResult"></div>
     <script type="text/javascript">
         $(function(e){
             var result="统计结果如下:<hr/>";
             result+="<br />&lt;input&gt;标签的数量为:"+$(":input").length;
             result+="<br />单行文本框的数量为:"+$(":text").length;
             result+="<br />密码框的数量为:"+$(":password").length;
             result+="<br />单选按钮的数量为:"+$(":radio").length;
             result+="<br />上传文本域的数量为:"+$(":file").length;
             result+="<br />复选框的数量为:"+$(":checkbox").length;
             result+="<br />提交按钮的数量为:"+$(":submit").length;
             result+="<br />普通按钮的数量为:"+$(":button").length;
              $("#showResult").html(result);
         });
    </script>
</body>
</html>
```

习题 8

1）使用基础选择器为页面元素添加样式，如图 8-13 所示。

2）使用内容过滤器设置表格样式，如图 8-14 所示。

图 8-13　题 1 图

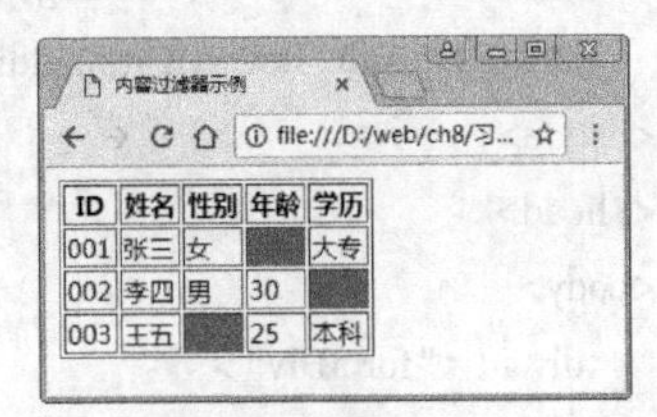

图 8-14　题 2 图

3）使用层次选择器为表单的直接子元素文本框换肤，单击“换肤”按钮，改变文本框的样式，如图 8-15 所示。

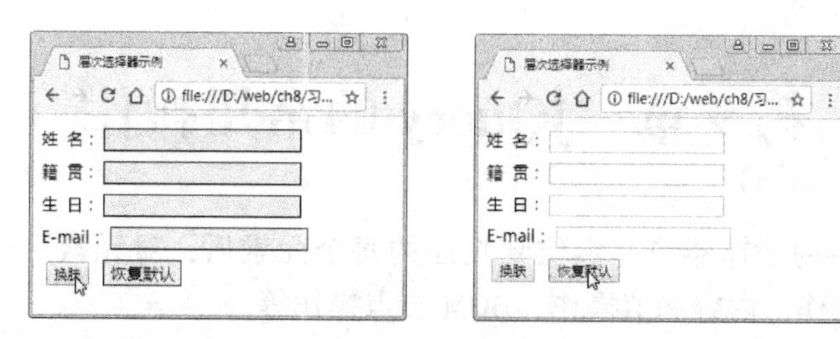

图 8-15　题 3 图

4）使用属性选择器对列表的样式进行设置，如图 8-16 所示。

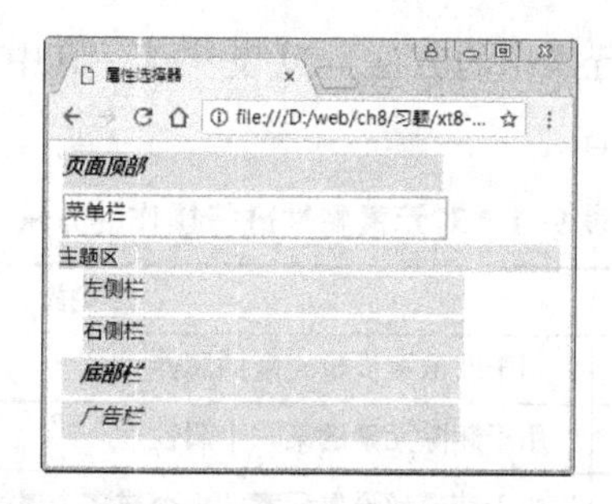

图 8-16　题 4 图

5）综合使用 jQuery 选择器制作隔行换色且鼠标指向表格行变色的页面，如图 8-17 所示。

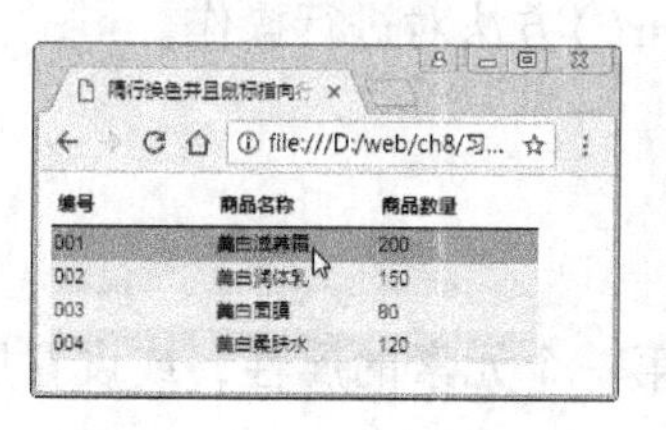
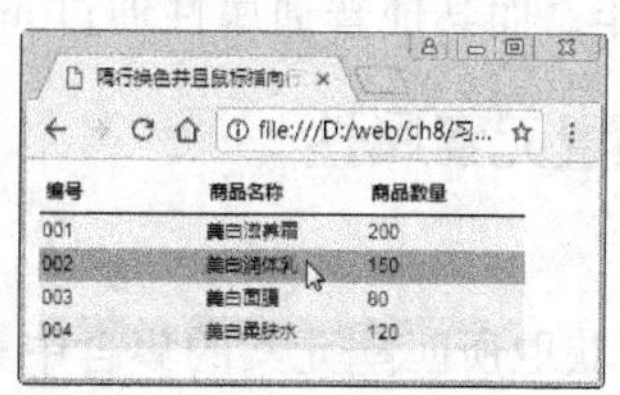

图 8-17　题 5 图

第 9 章　jQuery 的常用操作

通过 jQuery 提供的选择器快速定位到页面的每个元素后，对元素可以进行各种操作，如属性操作、样式操作、内容和值操作、DOM 节点操作等。

9.1　元素属性的操作

jQuery 提供对元素属性进行操作的方法，见表 9-1。其中 key 和 name 都代表元素的属性名称，properties 代表一个集合。

表 9-1　对元素属性进行操作的方法

方　法	描　述
attr(name | pro | key,val | fn)	用于获取或设置元素的属性
removeAttr(name)	用于删除元素的某一个属性
prop(name | pro | key,val | fn)	用于获取或设置元素的一个或多个属性
removeProp(name)	用于删除由 prop()方法设置的属性集

当元素属性（如 checked、selected 和 disabled 等）取值为 true 或 false 时，通过 prop()方法对属性进行操作，而其他普通属性通过 attr()方法对进行操作。

9.1.1　获取或设置元素属性

1. attr()方法

attr()方法用于获取所匹配元素的集合中第一个元素的属性，或设置所匹配元素的一个或多个属性。语法格式如下：

```
attr(name)
attr(properties)
attr(key,value)
attr(key,function(index, oldAttr))
```

参数说明：

- 参数 name 表示元素的属性名；
- 参数 properties 是一个由 key/value 键值对构成的集合，用于设置元素中的 1～n 个属性；
- 参数 key 表示需要设置的属性名；
- 参数 value 表示需要设置的属性值；
- 参数 function（index，oldAttr）表示使用函数的返回值作为属性的值，第一个参数为当前元素的索引值，第二个参数为原先的属性值。

例如，返回<img>集合中第一个图像的 src 属性值的代码如下：

```
$("img").attr("src");
```

2. prop()方法

prop()方法用于获取所匹配元素的集合中第一个元素的属性，或设置所匹配元素的一个或多个属性。prop()方法多用于 boolean 类型属性操作，例如 checked、selected 和 disabled 等。语法格式如下：

```
prop(name)
prop(properties)
prop(key,value)
prop(key,function(index,oldAttr))
```

prop()方法的参数说明同 attr()方法的参数说明，这里不再赘述。

例如，返回第一个复选框状态的代码如下：

```
$("input[type='checkbox']").prop("checked");
```

9.1.2 删除元素属性

1. removeAttr()方法

removeAttr()方法用于删除匹配元素的指定属性。语法格式如下：

```
removeAttr(name)
```

例如，删除所有 img 的 title 属性的代码如下：

```
$("img").removeAttr("title");
```

2. removeProp()方法

removeProp()方法用于删除由 prop()方法设置的属性集。语法格式如下：

```
removeProp(name)
```

例如，将所有复选框设置为可用状态的代码如下：

```
$("input[type='checkbox']").removeProp("disabled");
```

【例 9-1】修改页面元素的属性，本例文件 9-1.html 在浏览器中的显示效果如图 9-1 所示。

代码如下：

```
<html>
<head>
<title>修改页面元素的属性</title>
<script src="js/jquery-3.2.1.min.js" type="text/javascript">
</script>
</head>
```

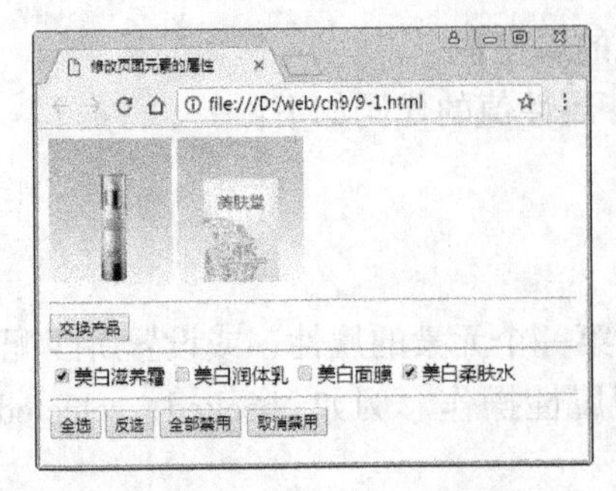

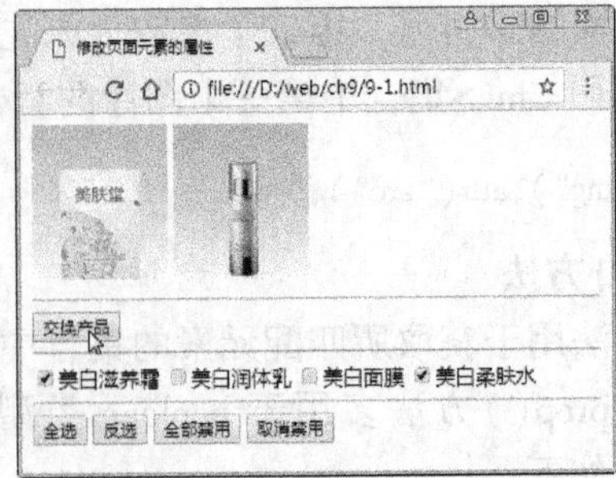

图 9-1 页面显示效果

```
<body>
  <img id="prod1" src="images/01.jpg"/>
  <img id="prod2" src="images/02.jpg"/><hr/>
  <input type="button" value="交换产品" onClick="swap()"/><hr/>
  <input type="checkbox" name="goodsType" value="美白滋养霜" checked />美白滋养霜
  <input type="checkbox" name="goodsType" value="美白润体乳" />美白润体乳
  <input type="checkbox" name="goodsType" value="美白面膜"/>美白面膜
  <input type="checkbox" name="goodsType" value="美白柔肤水" checked/>美白柔肤水
  <br/><hr/>
  <input type="button" value="全选" onClick="changeSelect()"/>
  <input type="button" value="反选" onClick="reverseSelect()"/>
  <input type="button" value="全部禁用" onClick="disabledSelect()"/>
  <input type="button" value="取消禁用" onClick="enabledSelect()"/>
  <script type="text/javascript">
     function swap(){                  //单击"交换产品"按钮,交换两幅图像
         var prodSrc= $("#prod1").attr("src");
         $("#prod1").attr("src",function(){ return $("#prod2").attr("src")});
         $("#prod2").attr("src",prodSrc);
     }
     function changeSelect(){      //单击"全选"按钮,选中所有复选框
         $("input[type='checkbox']").prop("checked",true);
     }
     function reverseSelect(){      //单击"反选"按钮,将复选框进行反选
         $("input[type='checkbox']").prop("checked",function(index,oldValue){
             return ! oldValue;
         });
     }
     function disabledSelect(){    //单击"全部禁用"按钮,将复选框全部选中后再设置禁用
         $("input[type='checkbox']").prop({disabled: true,checked:true});
     }
     function enabledSelect(){     //单击"取消禁用"按钮,所有复选框回复到正常状态
         $("input[type='checkbox']").removeProp("disabled");
     }
```

```
    </script>
  </body>
</html>
```

【说明】在上面的代码中，使用 attr( )和 prop( )方法设置元素的属性，使用 removeAttr( )和 removeProp( )方法删除元素指定的属性。

9.2 元素样式的操作

在 jQuery 中，对元素的 CSS 样式操作可以通过修改 CSS 类或者设置 CSS 属性来实现。

9.2.1 修改 CSS 类

在网页设计中，设计者如果想改变一个元素的整体外观，例如给网站换肤，就可以通过修改该元素所使用的 CSS 类来实现。在 jQuery 中，提供了几种用于修改 CSS 类的方法，见表 9-2。

表 9-2 修改 CSS 类的方法

方　法	描　述
addClass(class)	为所有匹配的元素添加指定的 CSS 类名
removeClass(class)	从所有匹配的元素中删除全部或者指定的 CSS 类
toggleClass(class)	如果存在（不存在）就删除（添加）一个 CSS 类
toggleClass(class, switch)	如果 switch 参数为 true 则加上对应的 CSS 类，否则就删除，通常 switch 参数为一个布尔型的变量

需要注意的是，使用 addClass( )方法添加 CSS 类时，并不会删除现有的 CSS 类。同时，在使用上表所列的方法时，其 class 参数都可以设置多个类名，类名与类名之间用空格分开。

【例 9-2】修改 CSS 类示例，本例文件 9-2. html 在浏览器中的显示效果如图 9-2 所示。

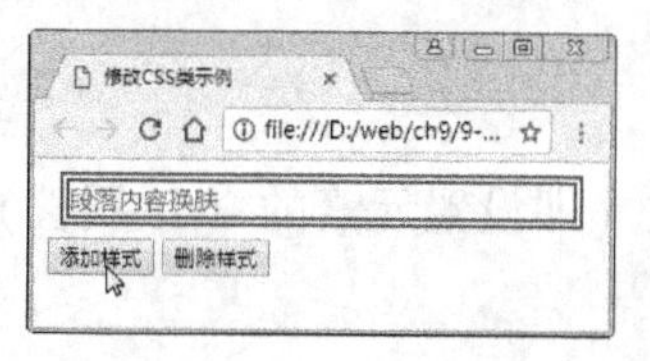

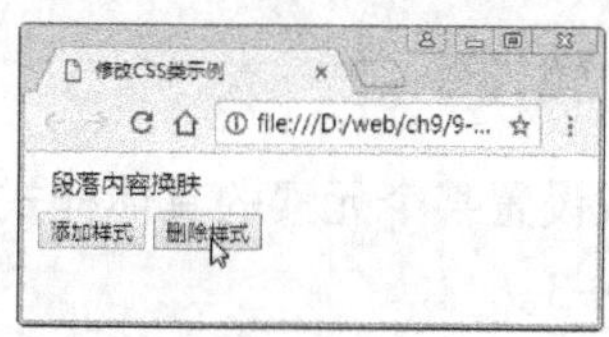

图 9-2 页面显示效果

代码如下：

```
<html>
<head>
<title>修改 CSS 类示例</title>
<style>
  p{
    margin: 8px;
    font-size:16px;
```

```
        }
        .selected{
            color:red;                    /*设置文字颜色为红色*/
        }
        .addborder{
            border:6px double blue; /*设置 6px 双线蓝色边框*/
        }
    </style>
    <script src="js/jquery-3.2.1.min.js" type="text/javascript"></script>
    </head>
    <body>
        <p>段落内容换肤</p>
        <button id="addClass">添加样式</button>
        <button id="removeClass">删除样式</button>
        <script>
            $("#addClass").click(function(){
                $("p").addClass("selected addborder");    //为 p 元素添加 selected 和 addborder 两个类
            });
            $("#removeClass").click(function(){
                $("p").removeClass("selected addborder");//为 p 元素删除 selected 和 addborder 两个类
            });
        </script>
    </body>
    </html>
```

【**说明**】网页中定义了 2 个按钮和 1 个 p 元素，单击“添加样式”按钮，会调用 addClass()方法为 p 元素添加 selected 和 addborder 两个类；单击“删除样式”按钮，会调用 removeClass()方法为 p 元素删除 selected 和 addborder 两个类。

9.2.2 设置 CSS 属性

如果需要获取或设置某个元素的具体样式（即设置元素的 style 属性），jQuery 也提供了相应的方法，见表 9-3。

表 9-3 设置 CSS 属性的方法

方法	描述
css(name)	返回第一个匹配元素的样式属性
css(name,value)	为所有匹配元素的指定样式设置值
css(properties)	以{属性：值，属性：值，……}的形式为所有匹配的元素设置样式属性

需要注意的是，使用 css()方法设置属性时，既可以使用解释连字符形式的 CSS 表示法（如 background-color），也可以使用解释大小写形式的 DOM 表示法（如 backgroundColor）。

【**例 9-3**】设置 CSS 属性示例，本例文件 9-3.html 在浏览器中的显示效果如图 9-3 所示。

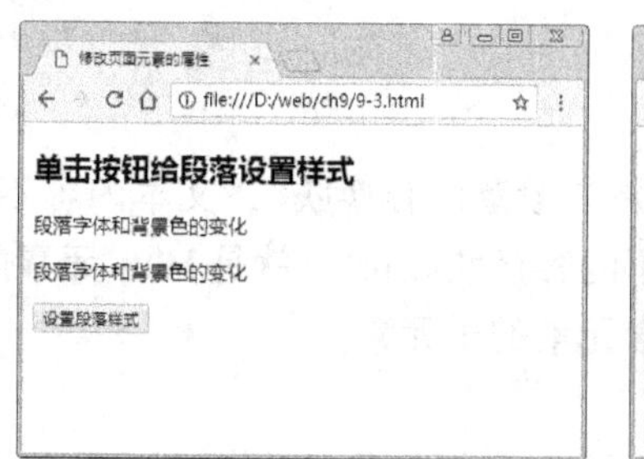

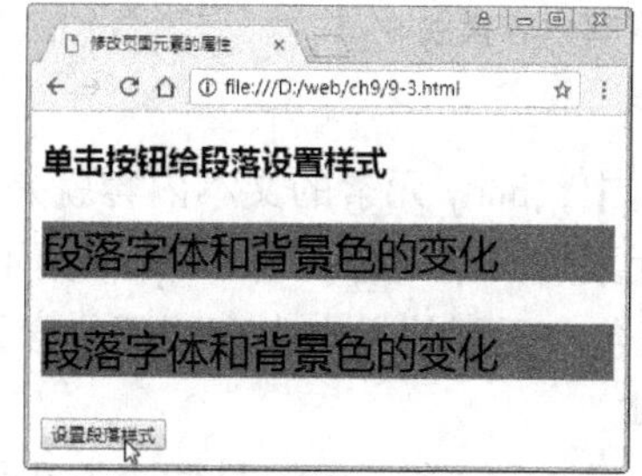

图 9-3　页面显示效果

代码如下：

```
<html>
<head>
<title>设置 CSS 属性示例</title>
<script src="js/jquery-3.2.1.min.js" type="text/javascript"></script>
<script type="text/javascript">
 $(document).ready(function(){
   $("button").click(function(){   //单击按钮给段落设置样式
     $("p").css({"background-color":"red","font-size":"200%"});
   });
 });
</script>
</head>
<body>
  <h2>单击按钮给段落设置样式</h2>
  <p>段落字体和背景色的变化</p>
  <p>段落字体和背景色的变化</p>
  <button type="button">设置段落样式</button>
</body>
</html>
```

9.3　元素内容和值的操作

html()和 text()方法用于操作页面元素的内容，val()方法用于操作元素的值。上述方法的使用方式基本相同，当方法没有提供参数时表示获取匹配元素的内容或值；当方法携带参数时表示对匹配元素的内容或值进行修改。

9.3.1　操作元素内容

元素的内容是指定义元素的起始标记和结束标记之间的内容，又可以分为文本内容和 HTML 内容。通过下面的代码来说明如何区分元素中的文本内容和 HTML 内容。

```
<body>
```

```
    <p>段落内容换肤</p>
</body>
```

在上述代码中，body 元素的文本内容就是“段落内容换肤”，文本内容不包含元素的子元素，只包含元素的文本内容；而“<p>段落内容换肤</p>”就是 body 元素的 HTML 内容，HTML 内容不仅包含元素的文本内容，还包含元素的子元素。

1. 操作文本

jQuery 提供了 text( )和 text(val)两个方法用于对文本内容操作，其中 text( )用于获取全部匹配元素的文本内容，text(val)用于设置全部匹配元素的文本内容。例如，在一个 HTML 页面中，包括下面 3 行代码：

```
<div>
  <p id="intro">美肤堂,蒸蒸日上</p>
</div>
```

要获取 div 元素的文本内容，可以使用下面的代码：

```
$("div").text();
```

得到的结果为：美肤堂，蒸蒸日上

需要注意的是，text( )方法取得的结果是所有匹配元素包含的文本组合起来的纯文本内容，这个方法也对 XML 文档有效，可以用 text( )方法解析 XML 文档元素的文本内容。

【例 9-4】 设置 div 元素的文本内容，本例文件 9-4. html 在浏览器中的显示效果如图 9-4 所示。代码如下：

图 9-4 页面显示效果

```
<html>
<head>
<title>操作文本内容</title>
<script src="js/jquery-3.2.1.min.js" type="text/javascript"></script>
<script type="text/javascript">
  $(document).ready(function(){
    $("div").text("蒸蒸日上,美肤堂");
  });
</script>
</head>
<body>
<div>
  <p id="intro">美肤堂,蒸蒸日上</p>
</div>
</body>
</html>
```

【说明】 使用 text( )方法重新设置 div 元素的内容后，div 元素原来的内容将被新设置的内容替换，包括原来内容中的 HTML 内容。因此，页面加载后，页面中原来设置的段落内容“美肤堂，蒸蒸日上”将被替换掉，取而代之的内容是“蒸蒸日上，美肤堂”。

2. 操作 HTML 内容

jQuery 提供了 html( ) 和 html(val) 两个方法用于对 HTML 内容进行操作。其中 html( ) 用于获取第一个匹配元素的 HTML 内容，html(val) 用于设置全部匹配元素的 HTML 内容。例如，在一个 HTML 页面中，包括下面 3 行代码：

```
<div>
  <p id="intro">美肤堂,蒸蒸日上</p>
</div>
```

要获取 div 元素的 HTML 内容，可以使用下面的代码：

```
alert( $("div").html());
```

得到的结果如图 9-5 所示，可以看出消息框中显示的是 div 元素的 HTML 内容“<p id="intro">美肤堂，蒸蒸日上</p>”。

用户可以重新设置 div 元素的 HTML 内容，结果如图 9-6 所示。代码如下：

```
$("div").html("<p style='border:1px solid blue'>通过 html( )方法设置的 HTML 内容</p>");
alert( $("div").html());
```

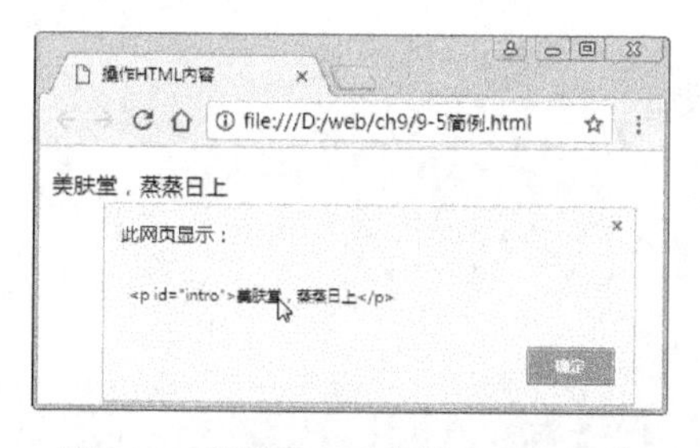

图 9-5　获取 div 元素的 HTML 内容

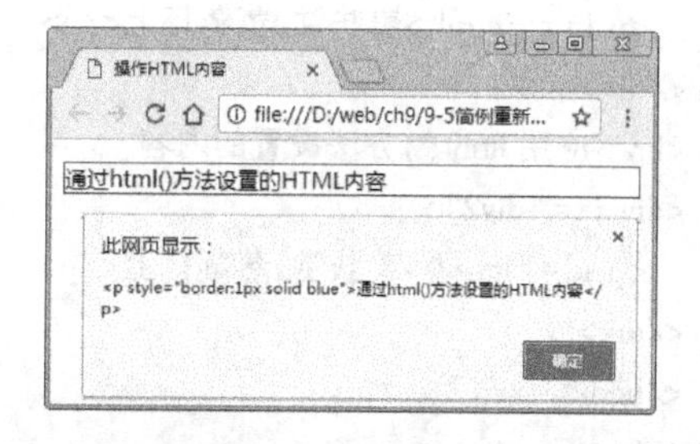

图 9-6　重新设置 HTML 内容后获取的结果

从图 9-6 中可以看出，消息框中显示的是重新设置的 HTML 内容“<p style='border:1px solid blue'>通过 html( ) 方法设置的 HTML 内容</p>”，并且浏览器解析 HTML 内容中所包含的 HTML 代码，浏览器中显示出蓝色边框的段落内容“通过 html( ) 方法设置的 HTML 内容”。

【例 9-5】获取和设置元素的文本内容与 HTML 内容，本例文件 9-5. html 在浏览器中的显示效果如图 9-7 所示。

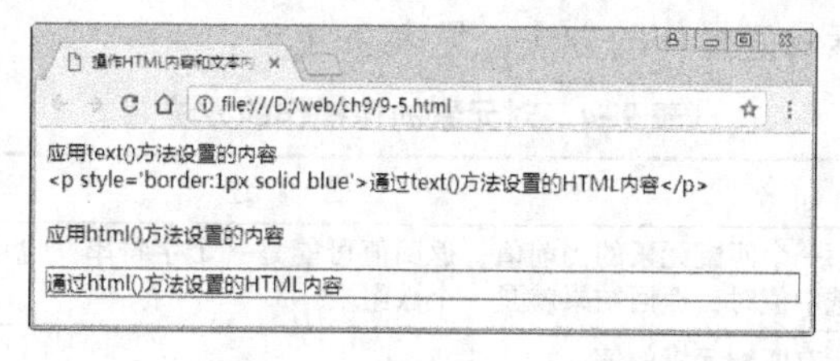

图 9-7　获取和设置元素的文本内容与 HTML 内容

代码如下：

```
<! doctype html>
```

```
<html>
<head>
<title>操作 HTML 内容和文本内容</title>
<script src="js/jquery-3.2.1.min.js" type="text/javascript">
</script>
<script type="text/javascript">
   $(document).ready(function(){
      $("#div1").text("<p style='border:1px solid blue'>通过 text()方法设置的 HTML 内容
</p>");
      $("#div2").html("<p style='border:1px solid blue'>通过 html()方法设置的 HTML 内容
</p>");
   });
</script>
</head>
<body>
应用 text()方法设置的内容
<div id="div1">
   <p id="intro">美肤堂,蒸蒸日上</p>
</div>
<br/>应用 html()方法设置的内容
<div id="div2">
   <p id="intro">美肤堂,蒸蒸日上</p>
</div>
</body>
</html>
```

【说明】从运行结果可以看出，应用 text()设置文本内容时，即使内容中包含 HTML 代码，也将被认为是普通文本，并不能作为 HTML 代码被浏览器解析，仍然按照原样显示；而应用 html()设置的 HTML 内容中所包含的 HTML 代码就可以被浏览器解析，因此，文本"通过 html()方法设置的 HTML 内容"带有蓝色边框。

9.3.2 操作元素的值

val()方法用于设置或获取元素的值，当元素允许多选时，返回一个包含被选项的数组。jQuery 提供了 3 种对元素的值操作的方法，见表 9-4。

表 9-4 对元素的值操作的方法

方 法	描 述
val()	用于获取第一个匹配元素的当前值，返回值可能是一个字符串，也可能是一个数组。例如当 select 元素有两个选中值时，返回结果就是一个数组
val(val)	用于设置所有匹配元素的值
val(arrVal)	用于为 check、select 和 radio 等元素设置值，参数为字符串数组

【例 9-6】设置表单元素的值。页面加载后，在文本框中输入网站宣传语，单击"提交"按钮，获取文本框元素的值并显示在页面中，本例文件 9-6.html 在浏览器中的显示效

果如图 9-8 所示。

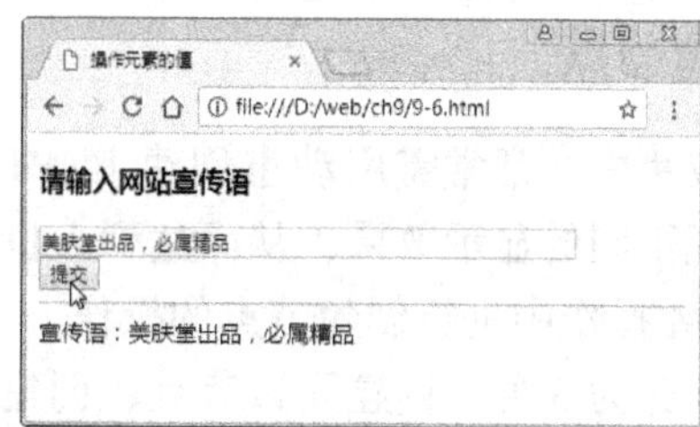

图 9-8　操作元素的值

代码如下：

```
<! doctype html>
<html>
<head>
<title>操作元素的值</title>
<script src="js/jquery-3.2.1.min.js" type="text/javascript"></script>
</head>
  <body>
    <h3>请输入网站宣传语</h3>
    <input type="text" value="" id="inputDiscuss" size="50" /><br/>
    <input type="button" value="提交" onClick="submitNewsDiscuss()"/>
    <hr/>
    <div id="newsDiscuss">
    </div>
     <script type="text/javascript">
         function submitNewsDiscuss(){
              var inputDiscuss= $("#inputDiscuss").val();
              $("#newsDiscuss").html("宣传语:"+inputDiscuss);
         }
    </script>
  </body>
</html>
```

【说明】上述代码中，使用 val()方法可以获取文本框元素的值。单击“提交”按钮，将获取的值显示在页面中。

9.4　操作 DOM 节点

根据 W3C 中的 HTML DOM 标准，HTML 文档的所有内容都是节点，包括文档节点、元素节点、文本节点、属性节点和注释节点；各种节点相互关联，共同形成了 DOM 树。

了解 JavaScript 的用户应该知道，通过 JavaScript 可以实现对 DOM 节点的操作，但操作起来比较复杂。jQuery 为了简化开发人员的工作，提供了一系列方法对 DOM 节点进行各种操作，本节将进行详细讲解。

9.4.1 创建节点

在实际应用中，常常需用动态创建 HTML 页面内容，使 HTML 页面根据用户的操作在浏览器中呈现不同的显示效果，从而达到人机交互的目的。当需要在页面中添加新内容时，就需要在 DOM 操作中进行创建节点的操作。

创建节点分为 3 种：创建元素节点、创建文本节点和创建属性节点。

1. 创建元素节点

例如要创建两个<p>元素节点，并且要把它们作为<div>元素节点的子节点添加到 DOM 节点树上，完成这个任务需要两个步骤。

① 创建两个新的<p>元素。

② 将这两个新元素插入到文档中。

第①步可以使用 jQuery 的工厂函数 $()来完成，格式如下：

```
$(html)
```

$(html)方法可以根据传入的 HTML 标记字符串，创建一个 DOM 对象，并且将这个 DOM 对象包装成一个 jQuery 对象后返回。

首先，创建两个<p>元素，jQuery 代码如下：

```
var $p_1 = $("<p></p>");    //创建第 1 个 p 元素
var $p_2 = $("<p></p>");    //创建第 2 个 p 元素,文本为空
```

然后将这两个新的元素插入到文档中，可以使用 jQuery 中的 append()等方法（将在本节后面讲解）。具体的 jQuery 代码如下：

```
$("div").append($p_1);   //将第 1 个 p 元素添加到 div 中,使它能在页面中显示
$("div").append($p_2);   //也可以采用链式写法:$("div").append($p_1).append($p_2);
```

运行代码后，新创建的<p>元素将被添加到页面当中。

2. 创建文本节点

两个<p>元素节点已经创建完毕并插入到文档中了，此时需要为它们添加文本内容。具体的 jQuery 代码如下：

```
var $p_1 = $("<p>美肤堂</p>");        //创建第 1 个 p 元素,包含元素节点和文本节点
var $p_2 = $("<p>新闻中心</p>");      //创建第 2 个 p 元素,包含元素节点和文本节点
$("div").append($p_1);               //将第 1 个 p 元素添加到 div 中,使它能在页面中显示
$("div").append($p_2);               //将第 2 个 p 元素添加到 div 中,使它能在页面中显示
```

创建文本节点就是在创建元素节点时直接把文本内容写出来，然后使用 append()等方法将它们添加到文档中。运行代码后，新创建的<p>元素将被添加到页面当中，如图 9-9 所示。

3. 创建属性节点

创建属性节点与创建文本节点类似，也是直接在创建元素节点时一起创建。具体的 jQuery 代码如下：

```
//创建第 1 个 p 元素,包含元素节点和文本节点和属性节点,"title='美肤堂'"就是属性节点
var $p_1 = $("<p title='美肤堂'>美肤堂</p>");
//创建第 2 个 p 元素,包含元素节点和文本节点和属性节点,"title='新闻中心'"就是属性节点
var $p_2 = $("<p title='新闻中心'>新闻中心</p>");
$("div").append( $p_1);        //将第 1 个 p 元素添加到 div 中,使它能在页面中显示
$("div").append( $p_2);        //将第 2 个 p 元素添加到 div 中,使它能在页面中显示
```

运行代码后，将鼠标移至文字“美肤堂”上，即可看到 title 信息，如图 9-10 所示。

图 9-9　创建文本节点

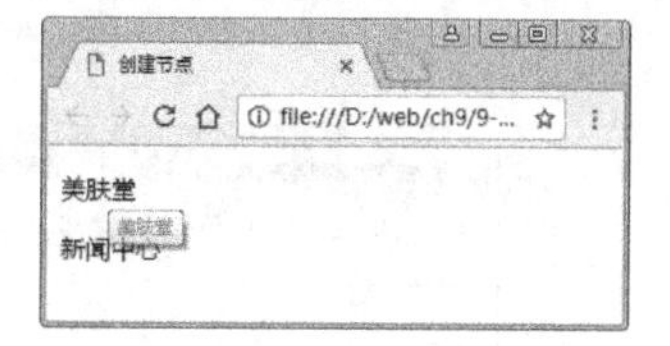

图 9-10　创建属性节点

9.4.2　插入节点

动态创建 HTML 元素后，还需要将新创建的元素插入 HTML 文档中才会在页面中看出效果。将新创建的节点插入 HTML 文档最简单的办法是，让该节点作为文档中已有的某个节点的子节点。

jQuery 中提供了 append()方法用来在元素结尾插入新创建的节点，在前面讲解创建节点时已经使用了这个方法。除了 append()方法，jQuery 还提供了其他几种插入节点的方法。插入节点可分为在元素内部插入节点和在元素外部插入节点两种。

1. 在元素内部插入节点

在元素内部插入节点就是向一个元素中添加子元素和内容。jQuery 提供了在元素内部插入节点的方法，见表 9-5。

表 9-5　在元素内部插入节点的方法

方　　法	描　　述
append(content)	为所有匹配的元素的内部追加内容
appendTo(content)	将所有匹配元素添加到另一个元素的元素集合中
prepend(content)	为所有匹配的元素的内部前置内容
prependTo(content)	将所有匹配元素前置到另一个元素的元素集合中

append()方法与 prepend()方法类似，所不同的是 prepend()方法将添加的内容插入到原有内容的前面。

appendTo()实际上是颠倒了 append()方法，例如下面这句代码：

```
$("<p>A</p>").appendTo("#B");      //将指定内容添加到 id 为 B 的元素中
```

等同于：

```
$("#B").append("<p>A</p>");      //将指定内容添加到 id 为 B 的元素中
```

不过，append()方法并不能移动页面上的元素，而 appendTo()方法是可以的，例如下面的代码：

```
$("#B").appendTo("#A");      //移动 B 元素到 A 元素的后面
```

append()方法是无法实现该功能的，注意两者的区别。

需要注意的是，prepend()方法是向所有匹配元素内部的开始处插入内容的最佳方法。prepend()方法与 prependTo()的区别同 append()方法与 appendTo()方法的区别。

【例 9-7】 在元素内部插入子元素的方法，本例文件 9-7.html 在浏览器中的显示效果如图 9-11 所示。

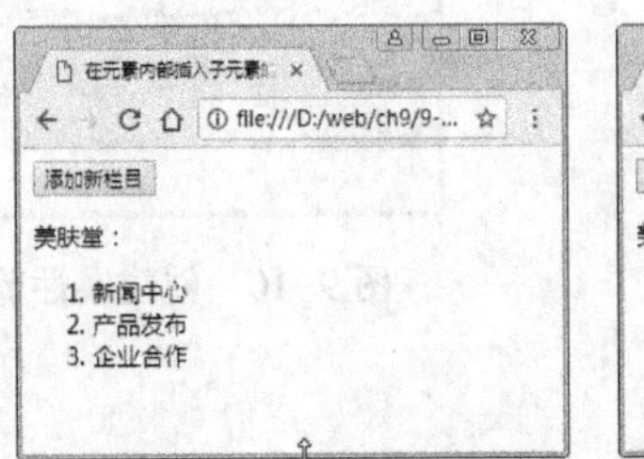

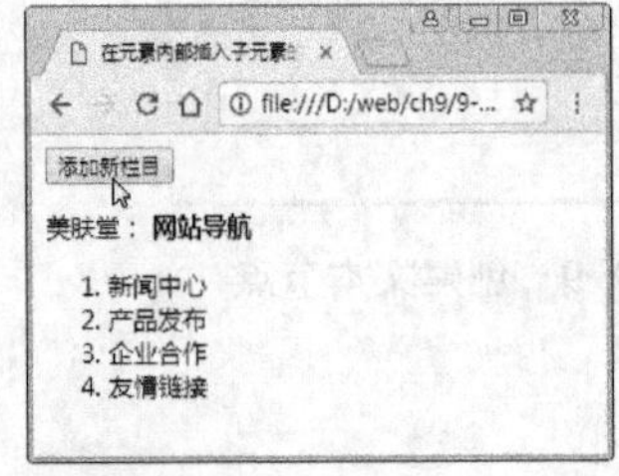

图 9-11　页面显示效果

代码如下：

```
<html>
<head>
<title>在元素内部插入子元素的方法</title>
<script src="js/jquery-3.2.1.min.js" type="text/javascript"></script>
<script>
  $(document).ready(function(){
    $("button").click(function(){
        $("p").append(" <b>网站导航</b>");
        $("ol").append("<li>友情链接</li>");
    });
  });
</script>
</head>
<body>
    <button>添加新栏目</button>
    <p>美肤堂:</p>
    <ol>
    <li>新闻中心</li>
    <li>产品发布</li>
    <li>企业合作</li>
    </ol>
</body>
</html>
```

【说明】上述代码中，单击“添加新栏目”按钮向段落元素中添加了文字“网站导航”，向列表元素中添加了列表项“友情链接”。

2. 在元素外部插入节点

在元素外部插入节点就是将要添加的内容添加到元素之前或元素之后。jQuery 提供了表 9-6 中的在元素外部插入节点的方法。

表 9-6　在元素外部插入节点的方法

方　法	描　述
after(content)	在每个匹配的元素之后插入内容
insertAfter(content)	将所有匹配的元素插入到另一个指定元素的元素集合的后面
before(content)	在每个匹配的元素之前插入内容
insertBefore(content)	把所有匹配的元素插入到另一个指定元素的元素集合的前面

【例 9-8】在元素外部插入元素的方法。单击“在前面插入内容”按钮向图片前面添加文字“美白”；单击“在后面插入内容”按钮向图片后面添加文字“滋养霜”。本例文件 9-8. html 在浏览器中的显示效果如图 9-12 所示。

图 9-12　页面显示效果

代码如下：

```
<html>
<head>
<title>在元素外部插入元素的方法</title>
<script src="js/jquery-3.2.1.min.js" type="text/javascript"></script>
<script>
  $(document).ready(function(){
    $("#btnbefore").click(function(){
        $("img").before("<b>美白</b>");
    });
    $("#btnafter").click(function(){
        $("img").after ("<b>滋养霜</b>");
    });
  });
    </script>
</head>
```

```
<body>
    <img src="images/02.jpg"><br><br>
    <button id="btnbefore">在前面插入内容</button>
    <button id="btnafter">在后面插入内容</button>
</body>
</html>
```

9.4.3 复制节点

在 jQuery 中提供了 clone()方法，用于复制 DOM 节点（包含节点中的子节点、文本节点和属性节点）。语法格式如下：

```
$(selector).clone(includeEvents [,deepEvents])
```

参数说明：

- 参数 includeEvents（可选、布尔类型）表示是否同时复制元素的附加数据和绑定事件，默认为 false。
- 参数 deepEvents（可选、布尔类型）表示是否同时复制元素中的所有子元素的附加数据和绑定事件，参数 deepEvents 默认与 includeEvents 一致。

【例 9-9】 复制节点。页面中第 1 个图像不可以复制，单击第 2 个图像及其复制的图像都可以复制，本例文件 9-9.html 在浏览器中的显示效果如图 9-13 所示。

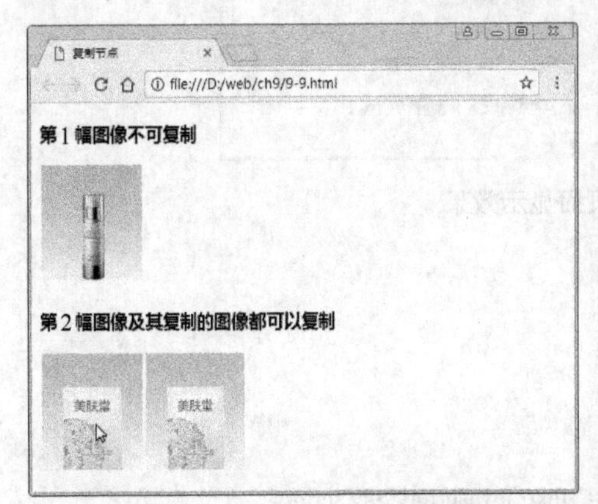

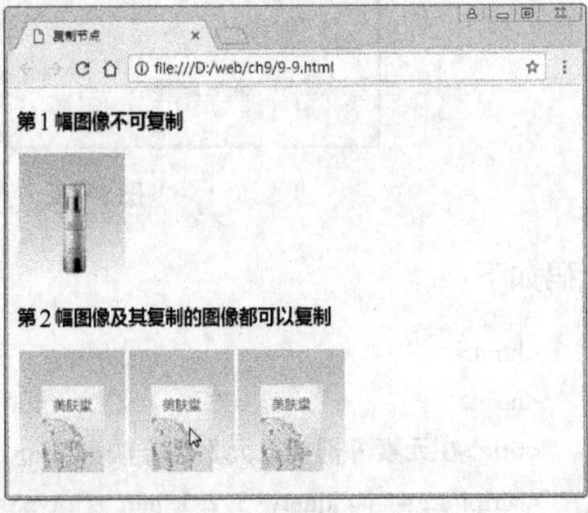

图 9-13　页面显示效果

代码如下：

```
<html>
<head>
<title>复制节点</title>
<script src="js/jquery-3.2.1.min.js" type="text/javascript"></script>
<script type="text/javascript">
  $(function() {
    $("divimg:eq(1)").bind("click",function() {      //为按钮绑定单击事件
            $(this).clone(true).insertAfter(this);    //复制自己也复制事件处理
    });
```

```
    });
</script>
</head>
<body>
<div>
  <h3>第 1 幅图像不可复制</h3>
  <img src="images/01.jpg" style="padding:2px;"><br>
  <h3>第 2 幅图像及其复制的图像都可以复制</h3>
  <img src="images/02.jpg" style="padding:2px;">
</div>
</body>
</html>
```

【**说明**】上述代码中，第 2 幅图像使用了 clone(true)的方法传递 true 参数，允许同时复制元素及其事件处理。如果只允许复制图像本身，则需要使用 clone()不加参数的方法。

9.4.4 删除节点

jQuery 提供了 3 种删除节点的方法，分别是 remove()和 detach()、empty()方法。

1. remove()方法

remove()方法用于从 DOM 中删除所有匹配的元素，传入的参数用于根据 jQuery 表达式来筛选元素。

当使用 remove()方法删除某个节点之后，该节点所包含的所有后代节点将同时被删除。remove()方法的返回值是一个指向已被删除的节点的引用，以后也可以继续使用这些元素。例如如下代码：

```
var $p_2 = $("div p:eq(1)").remove();      //获取第 2 个<p>节点后,将它从页面中删除
$("div").append($p_2);                      //把删除的节点重新添加到 div 中
```

【**例 9-10**】使用 remove()方法删除节点。页面中有 3 行文字，单击“删除第 3 行文字”按钮删除掉该行文字，本例文件 9-10.html 在浏览器中的显示效果如图 9-14 所示。

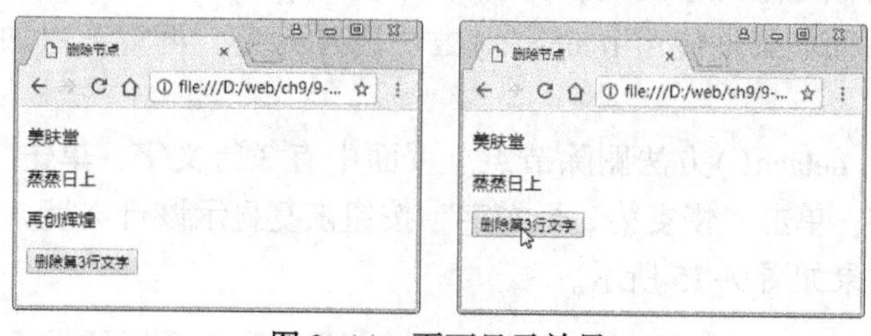

图 9-14　页面显示效果

代码如下：

```
<html>
<head>
<title>删除节点</title>
<script src="js/jquery-3.2.1.min.js" type="text/javascript"></script>
```

```
<script type="text/javascript">
  $(document).ready(function(){
    $("#btnDelete").click(function () {
        $("div p:eq(2)").remove();      //删除第3行文字,索引号为2
    });
  });
</script>
</head>
<body>
  <div>
    <p>美肤堂</p>
    <p>蒸蒸日上</p>
    <p>再创辉煌</p>
</div>
    <input type="button" id="btnDelete" value="删除第3行文字" />
</body>
</html>
```

2. detach()方法

detach()方法和remove()方法一样，也是删除DOM中匹配的元素。需要注意的是，这个方法不会把匹配的元素从jQuery对象中删除，因此，在将来仍然可以使用这些匹配元素。与remove不同的是，所有绑定的事件或附加的数据都会保留下来。

例如如下代码：

```
$("div p").click(function(){
    alert($(this).text());
});
var $p_2 = $("div p:eq(1)").detach();     //删除元素
$p_2.appendTo("div");
```

使用detach()方法删除元素之后，再执行 $p_2.appendTo("div");重新追加此元素，之前绑定的事件还在，而如果是使用remove()方法删除元素，再重新追加元素，之前绑定的事件将失效。

【例9-11】使用detach()方法删除节点。页面中有3行文字，单击“删除第3行文字”按钮删除掉该行文字；单击“恢复第3行文字”按钮恢复显示该行文字。本例文件9-11.html在浏览器中的显示效果如图9-15所示。

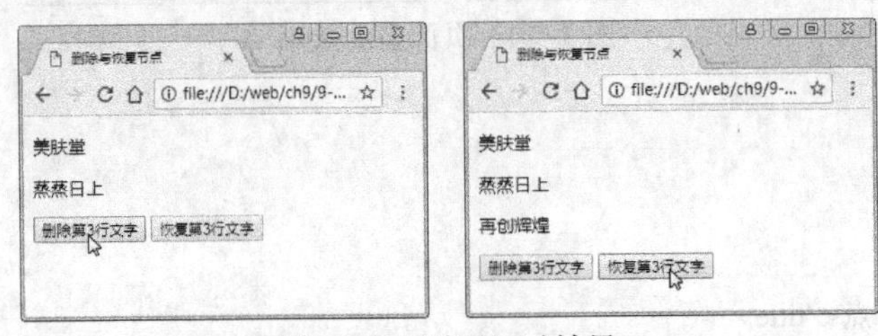

图9-15 页面显示效果

代码如下：

```
<html>
<head>
<title>删除与恢复节点</title>
<script src="js/jquery-3.2.1.min.js" type="text/javascript"></script>
<script type="text/javascript">
  $(document).ready(function(){
    var $p_3;
    $("#btnDelete").click(function () {
        $p_3= $("div p:eq(2)").detach(); //删除第 3 行文字,绑定的事件或附加的数据都会
                                         //保留下来
    });
    $("#btnRestore").click(function () {
        $p_3.appendTo("div");      //重新追加元素 $p_3,恢复被删除的第 3 行文字
    });
  });
</script>
</head>
<body>
  <div>
    <p>美肤堂</p>
    <p>蒸蒸日上</p>
    <p>再创辉煌</p>
  </div>
  <input type="button" id="btnDelete" value="删除第 3 行文字" />
  <input type="button" id="btnRestore" value="恢复第 3 行文字" />
</body>
</html>
```

3. empty()方法

empty()方法用于清空元素的内容（包括所有文本和子节点），但不删除该元素。

示例代码如下：

```
$("div p:eq(1) ").empty();    //获取第 2 个 p 元素后,清空该元素中的内容
```

运行此段代码后，第 2 个<p>元素的内容被清空了，但第 2 个<p>元素还在。

【例 9-12】使用 empty()方法清空元素的内容。页面中定义一个包含链接的 p 元素和一个按钮，单击“删除”按钮清空 p 元素的内容及其链接子元素，看起来好像 p 元素被删除了一样。本例文件 9-12.html 在浏览器中的显示效果如图 9-16 所示。

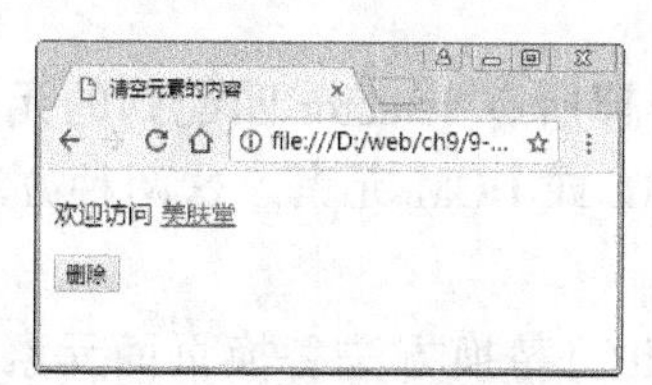

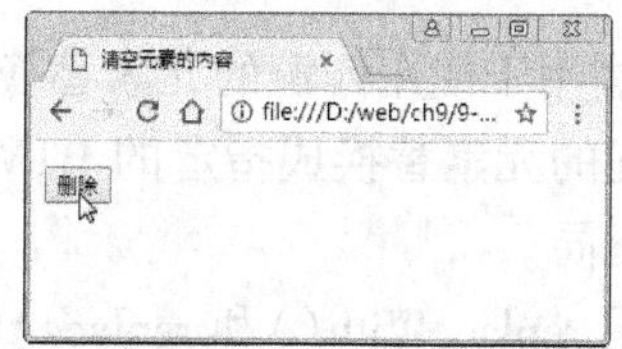

图 9-16　页面显示效果

代码如下：

```
<html>
<head>
<title>清空元素的内容</title>
<script src="js/jquery-3.2.1.min.js" type="text/javascript"></script>
<script>
  $(document).ready(function(){
    $("button").click(function(){
      $("p").empty();              // p 元素的内容被清空了，但 p 元素还在
    });
  });
</script>
</head>
<body>
<p>
  欢迎访问 <a href="http://www.mft.com/">美肤堂</a>
</p>
<button>删除</button>
</body>
</html>
```

9.4.5 替换节点

如果要替换页面中的某个节点元素，可以使用 jQuery 中的 replaceWith( ) 和 replaceAll( ) 方法。replaceWith( )方法和 replaceAll( )方法都是用指定的 HTML 内容或元素替换被选元素。其差异在于内容和选择器的位置。

1. replaceWith( )方法

replaceWith( )方法的语法格式如下：

```
$(selector).replaceWith(content)
```

其中，参数 selector 为必选项，表示要替换的元素。参数 content 也是必选项，表示替换被选元素的内容，其可能的值包括 HTML 代码、新元素、已存在的元素，已存在的元素不会被移动，只会被复制。

2. replaceAll( )方法

replaceAll( )方法也可用指定的 HTML 内容或元素替换被选元素，其基本语法格式如下：

```
$(content).replaceAll(selector)
```

replaceAll( )方法用于使用匹配的元素替换掉所有 selector 匹配到的元素；replaceWith( )方法用于将所有匹配的元素替换成指定的 HTML 或 DOM 元素。这两种方法的功能相同，只是两者的表现形式不同。

【例 9-13】 使用 replaceWith( )和 replaceAll( )替换方法替换页面元素。页面中定义了 3 个 p 元素、2 个 img 元素和 2 个按钮，单击“replaceWith 替换”按钮将所有 p 元素替换成蓝

色边框的 div 元素；单击“replaceAll 替换”按钮将所有 img 元素替换成加粗的文字。本例文件 9-13. html 在浏览器中的显示效果如图 9-17 所示。

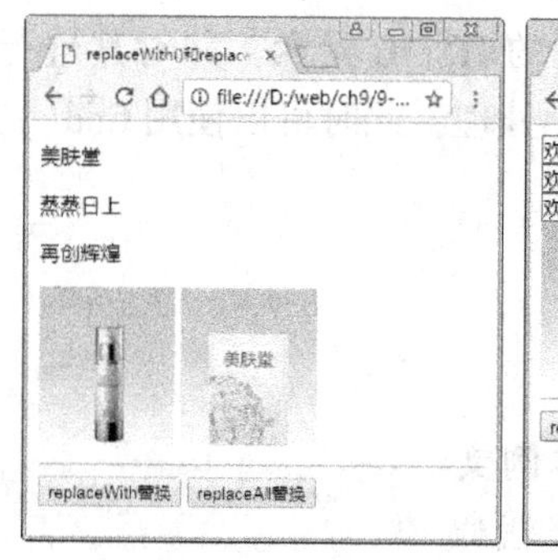

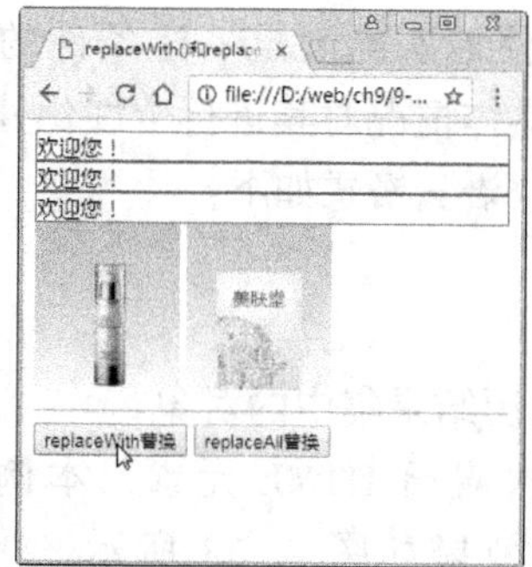

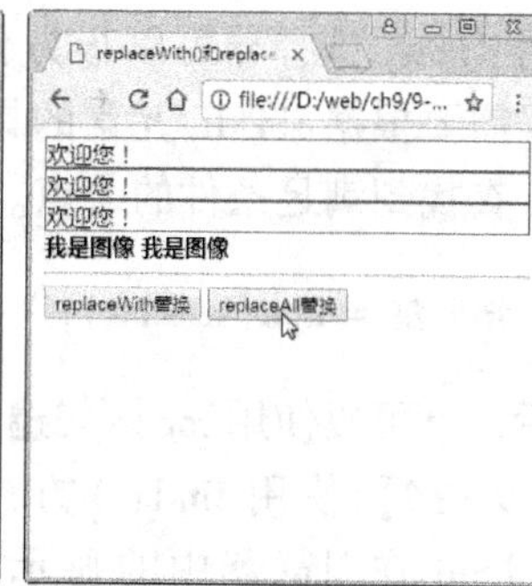

图 9-17　页面显示效果

代码如下：

```
<!doctype html>
<html>
<head>
<title>replaceWith()和 replaceAll 替换方法</title>
<script src="js/jquery-3.2.1.min.js" type="text/javascript"></script>
<script type="text/javascript">
  $(document).ready(function(){
    $("#btnRplWith").click(function () {
      $("p").replaceWith( "<div>" + "欢迎您!"+ "</div>"  ); //将所有 p 元素替换成 div 元素
    });
    $("#btnRplAll").click(function () {
      $("<b>我是图像 </b>").replaceAll( "img" );    //将所有 img 元素替换成加粗的文字
    });
  });
</script>
<style>
  div{height:20px;border:1px solid blue;}
</style>
</head>
<body>
  <p>美肤堂</p>
  <p>蒸蒸日上</p>
  <p>再创辉煌</p>
  <img src="images/01.jpg"> <img src="images/02.jpg">
  <hr/>
  <input type="button" id="btnRplWith" value="replaceWith 替换" />
  <input type="button" id="btnRplAll" value="replaceAll 替换" />
</body>
</html>
```

9.4.6 查找节点

使用 jQuery 选择器可以很方便地匹配满足一定条件的 HTML 元素，并对其进行操作。但有时候需要根据 HTML 元素的具体情况对其进行个性化处理，此时可以使用 find( )方法遍历元素，查找到满足条件的节点。语法格式如下：

```
结果集 = find(selector);
```

然后，就可以使用 for 语句遍历结果集中的对象。

【例 9-14】 使用 find( )方法遍历 HTML 元素，本例文件 9-14.html 在浏览器中的显示效果如图 9-18 所示。代码如下：

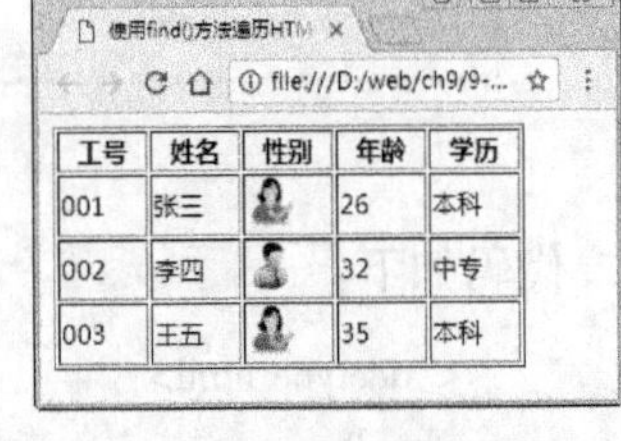

图 9-18 页面显示效果

```
<!doctype html>
<html>
<head>
<title>使用 find( )方法遍历 HTML 元素</title>
<script src="js/jquery-3.2.1.min.js" type="text/javascript"></script>
<script>
 $(document).ready(function(){
        vartrs=$('#employees').find('tr');
      for(var i=0;i<trs.length;i++){
            var td=$(trs[i]).find('td:nth-child(3)');
            if(td.html()=='男'){
                  td.html('<img src="images/male.png" width="30" height="30"/>');
            }
            else if($(td).html()=='女')  {
                  $(td).html('<img src="images/female.png" width="30" height="30"/>');
            }
      }
  });
</script>
</head>
<body>
<table id="employees" width="300" border="1">
<tr><th>工号</th><th>姓名</th><th>性别</th><th>年龄</th><th>学历</th></tr>
<tr>
                    <td>001</td>
                    <td>张三</td>
                    <td>女</td>
                    <td>26</td>
                    <td>本科</td>
            </tr>
```

```
        <tr>
                <td>002</td>
                <td>李四</td>
                <td>男</td>
                <td>32</td>
                <td>中专</td>
        </tr>
        <tr>
                <td>003</td>
                <td>王五</td>
                <td>女</td>
                <td>35</td>
                <td>本科</td>
        </tr>
    </table>
    </body>
    </html>
```

【说明】 页面中定义了一个显示员工信息的 HTML 表格 employees，然后使用 find( )方法遍历表格的每一行，并将每个员工的性别（第 3 列）替换成相应的图片。

9.5 操作表单元素

前面的章节已经详细讲解了表单的工作原理及表单元素的使用方法，本节重点讲解使用 jQuery 操作表单元素的方法。

9.5.1 操作文本框

文本框是表单中最基本也是最常见的元素，jQuery 操作文本框的主要方法如下。

1. 获取文本框的值

获取文本框的值的方法如下：

```
vartextCon = $("#id").val();
```

或

```
vartextCon = $("#id").attr("value");
```

2. 设置文本框的值

设置文本框的值可以使用 attr( )方法，方法如下：

```
$("#id").attr("value","要设定的值");
```

3. 设置文本框不可编辑

设置文本框不可编辑的方法如下：

```
$("#id").attr("disabled","disabled");
```

4. 设置文本框可编辑

设置文本框可编辑的方法如下：

```
$("#id").removeAttr("disabled");
```

【例 9-15】 jQuery 操作文本框示例。页面加载后，在文本框中输入用户名，单击“提交”按钮，消息框中显示用户名的信息；单击消息框中的“确定”按钮，文本框变为不可编辑状态；单击“修改”按钮，文本框又变为可编辑状态。本例文件 9-15. html 在浏览器中的显示效果如图 9-19 所示。

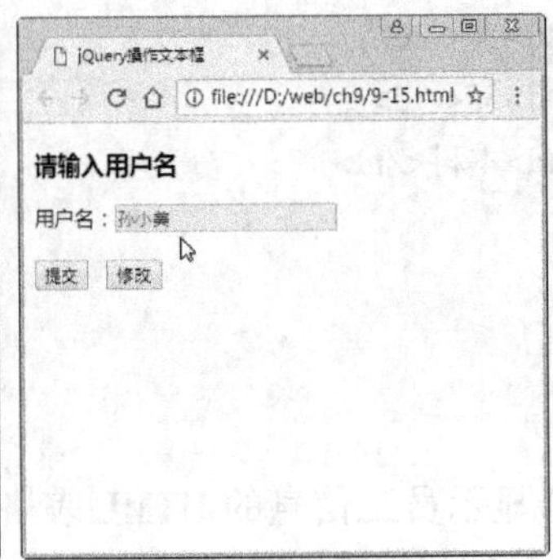

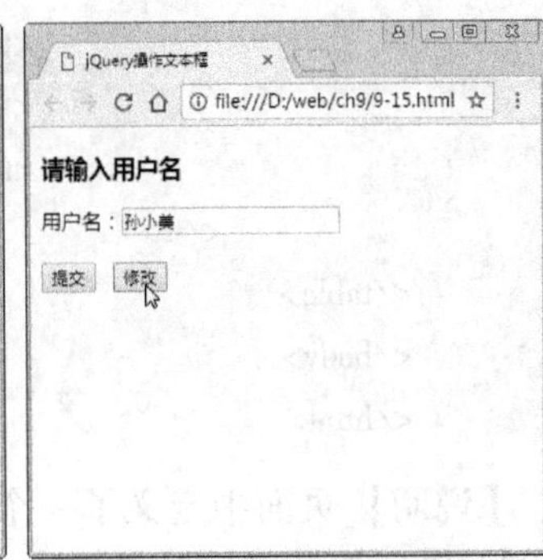

图 9-19　页面显示效果

代码如下：

```
<html>
<head>
<title>jQuery 操作文本框</title>
<script src="js/jquery-3.2.1.min.js" type="text/javascript"></script>
<script type="text/javascript">
    $(document).ready(function(){
        $("#vbtn").click(function(){
            if($("#testInput").val()!=""){
                alert($("#testInput").val());                    // 弹出文本框的值
                $("#testInput").attr("disabled","disabled"); // 将文本框变为不可编辑状态
            }else{
                alert("请输入文本内容!");
                $("#testInput").focus();                          // 将焦点设置到文本框处
                return false;
            }
        });
        $("#dbtn").click(function(){
            if($("#testInput").attr("disabled")=="disabled"){
                $("#testInput").removeAttr("disabled");      // 移除文本框的 disabled 属性
            }
```

```
        });
    })
</script>
</head>
<body>
    <h3>请输入用户名</h3>
    用户名:<input type="text" name="testInput" id="testInput" /> <br/><br/>
    <input type="submit" name="vbtn" id="vbtn" value="提交" />  
    <input type="button" name="dbtn" id="dbtn" value="修改" />
</body>
</html>
```

9.5.2 操作文本域

文本域的属性设置、值的获取以及编辑状态的修改与文本框都相同。本节主要讲解文本域的实际应用例子。

【例 9-16】制作一个高度可变的留言区。页面加载后，在留言区文本域中输入留言内容。单击“放大”按钮，可以使文本域的高度增加；单击“缩小”按钮，可以使文本域的高度减小。本例文件 9-16. html 在浏览器中的显示效果如图 9-20 所示。

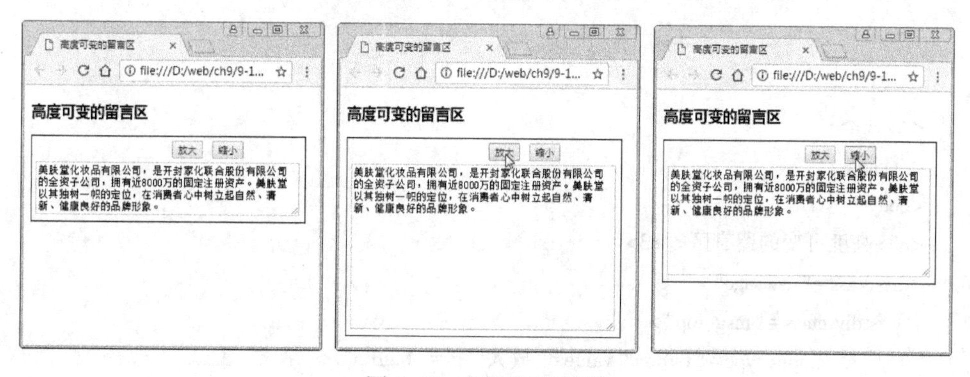

图 9-20　页面显示效果

代码如下：

```
<html>
<head>
<title>高度可变的留言区</title>
<script src="js/jquery-3.2.1.min.js" type="text/javascript"></script>
<style>
.message{width:350px;font-size:12px;border:1px solid #000000;}
.tt{padding:5px;}
.msg_top{margin-top:5px;}
#bigBtn{margin-left:180px;font-size:12px;}
#smallBtn{margin-left:5px;font-size:12px;}
#content{overflow:hidden;}
```

```
</style>
<script type="text/javascript">
    $(document).ready(function(){
        var $content = $("#content");                  //获取文本域对象
        $("#bigBtn").click(function(){                 //放大按钮单击事件
            if(!$content.is(":animated")){             //是否处于动画中
                if($content.height() < 210){           //如果内容区的高度小于 210 可以继续放大
                    //将文本域高度在原来的基础上增加 70
                    $content.animate({height:"+=70"},500);
                }
            }
        })
        $("#smallBtn").click(function(){               //缩小按钮单击事件
        if(!$content.is(":animated")){                 //是否处于动画中
            if($content.height() > 70){                //如果内容区的高度大于 70 可以继续缩小
                //将文本域高度在原来的基础上减少 70
                $content.animate({height:"-=70"},500);
            }
        }
        })
    })
</script>
</head>
<body>
<h3>高度可变的留言区</h3>
<div class="message">
    <div class="msg_top">
        <input type="button" value="放大" id="bigBtn"/>
          <input type="button" value="缩小" id="smallBtn"/>
    </div>
    <div class="tt">
        <textarea id="content" rows="4" cols="45">美肤堂化妆品有限公司……(此处省略内容)。
        </textarea>
    </div>
</div>
</body>
</html>
```

【说明】单击“放大”按钮时，判断文本域是否处于动画中，如果没有处于动画中，则判断文本域的高度是否小于 210 px，小于 210 px 则在原来基础上增加 70 px；单击“缩小”按钮时，仍然先判断文本域是否处于动画中，如果没有处于动画中，则判断文本域的高度是否大于 70 px，大于 70 px，则将文本域高度在原来基础上减少 70 px。

9.5.3 操作单选按钮和复选框

通常对单选按钮和复选框的常用操作都类似，都是选中、取消选中、判断选择状态等。

1. 选中单选按钮和复选框

使用 attr()方法可以设置选中的单选按钮和复选框，方法如下：

```
$("#id").attr("checked",true);
```

2. 取消选中单选按钮和复选框

使用 attr()方法取消选中的单选按钮和复选框，方法如下：

```
$("#id").removeAttr("checked");
```

3. 判断选择状态

判断单选按钮和复选框的选择状态，方法如下：

```
if($("#id")..attr("checked") = = 'checked'){
    //省略部分代码
  }
```

【例 9-17】jQuery 操作单选按钮和复选框，使用按钮控制单选框和复选框的选中状态。本例文件 9-17.html 在浏览器中的显示效果如图 9-21 所示。

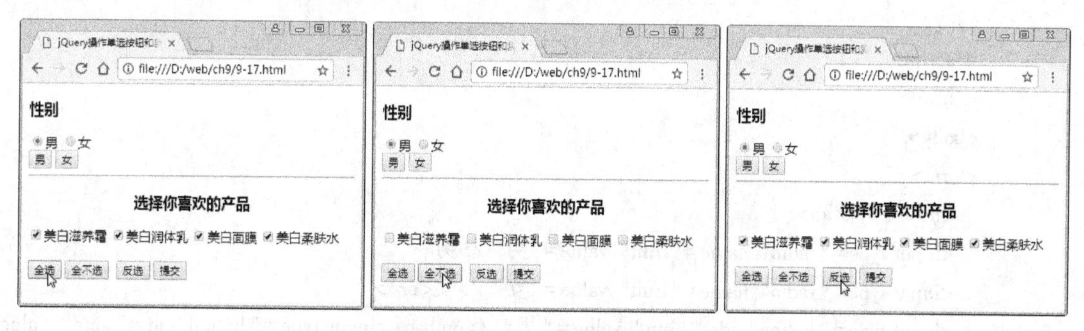

图 9-21　页面显示效果

代码如下：

```
<html>
<head>
<title>jQuery 操作单选按钮和复选框</title>
<script src="js/jquery-3.2.1.min.js" type="text/javascript"></script>
<script>
 $(document).ready(function(){
     $("#bbtn").click(function(){
         $("input[type=radio]").eq(0).attr("checked",true);
     });
     $("#gbtn").click(function(){
         $("input[type=radio]").eq(1).attr("checked",true);
```

```
    });
    $("#checkAll").click(function(){
        $("input[type=checkbox]").attr("checked",true);
    });
    $("#unCheckAll").click(function(){
        $("input[type=checkbox]").removeAttr("checked");
    });
    $("#revBtn").click(function(){
        $("input[type=checkbox]").each(function(){
            this.checked = ! this.checked;
        });
    });
    $("#subBtn").click(function(){
        var msg = "你喜欢的产品是:\r\n";
        $("input[type=checkbox]:checked").each(function(){
            msg+=$(this).val()+"\r\n";
        });
        alert(msg);
    });
})
</script>
</head>
<body>
<form>
  <h3>性别</h3>
  <input type="radio" name="fruit" value="男" />男
  <input type="radio" name="fruit" value="女" />女<br/>
  <input type="button" id="bbtn" value="男" /> <input type="button" id="gbtn" value
="女" />
  <hr>
  <h3 align="center">选择你喜欢的产品</h3>
  <input type="checkbox" name="hobby" value="美白滋养霜">美白滋养霜
  <input type="checkbox" name="hobby" value="美白润体乳">美白润体乳
  <input type="checkbox" name="hobby" value="美白面膜">美白面膜
  <input type="checkbox" name="hobby" value="美白柔肤水">美白柔肤水<br/><br/>
  <input type="button" id="checkAll" value="全选"> 
  <input type="button" id="unCheckAll" value="全不选"> 
  <input type="button" id="revBtn" value="反选"> 
  <input type="button" id="subBtn" value="提交">
</form>
</body>
</html>
```

【说明】

① 从运行结果可以看到，全选操作就是将复选框全部选中，因此，为“全选”按钮绑定单击事件，将全部 type 属性为 checkbox 的<input>元素的 checked 属性设置为 true。同理全不选操作是将全部 type 属性为 checkbox 的<input>元素的 checked 属性移除。

② 反选操作相对复杂一些，需要遍历每个复选框，将元素的 checked 属性设置为与当前值的相反的值。代码 this. checked = ! this. checked；使用的是原生 JavaScript 的 DOM 方法，“this”为 JavaScript 对象，而非 jQuery 对象，这样使得书写更加简洁易懂。

9.5.4 操作下拉框

下拉框的常用操作包括读取和设置控件的值、添加菜单项和清空下拉菜单等。

1. 读取下拉框的值

读取下拉框的值可以使用 val( )方法，用法如下：

```
varselVal = $("#id").val();
```

2. 设置下拉框的选中项

使用 attr( )方法设置下拉框的选中项，用法如下：

```
$("#id").attr("value",选中项的值);
```

3. 清空下拉菜单

可以使用 empty( )方法清空下拉菜单，用法如下：

```
if($("#id").empty();
```

4. 向下拉菜单中添加菜单项

可以使用 append( )方法向下拉菜单中添加菜单项，用法如下：

```
if($("#id").append("<option value='值'>文本</option>");
```

【例 9-18】 jQuery 操作下拉框，使用按钮控制下拉框的常用操作。本例文件 9-18. html 在浏览器中的显示效果如图 9-22 所示。

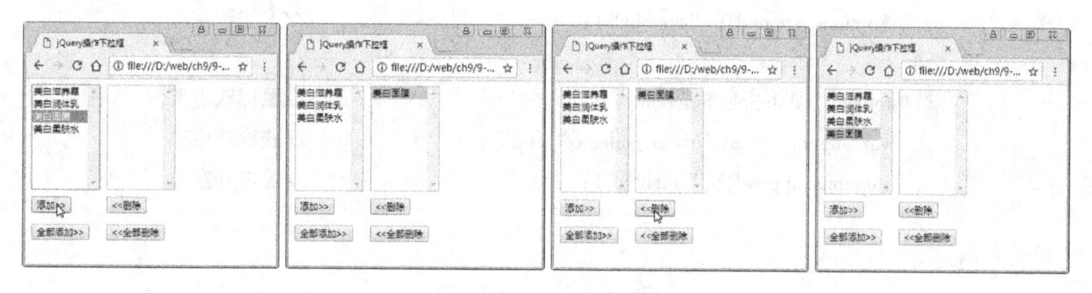

图 9-22　页面显示效果

代码如下：

```
<!doctype html>
<html>
<head>
```

```
<title>jQuery 操作下拉框</title>
<style>
.first{float:left;font-size:12px;}
.second{padding-left:110px;font-size:12px;}
.sel{width:100px;height:150px;}
.sd{padding-top:10px;}
</style>
<script src="js/jquery-3.2.1.min.js" type="text/javascript"></script>
<script type="text/javascript">
$(function(){
    $("#add").click(function(){
        var $options = $("#hobby option:selected");          //获取左边选中项
        $options.appendTo("#other");                          //追加到右边
    })
    $("#add_all").click(function(){
        var $options = $("#hobby option");                    //获取全部选项
        $options.appendTo("#other");                          //追加到右边
    })
    $("#hobby").dblclick(function(){                          //鼠标双击事件
        var $options = $("option:selected",this);             //获取选中项
        $options.appendTo("#other");                          //追加到右边
    })
    $("#to_left").click(function(){
        var $options = $("#other option:selected");           //获取右边选中项
        $options.appendTo("#hobby");                          //追加到左边
    })
    $("#all_to_left").click(function(){
        var $options = $("#other option");                    //获取全部选项
        $options.appendTo("#hobby");                          //追加到左边
    })
    $("#other").dblclick(function(){                          //鼠标双击事件
        var $options = $("option:selected",this);             //获取选中项
        $options.appendTo("#hobby");                          //追加到左边
    })
})
</script>
</head>
<body>
<div class="first">
    <select multiple name="hobby" id="hobby" class="sel">
        <option value="美白滋养霜">美白滋养霜</option>
```

```
            <option value="美白润体乳">美白润体乳</option>
            <option value="美白面膜">美白面膜</option>
            <option value="美白柔肤水">美白柔肤水</option>
        </select>
        <div class="sd">
            <button id="add">添加>></button><br/><br/>
            <button id="add_all">全部添加>></button>
        </div>
    </div>
    <div class="second">
        <select multiple name="other" id="other" class="sel"></select>
        <div class="sd">
            <button id="to_left"><<删除</button><br/><br/>
            <button id="all_to_left"><<全部删除</button>
        </div>
    </div>
    </body>
    </html>
```

9.6 综合案例——制作美肤堂产品评论区

在讲解了 jQuery 常用操作的基础上，本节讲解一个综合案例巩固前面讲解的知识点。

【例 9-19】 制作美肤堂产品评论区。用户可以在评论区的文本域中输入内容，然后选择文字颜色和大小，提交评论后即可在评论区看到评论的结果。本例文件 9-19. html 在浏览器中的显示效果如图 9-23 所示。

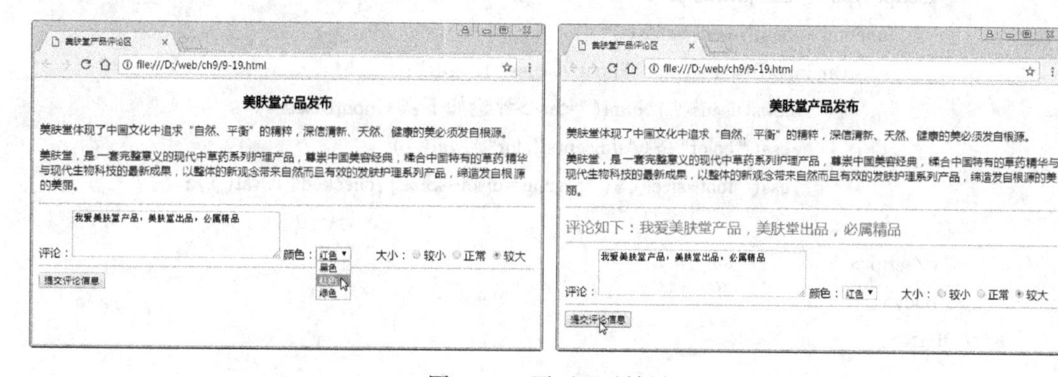

图 9-23　页面显示效果

代码如下：

```
<!doctype html>
<html>
```

```
<head>
<title>美肤堂产品评论区</title>
<script src="js/jquery-3.2.1.min.js" type="text/javascript">
</script>
</head>
  <body>
      <div id="newsContent">
         <h3 align="center">美肤堂产品发布</h3>
         <p>美肤堂体现了中国文化中追求"自然、平衡"的精粹……(此处省略文字)</p>
         <p>美肤堂,是一套完整意义的现代中草药系列……(此处省略文字)</p>
    </div>
    <div id="newsDiscuss">
    </div>
    <div>
    <hr/>
    评论:<textarea id="inputDiscuss" rows="4" cols="40"/></textarea>
    颜色:<select id="discussColor">
            <option value="black">黑色</option>
            <option value="red" selected>红色</option>
            <option value="green">绿色</option>
       </select>
    大小:<input type="radio" name="discussSize" value="9pt">较小
    <input type="radio" name="discussSize" value="12pt" checked>正常
    <input type="radio" name="discussSize" value="16pt">较大
    </div>
    <hr/>
    <input type="button" value="提交评论信息" onClick="submitNewsDiscuss()"/>
    <script type="text/javascript">
        function submitNewsDiscuss(){
            var inputDiscuss=$("#inputDiscuss").val();
            $("#newsDiscuss").html("<hr/>评论如下:"+inputDiscuss)
                .css("color",$("#discussColor").val())
                .css("font-size",$("[name=discussSize]:checked").val());
        }
    </script>
  </body>
</html>
```

习题 9

1）jQuery 提供了哪些方法用于操作页面元素的内容？

2）简述对元素 CSS 样式进行操作的方法。

3）append( )方法和 appendTo( )方法的区别有哪些？

4）简述创建 DOM 节点的过程。

5）描述删除 DOM 节点的几种方法以及具体如何实现。

6）简述 replaceWith( )方法和 replaceAll( )方法在进行节点替换时的区别。

7）简述如何控制复选框的全选、全不选和反选。

8）使用设置 CSS 属性的方法实现单击“段落换肤”按钮改变段落的样式，如图 9-24 所示。

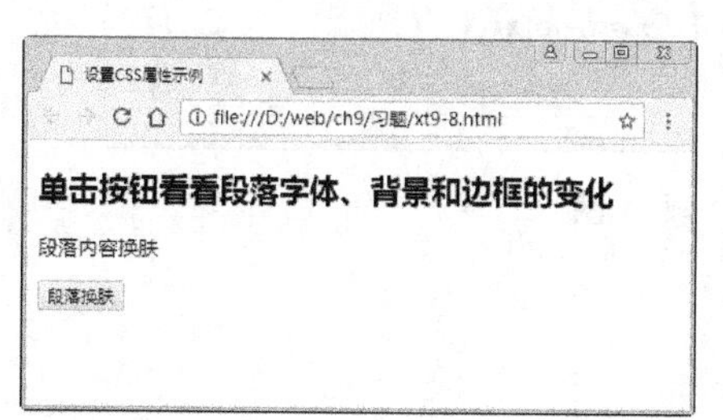

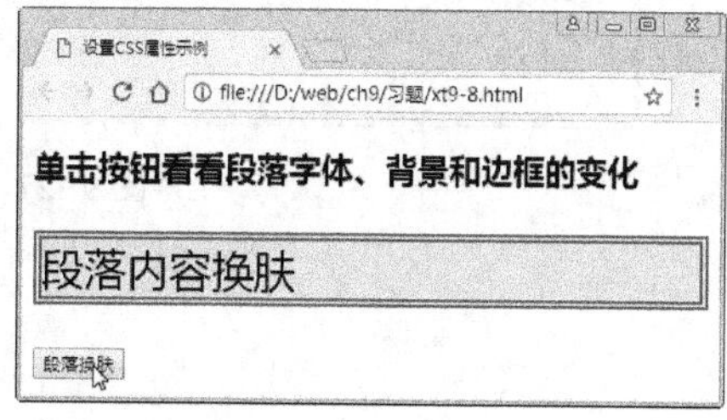

图 9-24　题 8 图

9）使用复制节点的方法实现单击页面中的“新闻中心”文字，可以复制节点的内容及事件处理，如图 9-25 所示。

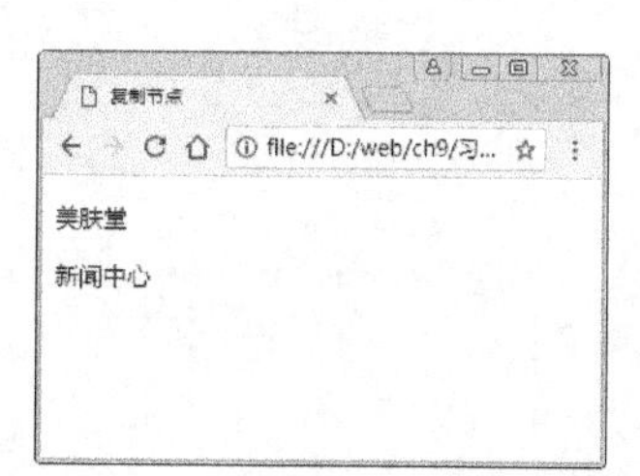

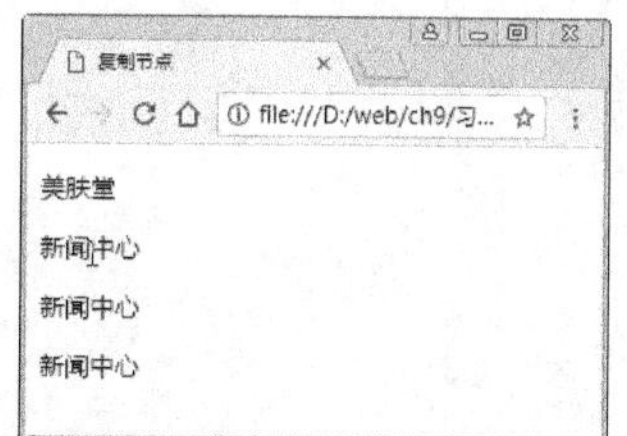

图 9-25　题 9 图

10）使用操作 CSS 样式的方法实现按钮控制图像的缩放，如图 9-26 所示。

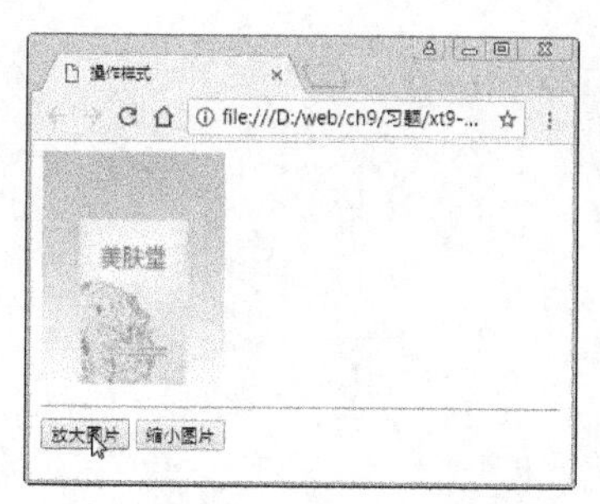

图 9-26　题 10 图

11）编写 jQuery 程序验证表单提交的数据。在用户注册表单中，凡是右侧添加红色“ * ”号的选项都是必须填写的，密码框除了要求必填之外，还限制密码的长度不能小于 8 位，如图 9-27 所示。

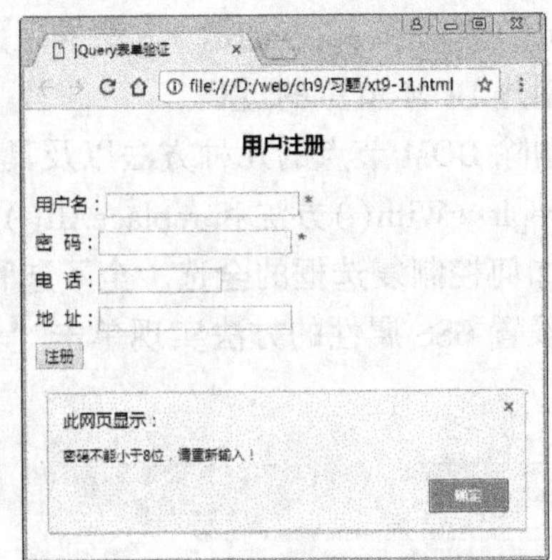
jQuery表单验证
file:///D:/web/ch9/习题/xt9-11.html
用户注册
用户名：
密 码：
电 话：
地 址：
注册
此网页显示：
密码不能小于8位，请重新输入！
确定

图 9-27　题 11 图

第10章　jQuery的事件处理

JavaScript和HTML页面之间的交互是通过用户和浏览器操作页面时引发的事件来实现的，当页面中的元素状态由于用户的操作或其他原因发生变化时，浏览器会自动生成一个事件。虽然利用传统的JavaScript事件处理方式可以完成这些交互，但jQuery中增加并扩展了事件处理机制，极大地增强了事件处理能力。

10.1　jQuery中的事件处理机制

事件处理程序是当HTML页面中发生某些事件时所调用的方法，jQuery事件处理方法是jQuery中的核心函数，jQuery通过DOM为元素添加事件。

以浏览器加载HTML页面事件为例，在传统的JavaScript代码中，将触发window.onload()事件，而在jQuery中，使用的是$(document).ready()方法。通过使用该方法，可以在DOM载入就绪时对其进行操作，并调用执行其所绑定的函数，这样可以极大地提高Web页面的响应速度。传统的JavaScript事件处理程序代码如下：

```
<input type="button" id="btn" value="单击" onclick()="showMsg();"/>
<script type="text/javascript">
  function showMsg(){
    alert("这是显示的信息");
  }
</script>
```

上述代码是通过为input元素添加onclick属性的方式来添加事件的，这种通过添加元素属性来设置事件处理程序的方式是传统JavaScript中常用的事件处理方式。

而在jQuery中，最基本的事件处理机制是通过修改DOM属性的方式添加事件，示例代码如下：

```
<input type="button" id="btn1" value="单击" />
<script type="text/javascript">
  function showMsg(){
    alert("这是显示的信息");
  }
  $(function(){
    document.getElementById("btn1").onclick= showMsg;
  });
</script>
```

在上述代码中，是通过修改id为btn1的DOM元素的onclick属性进行事件添加的。

jQuery 中的事件方法会触发匹配元素或将函数绑定到所有匹配元素的某个事件。事件触发的示例代码如下：

```
$("button#test").click()
```

上述代码将触发 id="test" 的 button 元素的 click 事件。设置完事件的触发方法后，可以定义绑定函数，示例代码如下：

```
$("button#test").click(function(){$("img").hide()})
```

上述代码表示会在单击 id="test" 的按钮时隐藏所有图像。

在 jQuery 中，对于各种不同的事件定义了不同的事件处理方法，见表 10-1。

表 10-1 jQuery 中的常用事件处理方法

方法	描述
bind()	向匹配元素附加一个或更多事件处理器
blur()	触发或将函数绑定到指定元素的 blur 事件，在元素失去焦点时触发
change()	触发或将函数绑定到指定元素的 change 事件，在元素的值改变并失去焦点时触发
click()	触发或将函数绑定到指定元素的 click 事件，在元素上单击时触发
dblclick()	触发或将函数绑定到指定元素的 double click 事件，在元素上双击时触发
delegate()	向匹配元素的当前或未来的子元素附加一个或多个事件处理器
event.isDefaultPrevented()	返回 event 对象上是否调用了 event.preventDefault()
event.preventDefault()	阻止事件的默认动作
event.result	包含由被指定事件触发的事件处理器返回的最后一个值
event.target	触发该事件的 DOM 元素
event.timeStamp	该属性返回从 1970 年 1 月 1 日到事件发生时的毫秒数
event.type	描述事件的类型
event.which	指示按了哪个键或按钮
focus()	触发或将函数绑定到指定元素的 focus 事件，在元素获得焦点时触发
keydown()	触发或将函数绑定到指定元素的 key down 事件，当键盘按下时触发
keypress()	触发或将函数绑定到指定元素的 key press 事件
keyup()	触发或将函数绑定到指定元素的 key up 事件，会在按键释放时触发
live()	为当前或未来的匹配元素添加一个或多个事件处理器
load()	触发或将函数绑定到指定元素的 load 事件，元素内容完全加载完毕后触发
mousedown()	触发或将函数绑定到指定元素的 mouse down 事件，鼠标在元素上单击后触发
mousemove()	触发或将函数绑定到指定元素的 mouse move 事件，鼠标在元素上移动时触发
mouseout()	触发或将函数绑定到指定元素的 mouse out 事件，鼠标从元素上离开时触发
mouseover()	触发或将函数绑定到指定元素的 mouse over 事件，鼠标移入对象时触发
mouseup()	触发或将函数绑定到指定元素的 mouse up 事件，鼠标单击对象释放时触发
one()	向匹配元素添加事件处理器，每个元素只能触发一次该处理器
ready()	文档就绪事件（当 HTML 文档就绪可用时）

（续）

方　法	描　述
resize()	触发或将函数绑定到指定元素的 resize 事件，当文档窗口改变大小时触发
scroll()	触发或将函数绑定到指定元素的 scroll 事件，当滚动条发生变化时触发
select()	触发或将函数绑定到指定元素的 select 事件，当用户在文本框选中某段文本时触发
submit()	触发或将函数绑定到指定元素的 submit 事件
unbind()	从匹配元素移除一个被添加的事件处理器
unload()	触发或将函数绑定到指定元素的 unload 事件，在元素卸载时触发该事件

需要说明的是，jQuery 中的事件处理程序方法比传统的 JavaScript 事件句柄属性少了 on。例如，单击事件在 jQuery 中对应的是 click()方法，而在 JavaScript 中对应的是 onclick()方法。

10.2　页面加载响应事件

在 jQuery 中，$(document).ready()方法用于处理页面加载完毕时的事件，该方法是事件模块中最重要的一个函数，它极大地提高了 Web 响应速度。

$(document)是获取整个文档对象，从这个方法名称来理解，就是获取文档就绪的时候。方法的书写格式为：

```
$(document).ready(function() {
  //程序代码
});
```

可以简写为：

```
$().ready(function() {
  //程序代码
});
```

当$()不带参数时，默认的参数就是 document，所以$()是$(document)的简写形式。

还可以进一步简写成：

```
$(function() {
  //程序代码
});
```

在 jQuery 中，可以使用$(document).ready()方法代替传统的 window.onload()方法，该方法与 window.onload()方法功能相似，但是在执行时机方面是有区别的。

window.onload()方法是页面中所有元素（包括与元素关联的外部资源文件）完全加载到浏览器后执行的，此时 JavaScript 可以访问页面中的所有元素。而利用$(document).ready()方法注册的事件处理程序，在页面对应的 DOM 结构就绪时就可以被调用。此时，页面中的元素对于 jQuery 而言是可以访问的，但是，这并不意味着与元素相关联的外部资源文件全部下载完毕。例如，一个包含很多图片的页面，如果利用 window. onload()方法，则必须等到所有图片都加载完毕后才可以进行操作。如果利用 jQuery 中的$(document). ready()方法，只需要 DOM 就绪就可以操作了，不需要等待所有图片下载完毕。

window. onload()与$(document). ready()的另一个主要不同体现是：使用 window. onload 方法多次绑定事件处理函数时，只保留最后一个，执行结果也只有一个；而$(document). ready()允许多次设置处理事件，事件执行结果会相继输出。例如下面的示例代码：

```
//第一次设置页面加载事件处理
$(document).ready(function(){
  alert("第一次执行");
});
//第二次设置页面加载事件处理
$(document).ready(function(){
  alert("第二次执行");
});
```

上述代码运行时，会连续弹出“第一次执行”和“第二次执行”的提示信息。

10.3 jQuery 中的事件绑定

所谓事件绑定是指将页面元素的事件类型与事件处理函数关联到一起，当事件触发时调用事先绑定的事件处理函数。在 jQuery 中，提供了强大的 API 来执行事件的绑定操作，如 bind()、one()、delegate()、on()等。

10.3.1 bind()方法绑定事件

bind()方法用于对匹配元素的特定事件绑定的事件处理函数。语法格式为：

```
bind(types,[data],fn))
```

参数说明：

- 参数 types 表示事件类型，是一个或多个事件类型构成的字符串。
- 参数 data（可选），表示传递给函数的额外数据，在事件处理函数中通过 event. data 来获得所传入的额外数据。
- 参数 fn 是指所绑定的事件处理函数。

例如，为普通按钮绑定一个单击事件，用于在单击该按钮时弹出提示对话框，可以使用下面的代码：

```
$("input:button").bind("click",function(){alert('按钮单击事件');});
```

【例 10-1】 使用 bind()方法为页面中的标题元素绑定 click 事件，触发 click 事件时显示隐藏的 div 内容。本例文件 10-1. html 在浏览器中的显示效果如图 10-1 所示。

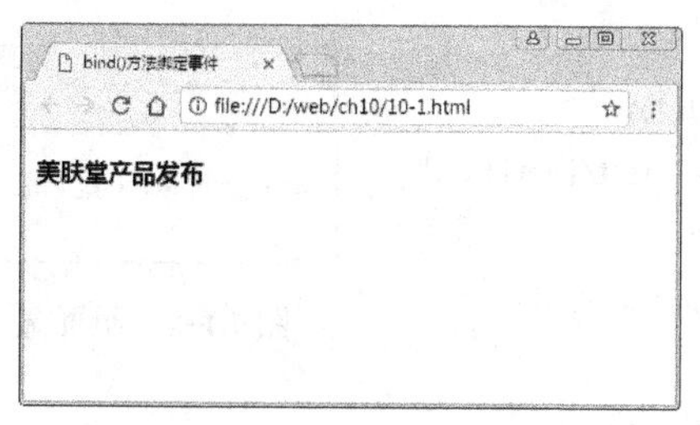

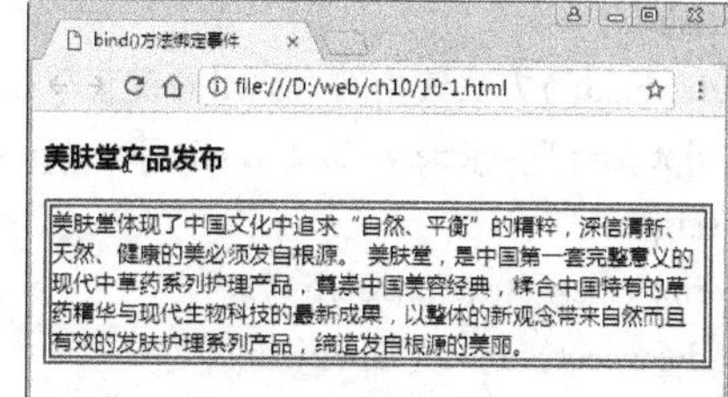

图 10-1　页面显示效果

代码如下：

```
<html>
<head>
<title>bind()方法绑定事件</title>
<style>
#content{
    border:6px double blue;            /*双线蓝色边框*/
    display:none;                      /*默认隐藏*/
}
</style>
<script src="js/jquery-3.2.1.min.js" type="text/javascript"></script>
<script type="text/javascript">
  $(document).ready(function(){
        $("#wrap h3.title").bind("click",function(){  //使用bind()方法为h3元素绑定click事件
            $(this).next().show();
        })
  });
</script>
</head>
<body>
<div id="wrap">
  <h3 class="title">美肤堂产品发布</h3>
  <div id="content">美肤堂体现了中国文化中追求“自然、平衡”……(此处省略文字)</div>
</div>
</body>
</html>
```

【说明】在上面的代码中，使用bind()方法实现为id为“wrap”的<div>标记下的h3元素绑定click事件，使其被单击的时候显示下方隐藏<div>元素的内容。

【例 10-2】使用bind()方法禁止网页弹出右键菜单，本例文件10-2.html在浏览器中的显示效果如图10-2所示。

代码如下：

```
<html>
```

```
<head>
<title>bind()方法禁止网页弹出右键菜单</title>
<script src="js/jquery-3.2.1.min.js" type="text/javascript">
</script>
<script type="text/javascript">
 $(document).ready(function(){
   $(document).bind("contextmenu",function(e){
     return false;
   });
});
</script>
</head>
<body>
   <p>右键单击网页,不会弹出右键菜单</p>
</body>
</html>
```

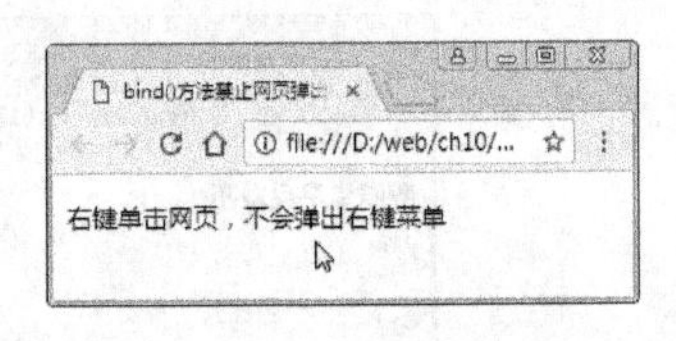

图 10-2　页面显示效果

【说明】 在 bind()方法中指定 contextmenu（右键单击）事件的处理函数返回 false，从而取消了事件的默认行为。

10.3.2　one()方法绑定事件

one()方法为每一个匹配元素的特定事件绑定一个一次性的事件处理函数，事件处理函数只会被执行一次。语法格式如下：

```
one(types,[data],fn))
```

参数说明等同于 bind()方法的参数说明，这里不再赘述。

例如，要实现只有当用户第一次单击匹配的 div 元素时，弹出提示对话框显示 div 元素的内容，可以使用下面的代码：

```
$("div").one("click",function(){
  alert($(this).text());          //在弹出的消息框中显示 div 元素的内容
});
```

【例 10-3】 通过 one()方法为 div 元素绑定 click()事件，单击 div 方块可以改变元素的外观，并且显示出当前第几个方块被单击，总共有几个方块被单击，且每个方块只能被改变一次样式（实线边框变为双线边框）。本例文件 10-3.html 在浏览器中的显示效果如图 10-3 所示。

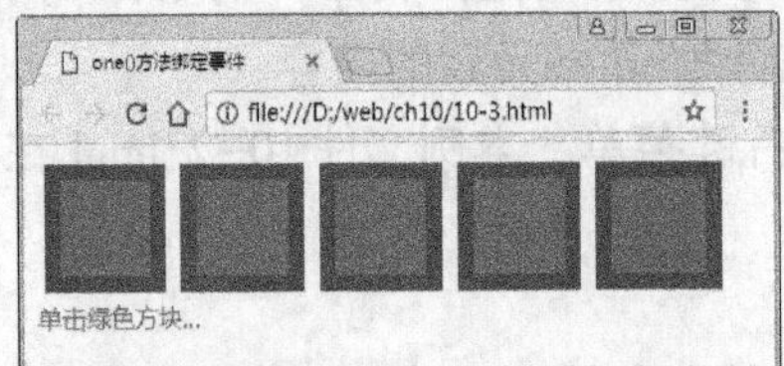

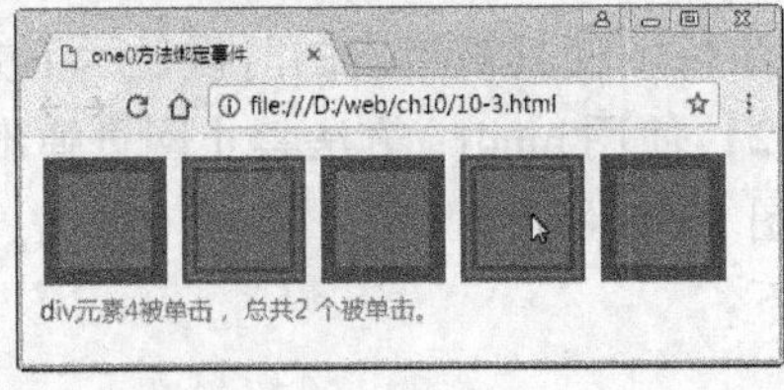

图 10-3　页面显示效果

代码如下：

```
<html>
<head>
<title>one()方法绑定事件</title>
<style>
  div {                                /* 定义方块样式 */
    width: 60px;
    height: 60px;
    margin: 5px;
    float: left;
    background: green;
    border: 10px solid blue; cursor:pointer;
  }
  p {                                  /* 定义段落样式 */
    color: red;
    margin: 0;
    clear: left;
  }
</style>
<script src="js/jquery-3.2.1.min.js" type="text/javascript"></script>
</head>
<body>
  <div></div><div></div><div></div><div></div><div></div>
  <p>单击绿色方块...</p>
<script>
var n = 0;
$("div").one("click", function(){
  var index = $("div").index(this);
  $(this).css({    borderStyle:"double",cursor:"auto"   });
  $("p").text("div 元素" + (index+1) + "被单击," +     "总共" + (++n) + "个被单
击。");
  });
</script>
</body>
</html>
```

【说明】在上面的代码中，使用 one()方法实现为 div 元素绑定 click()事件，使其被单击的时候改变方块的样式。

10.3.3 delegate()方法绑定事件

delegate()方法可以在匹配元素的基础上，对其内部符合条件的元素绑定事件处理函数。语法格式如下：

delegate(childSelector,[types],[data],fn)

其中，参数 childSelector 是一个选择器字符串，用于筛选触发事件的元素。其余参数等同于 bind（）方法的参数说明，这里不再赘述。

例如，要实现只有当用户第一次单击匹配的 div 元素时，弹出提示对话框显示 div 元素的内容，可以使用下面的代码：

```
$("div").one("click",function(){
  alert( $(this).text() );          //在弹出的消息框中显示 div 元素的内容
});
```

【例 10-4】 使用 delegate()方法为页面中的段落元素绑定 click 事件，单击段落时在其后插入一个新的段落。本例文件 10-4.html 在浏览器中的显示效果如图 10-4 所示。

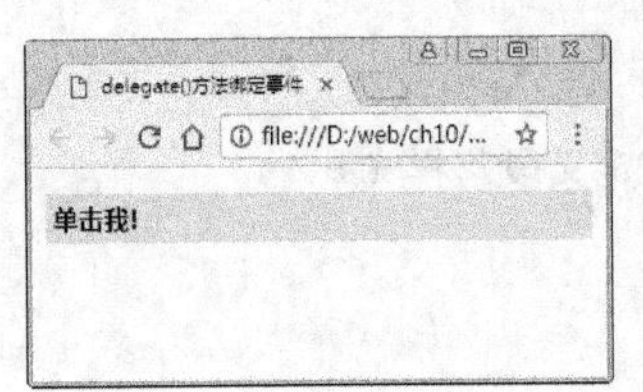

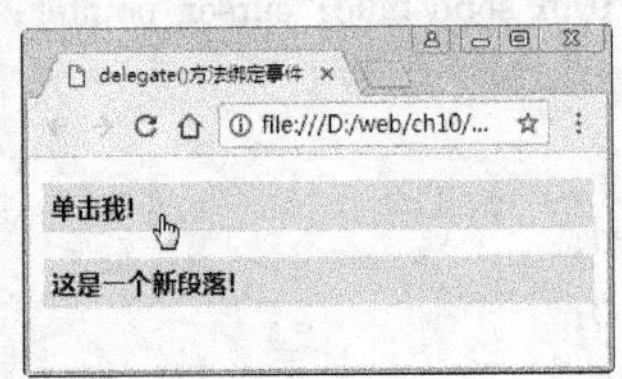

图 10-4　页面显示效果

代码如下：

```
<html>
<head>
<title>delegate()方法绑定事件</title>
<style>
  p{background:yellow; font-weight:bold; cursor:pointer;padding:5px;}
</style>
<script src="js/jquery-3.2.1.min.js" type="text/javascript"></script>
<script type="text/javascript">
 $(document).ready(function(){
    $("body").delegate("p","click",function(){ //delegate()方法为 p 元素的绑定 click 事件
      $(this).after("<p>这是一个新段落!</p>"); //单击 p 元素时在其后插入一个 p 元素字符串
    });
});
</script>
</head>
<body>
  <p>单击我!</p>
</body>
</html>
```

【说明】 在上面的代码中，使用 delegate()方法将 body 元素的 p 子元素的 click 事件绑定到指定的事件处理函数，单击 p 元素时在其后插入一个 p 元素字符串“这是一个新

段落！”。

10.3.4 on()方法绑定事件

使用 bind()方式绑定事件时，只能针对页面中存在的元素进行绑定，而 bind()绑定后新增的元素上没有事件响应。使用 on()方法能够对页面所有匹配元素绑定事件，包含存在的元素和将来新增的元素。语法格式如下：

on(childSelector,[types],[data],fn)

其中，参数 childSelector 是一个选择器字符串，用于筛选触发事件的元素。其余参数等同于 bind()方法的参数说明，这里不再赘述。

【例 10-5】 使用 on()方法实现页面中的事件绑定。页面中包含两个段落和一个按钮，并且使用 on()方法为段落绑定了 click 事件实现滑动隐藏。单击按钮，在按钮后面添加新段落，新增的段落同样可以使用老段落绑定的事件；单击新段落，新段落同样隐藏了。本例文件 10-5.html 在浏览器中的显示效果如图 10-5 所示。

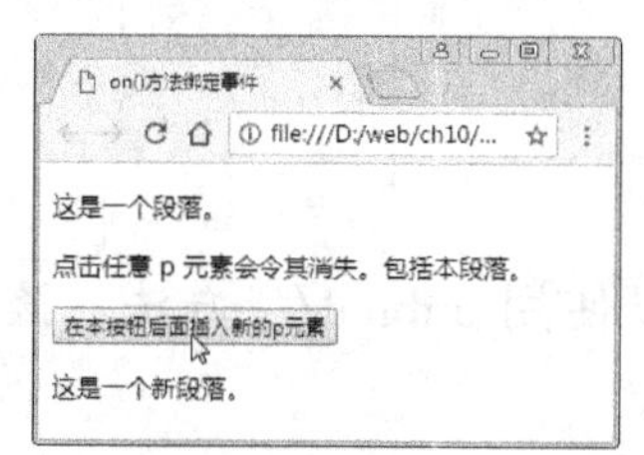

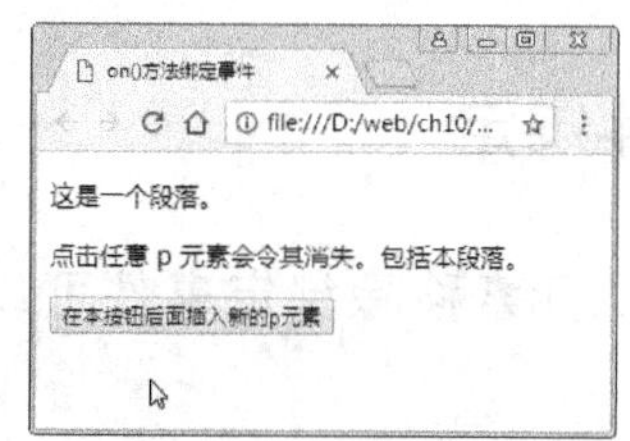

图 10-5 页面显示效果

代码如下：

```
<html>
<head>
<title>on()方法绑定事件</title>
<script src="js/jquery-3.2.1.min.js" type="text/javascript"></script>
<script type="text/javascript">
 $(document).ready(function(){
   $("body").on("click","p",function(){            //单击段落
     $(this).slideToggle();                          //该段落滑动隐藏
   });
   $("button").click(function(){                    //单击按钮
     $("<p>这是一个新段落。</p>").insertAfter("button");     //在按钮后面创建新的 p 元素
   });
});
</script>
</head>
<body>
<p>这是一个段落。</p>
<p>点击任意 p 元素会令其消失。包括本段落。</p>
```

```
<button>在本按钮后面插入新的 p 元素</button>
</body>
</html>
```

【说明】

① 在上面的代码中，单击按钮创建了新的 p 元素。对于这些新创建的 p 元素，同样可以具有 on( )方法对 p 元素绑定的事件处理功能。如果将 on( )方法换成 bind( )方法，则新创建的 p 元素在单击段落时不会具有滑动隐藏的功能。

② 使用 on( )方法的时候要注意，on( )方法前面的元素必须在页面加载的时候就存在于 DOM 里面，动态添加的元素可以放在 on 的第 2 个参数里面。正确的书写代码如下：

```
$("body").on("click","p",function(){
```

而不能写为以下代码：

```
$("p").on("click",function(){
```

10.4 移除事件绑定

在 jQuery 中，为元素移除绑定事件可以使用 unbind( )方法，该方法的语法结构如下：

```
unbind([type],[data])
```

参数说明：

- 参数 type（可选）表示事件类型，是一个或多个事件类型构成的字符串；
- 参数 data（可选）用于指定要从每个匹配元素的事件中反绑定的事件处理函数。

例如，要移除为普通按钮绑定的单击事件，可以使用下面的代码：

```
$("input:button").unbind("click");
```

需要注意的是，在 unbind( )方法中，两个参数都是可选的，如果不填参数，将会删除匹配元素上所有绑定的事件。

【例 10-6】使用 unbind( )方法移除页面中的事件绑定。页面中包含 3 个段落和 1 个按钮，页面加载后，单击任何一个段落，都将使该段落隐藏，但是当单击按钮后，再单击任何一个段落将不会有任何变化。本例文件 10-6. html 在浏览器中的显示效果如图 10-6 所示。

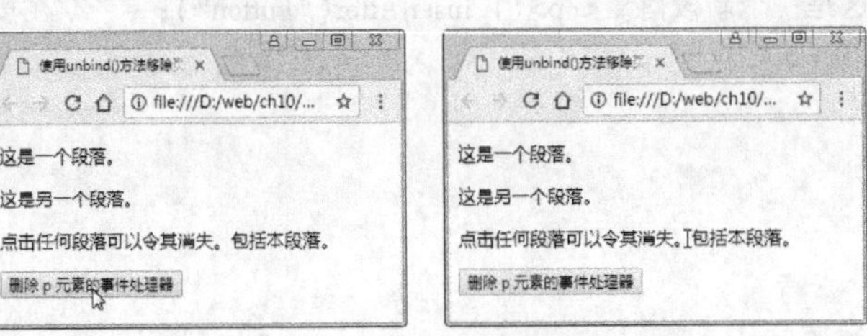

图 10-6 页面显示效果

代码如下：

```
<!doctype html>
<html>
<head>
<title>使用 unbind()方法移除页面中的事件绑定</title>
<script src="js/jquery-3.2.1.min.js" type="text/javascript"></script>
<script type="text/javascript">
$(document).ready(function(){
  $("p").click(function(){                    //单击段落
    $(this).slideToggle();                    //该段落滑动隐藏
  });
  $("button").click(function(){               //单击按钮
    $("p").unbind();                          //移除所有段落的事件绑定
  });
});
</script>
</head>
<body>
  <p>这是一个段落。</p>
  <p>这是另一个段落。</p>
  <p>点击任何段落可以令其消失。包括本段落。</p>
  <button>删除 p 元素的事件处理器</button>
</body>
</html>
```

【说明】页面加载后，首先为段落绑定了 click 事件实现滑动隐藏，然后又为 button 元素绑定了 click 事件，并在其事件处理中使用 unbind()方法为页面中全部 p 元素移除事件绑定。因此，当单击按钮后，再单击任何一个段落将不会有任何变化。

10.5 模拟用户操作

通过之前的介绍可以看到，jQuery 中的事件往往是通过用户对页面中的元素进行操作而产生的。例如，通过单击按钮，才能触发按钮元素的 click 事件。但有时候需要通过模拟用户的操作来达到相同的触发事件的效果。jQuery 提供了模拟用户的操作触发事件、模拟悬停事件和模拟鼠标连续单击事件 3 种模拟用户操作的方法。

10.5.1 模拟用户的操作触发事件

在 jQuery 中一般常用 trigger()方法和 triggerHandler()方法来模拟用户的操作触发事件。语法格式如下：

```
trigger(event,[param1,param2,...])
triggerHandler()(event,[param1,param2,...])
```

其中，参数 event 是必选的，用来指定元素要触发的事件类型。该事件既可以是自定义事件（使用 bind()函数来绑定），也可以是任何标准事件。参数［param1,param2,...］是可选的，表示传递到事件处理程序的额外参数。

例如，可以使用下面的代码来触发 id 为 button 按钮的 click 事件。

```
$("#button").trigger("click");
```

trigger()方法除了可以触发标准事件外，还可以触发自定义事件。例如，以下代码为元素绑定一个 myClick 事件，代码如下：

```
$("#button").bind("myClick",function(){
  $("#myview").append("<p>自定义事件内容</p>");
});
```

如果需要模拟触发该事件，可以使用以下代码：

```
$("#button").trigger("myClick");
```

triggerHandle()方法的语法格式与 trigger()方法完全相同。所不同的是：triggerHandler()方法不会导致浏览器同名的默认行为被执行，而且只影响第一个匹配元素；而 trigger()方法会导致浏览器同名的默认行为的执行。

例如，使用 trigger()触发一个名称为 submit 的事件，同样会导致浏览器执行提交表单的操作。要阻止浏览器的默认行为，只需返回 false。另外，使用 trigger()方法和 triggerHandler()方法还可以触发 bind()绑定的自定义事件，并且还可以为事件传递参数。

【例 10-7】 模拟用户的操作触发事件示例。本例文件 10-7.html 在浏览器中的显示效果如图 10-7 所示。

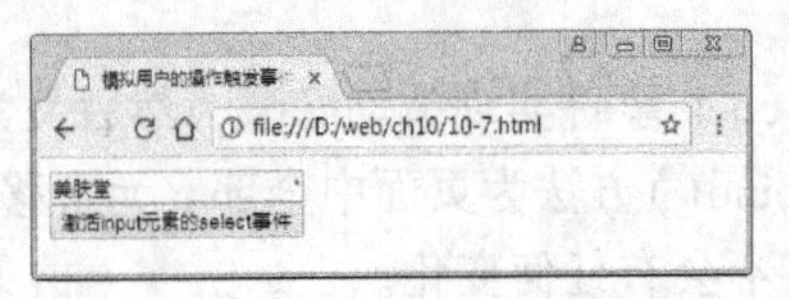

图 10-7　页面显示效果

代码如下：

```
<html>
<head>
<title>模拟用户的操作触发事件示例</title>
<script src="js/jquery-3.2.1.min.js" type="text/javascript"></script>
<script type="text/javascript">
 $(document).ready(function(){
  $("input").select(function(){                  //input 元素的 select 事件
     $("input").after("文本被选中!");            //在 input 元素后面显示"文本被选中!"提示
  });
  $("button").click(function(){                   //单击按钮事件
     $("input").trigger("select");               //模拟 input 元素的 select 事件
```

```
    });
});
</script>
</head>
<body>
  <input type="text" name="comName" value="美肤堂" />
  <br />
  <button>激活 input 元素的 select 事件</button>
</body>
</html>
```

【说明】页面加载后，选中文本框中的内容时会触发 input 元素的 select 事件，在文本框的后面显示“文本被选中！”的提示；单击按钮会触发按钮的 click 事件，通过使用 trigger( ) 方法为 input 元素模拟 select 事件，同样能够在文本框的后面显示“文本被选中！”的提示。

trigger( )方法触发事件后，会执行事件在浏览器中的默认操作。例如，以下示例代码：

```
$("input").trigger("focus");                //模拟 input 元素的 focus 事件
```

上述代码不仅会触发 input 元素的 focus 事件，也会使 input 元素本身得到焦点（浏览器默认操作）。如果只是想触发绑定的事件，而不想执行浏览器的默认操作，可以使用 trigger-Handle( )方法来实现。代码如下：

```
$("input").triggerHandle("focus");                //模拟 input 元素的 focus 事件
```

【例 10-8】模拟触发事件而不执行默认操作示例。本例文件 10-8. html 在浏览器中的显示效果如图 10-8 所示。

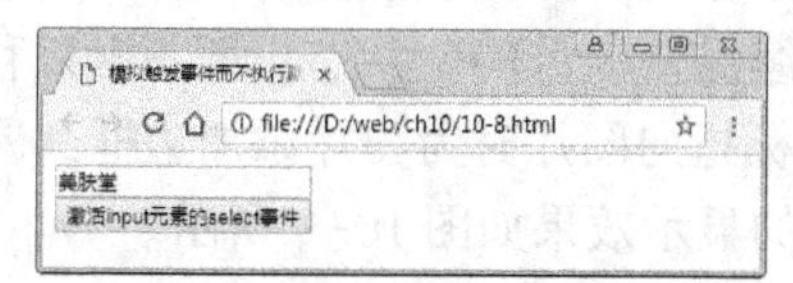

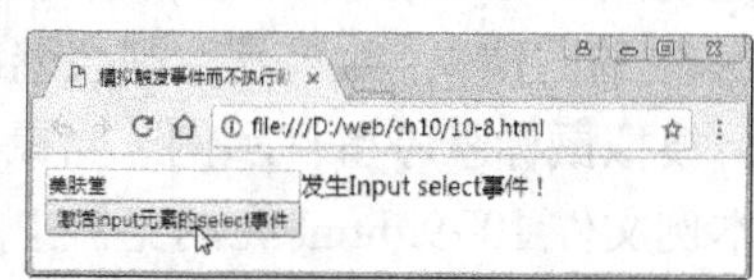

图 10-8　页面显示效果

代码如下：

```
<html>
<head>
<title>模拟触发事件而不执行默认操作示例</title>
<script src="js/jquery-3.2.1.min.js" type="text/javascript"></script>
<script type="text/javascript">
$(document).ready(function(){
  $("input").select(function(){                       //input 元素的 select 事件
    $("input").after("发生 Input select 事件!");   //在 input 元素后面显示提示
  });
  $("button").click(function(){                       //单击按钮事件
    $("input").triggerHandler("select");           //模拟 input 元素的 select 事件
```

```
    });
});
</script>
</head>
<body>
    <input type="text"  name="comName"  value="美肤堂" /><br />
    <button>激活 input 元素的 select 事件</button>
</body>
</html>
```

【说明】使用 triggerHandler()方法模拟了 input 元素的 select 事件，但是不会引起所发生事件的默认行为（默认的是文本被选中）。单击按钮后，只能看到文本框后面的“发生 Input select 事件!”的提示，而文本框本身的内容没有被选中。

10.5.2 模仿悬停事件

模仿悬停事件是指模仿鼠标移动到一个对象上面又从该对象上面移出的事件，可以通过 jQuery 提供的 hover(over,out)方法实现。hover()方法的语法结构如下：

hover(over,out)

参数说明：

- over 用于指定当鼠标在移动到匹配元素上时触发的函数。
- out 用于指定当鼠标在移出匹配元素上时触发的函数。

当鼠标移动到一个匹配的元素上面时，会触发指定的第一个函数。当鼠标移出这个元素时，会触发指定的第二个函数。而且，会伴随着对鼠标是否仍然处在特定元素中的检测（例如，处在 div 中的图像），如果是，则会继续保持“悬停”状态，而不触发移出事件。

【例 10-9】模拟鼠标悬停事件示例。当鼠标指向图片时为图片添加边框，鼠标移出图片时去掉边框，本例文件 10-9.html 在浏览器中的显示效果如图 10-9 所示。

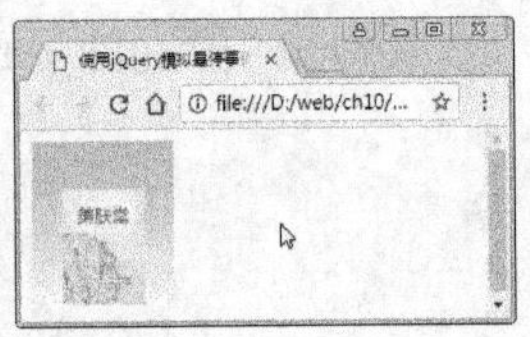

图 10-9　页面显示效果

代码如下：

```
<!doctype html>
<html>
<head>
<title>使用 jQuery 模拟悬停事件</title>
<script src="js/jquery-3.2.1.min.js"  type="text/javascript"></script>
<script type="text/javascript">
$(document).ready(function(){
```

```
    $("#pic").hover(function(){
        $(this).attr("border",1);           //为图片加边框
    },function(){
        $(this).attr("border",0);           //去除图片边框
    });
});
</script>
</head>
<body>
  <img id="pic" src="images/02.jpg" />
</body>
</html>
```

10.5.3 模拟鼠标连续单击事件

模拟鼠标连续单击事件实际上是为每次单击鼠标时设置一个不同的函数，可以通过 jQuery 提供的 toggle()方法实现。toggle()方法用于绑定两个或多个事件处理器函数，以响应被选元素的轮流单击事件，当指定元素被单击时，在两个或多个函数之间轮流切换。语法格式如下：

toggle(function1(),function2(),[functionN()],...)

其中，参数 function1()和 function2()都是必选项，分别表示当元素在每偶数次或奇数次被单击时要运行的函数。参数 functionN()为可选项，表示需要切换的其他函数。

toggle()方法还可以用于切换元素的可见状态。如果被选元素可见，则隐藏这些元素；如果被选元素隐藏，则显示这些元素。

【例 10-10】 模拟鼠标连续单击事件示例。当单击图片时实现图片放大显示，再次单击图片时恢复其原始大小。本例文件 10-10.html 在浏览器中的显示效果如图 10-10 所示。

图 10-10　页面显示效果

代码如下：

```
<!doctype html>
<html>
<head>
<title>模拟鼠标连续单击事件</title>
```

```
<script src="js/jquery-3.2.1.min.js" type="text/javascript"></script>
<script type="text/javascript" src="js/jquery-migrate-1.2.1.js"> </script>
<script type="text/javascript">
 $(document).ready(function() {
      $("#pic").toggle(function(){
         $(this).attr("width",214);              //设置图片放大后的宽度
         $(this).attr("height",246);             //设置图片放大后的高度
      },function(){
           $(this).attr("width",107);            //设置图片原始宽度
           $(this).attr("height",123);           //设置图片原始高度
         });
});
</script>
</head>
<body>
<img id="pic" src="images/02.jpg" />
</body>
</html>
```

【说明】 由于 toggle()方法在 jQuery 1.9+版本中被移除，需要使用 jQuery Migrate（迁移）插件恢复该功能，此处使用了 Migrate 1.2.1 版本。代码如下：

```
<script type="text/javascript" src="js/jquery-migrate-1.2.1.js"> </script>
```

10.6 事件对象

由于标准 DOM 和 IE-DOM 所提供的事件对象的方法有所不同，导致使用 JavaScript 在不同的浏览器中获取事件对象比较烦琐。jQuery 针对该问题进行了必要的封装与扩展，以便解决浏览器兼容性问题，从而在任意浏览器中都可以轻松获取事件处理对象。

10.6.1 事件对象的属性

在 jQuery 中对事件属性也进行了封装，使得事件处理在各大浏览器都可以正常运行而不需要对浏览器类型进行判断。事件对象的常用属性见表 10-2。

表 10-2 事件对象的常用属性

属 性	描 述
pageX	鼠标指针相对于文档的左边缘的位置
pageY	鼠标指针相对于文档的上边缘的位置
type	返回事件的类型
which	返回在鼠标或键盘事件中被按下的键
target	返回触发事件的元素
data	用于传递事件之外的额外数据

1. pageX 和 pageY 属性

pageX 和 pageY 属性用于获取光标相对于页面的 x 坐标和 y 坐标。若页面上有滚动条，则要加上滚动条的宽度或高度。

【例 10-11】使用事件对象的 pageX 和 pageY 属性获取鼠标当前位置，本例文件 10-11. html 在浏览器中的显示效果如图 10-11 所示。

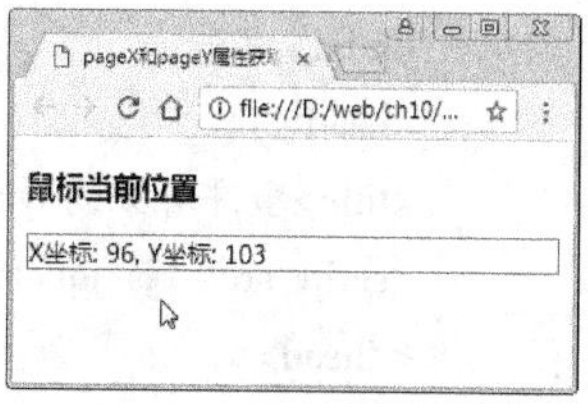

图 10-11　页面显示效果

代码如下：

```
<html>
<head>
<title>pageX 和 pageY 属性获取鼠标当前位置</title>
<script src="js/jquery-3.2.1.min.js" type="text/javascript"></script>
</head>
<body>
<h3>鼠标当前位置</h3>
<div id="pos" style="border:1px solid blue"></div>
<script type="text/javascript">
 $(document).mousemove (function(e){                    //鼠标移动事件
    $("#pos").text("X 坐标：" + e.pageX + ", Y 坐标：" + e.pageY); //显示获取的当前鼠标坐标
});
</script>
</body>
</html>
```

2. type 属性

type 属性用于获取事件的类型。例如如下代码：

```
$("a").click(function(event){
   alert(event.type);                          // 获取事件类型
})
```

该段代码运行后会输出："click"。

3. which 属性

which 属性用于获取鼠标或键盘事件中被按下的键。

例如，以下用于获取鼠标按键的代码：

```
$("a").mousedown(function(event){
   alert(event.which);                      // 1 为鼠标左键;2 为鼠标中间键;3 为鼠标右键
})
```

又如，以下用于获取键盘按键的代码：

```
$("input").keyup(function(event){
   alert(event.which);                   // 获取键盘按键,结果为所按字符对应的 ASCII 码数值
})
```

【例 10-12】事件对象的 type 属性和 which 属性的示例，本例文件 10-12.html 在浏览器中的显示效果如图 10-12 所示。

图 10-12 页面显示效果

代码如下：

```
<html>
<head>
<title>事件对象的 type 属性和 which 属性</title>
<script src="js/jquery-3.2.1.min.js" type="text/javascript"></script>
</head>
<body>
<input id="whichkey" value="">
<div id="log"></div>
<script type="text/javascript">
$('#whichkey').keydown(function(e){                //键盘按下的 keydown 事件
  $('#log').html(e.type + ': ' + e.which );//显示触发事件的类型和所按字符对应的 ASCII 码数值
});
</script>
</html>
```

10.6.2 事件对象的方法

jQuery 事件对象的常用方法，见表 10-3。

表 10-3 事件对象的常用方法

方　法	描　述
stopPropagation()	阻止事件的冒泡
preventDefault()	阻止元素发生默认的行为（例如，当单击提交按钮时阻止对表单的提交）
isDefaultPrevented()	根据事件对象中是否调用过 preventDefault()方法来返回一个布尔值
isPropagationStopped()	根据事件对象中是否调用过 stopPropagation()方法来返回一个布尔值

在事件对象的方法中，最为重要的两个方法是 stopPropagation()方法和 preventDefault()方法。stopPropagation()方法用于阻止事件冒泡，preventDefault()方法用于阻止元素发生默认的行为。下面详细讲解它们的用法。

1. 阻止事件冒泡

在讲解 stopPropagation()方法之前，首先了解一下什么是事件冒泡。

(1) 什么是事件冒泡

下面通过一个例子来讲解什么是事件冒泡。

【例 10-13】事件冒泡的模型展示。页面中包含 3 个元素，body 元素、div 元素以及 div 元素内的 span 元素。单击最内层的 span 元素时，触发 span 元素的 click 事件，但同时会触发 div 元素和 body 元素的 click 事件。页面输出 3 条记录，显示出 3 种元素都被单击的提示。本例文件 10-13.html 在浏览器中的显示效果如图 10-13 所示。

代码如下：

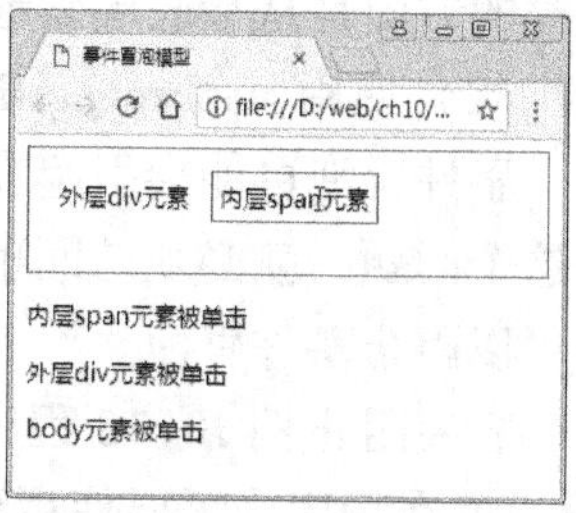

```
<html>
<head>
<title>事件冒泡模型</title>
  <script src="js/jquery-3.2.1.min.js" type="text/javascript">
</script>
  <script type="text/javascript">
    $(document).ready(function(){
      //为 span 元素绑定 click 事件
      $('span').bind('click', function () {
        var txt = $('#msg').html() + '<p>内层 span 元素被单击</p>';
        $('#msg').html(txt);
      });
      //为 div 元素绑定 click 事件
      $('#content').bind('click', function () {
        var txt = $('#msg').html() + '<p>外层 div 元素被单击</p>';
        $('#msg').html(txt);
      });
      //为 body 元素绑定 click 事件
      $('body').bind('click', function () {
        var txt = $('#msg').html() + '<p>body 元素被单击</p>';
        $('#msg').html(txt);
      });
    });
  </script>
</head>
<body>
  <div id="content" style="height:40px;padding:20px;border:1px solid blue">
    外层 div 元素
    <span style="margin:10px;padding:5px;border:1px solid blue">内层 span 元素</span>
  </div>
  <div id="msg"></div>
</body>
</html>
```

图 10-13　事件冒泡模型

用户原本是希望单击 span 元素时只执行该元素的事件，但同时也触发了 div 元素和 body 元素的 click 事件，这就是事件冒泡引起的。

事件捕获和事件冒泡都是一种事件模型，DOM 标准规定应该同时使用这两个模型：首先事件要从 DOM 树顶层的元素到 DOM 树底层的元素进行捕获，然后再通过事件冒泡返回到 DOM 树的顶层。

所谓的事件冒泡就是，如果在某一个对象上触发某一类事件（如上例的 span 元素的 click 事件），那么此事件会向对象的父级对象传播，并触发父对象上定义的同类事件。事件传播的方向是从最底层到最顶层，类似于水泡从水底浮上来一般。

（2）使用 stopPropagation( )方法阻止事件冒泡

事件冒泡可能会引起预料之外的结果，因此，有必要对事件的作用范围进行限制。要解决这个问题，就必须访问事件对象。事件对象提供了一个 stopPropagation( )方法，使用该方法可以阻止事件冒泡。

若要阻止例 10-13 程序的事件冒泡，需要添加以下代码：

① 在程序中需要使用事件对象，只需要为函数添加一个参数 event。代码如下：

```
$('element').bind('click',function(event){    //event:事件对象
  //事件处理程序
});
```

② 可以在每个事件处理程序中加入一句代码。

```
event.stopPropagation();                    //阻止事件冒泡
```

例如，阻止 span 元素的事件冒泡的代码如下：

```
$('span').bind('click', function(event){        //event:事件对象
   var txt = $('#msg').html() + '<p>内层 span 元素被单击</p>';
   $('#msg').html(txt);
   event.stopPropagation();                     //阻止事件冒泡
});
```

由于 stopPropagation( )方法是跨浏览器的，所以不必担心它的兼容性。添加了阻止事件冒泡的代码后，单击 span 元素，可以看到只有“内层 span 元素被单击”的输出结果，如图 10-14所示，说明只有 span 元素响应了 click 事件，程序才成功阻止了事件冒泡。

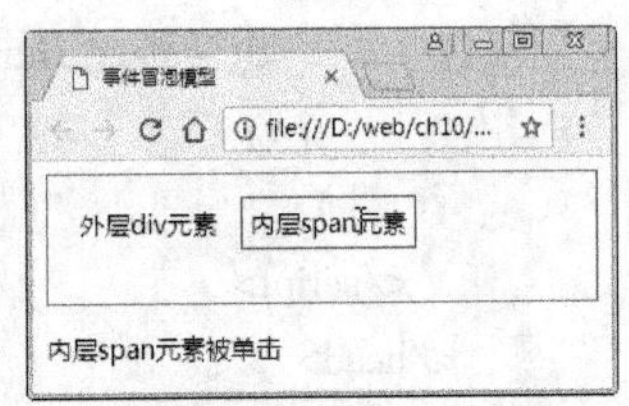

图 10-14　阻止事件冒泡

2. 阻止元素的默认行为

网页中的元素有自己的默认行为，例如，在表单验证的时候，表单的某些内容没有通过验证，但是在单击了提交按钮以后表单还是会提交。这时就需要阻止浏览器的默认行为。在 jQuery 中，应用 preventDefault( )方法可以阻止元素的默认行为。

在事件处理程序中加入如下代码就可以阻止默认行为：

```
event.preventDefault ();                    //阻止元素的默认行为
```

如果想同时停止事件冒泡和元素的默认行为，可以在事件处理程序中返回 false。即：

```
return false;                    //阻止事件冒泡和元素的默认行为
```

这是同时调用 stopPropagation( )和 preventDefault( )方法的一种简要写法。

【例 10-14】使用事件对象的 preventDefault( )方法阻止超链接单击事件的默认行为，本例文件 10-14. html 在浏览器中的显示效果如图 10-15 所示。

代码如下：

```
<html>
```

```
<head>
<title>preventDefault()方法阻止默认事件动作</title>
<script src="js/jquery-3.2.1.min.js" type="text/javascript">
</script>
<script type="text/javascript">
 $(document).ready(function(){
   $("a").click(function(event){                    //单击超链接
      event.preventDefault();                       //阻止元素的默认行为
   });
});
</script>
</head>
<body>
  <a href="http://www.mft.com/">美肤堂</a>
</body>
</html>
```

图 10-15　阻止默认事件动作

【说明】在 a 元素的 click 事件处理函数中调用 preventDefault()方法，阻止超链接单击事件的默认行为。因此，单击网页中的超链接，将不会打开目标页面。

10.7　jQuery 事件方法

jQuery 提供了一组事件方法，用于处理各种 HTML 事件，本节讲解常用事件方法的用法。

10.7.1　键盘事件

jQuery 提供的与键盘事件相关的方法，见表 10-4。

表 10-4　键盘事件相关的方法

方　法	描　述
focusin(handler(eventObject))	绑定到 focusin 事件处理函数的方法，当光标进入 HTML 元素时触发 focusin 事件
focusout(handler(eventObject))	绑定到 focusout 事件处理函数的方法，当光标离开 HTML 元素时触发 focusout 事件
keydown(handler(eventObject))	绑定到 keydown 事件处理函数的方法，当按下按键时触发 keydown 事件
keypress(handler(eventObject))	绑定到 keypress 事件处理函数的方法，当按下并放开按键时触发 keypress 事件
keyup(handler(eventObject))	绑定到 keyup 事件处理函数的方法，当放开按键时触发 keyup 事件

需要注意的是，完整的 key press 过程分为两个部分：按键被按下的 keydown 事件和按键被松开的 keyup 事件。

【例 10-15】使用 keypress()方法的示例，本例文件 10-15.html 在浏览器中的显示效果如图 10-16 所示。

代码如下：

```
<html>
```

```
<head>
<title>使用keypress()的示例</title>
<script src="js/jquery-3.2.1.min.js" type="text/javascript"></script>
<script type="text/javascript">
  i=0;
  $(document).ready(function(){
    $("input").keypress(function(){                    //每按一次按键
      $("span").text(i+=1);                            //按键次数+1
    });
  });
</script>
</head>
<body>
  输入您的名字：<input type="text" />
  <p>Keypress 事件发生了：<span>0</span>次</p>
</body>
</html>
```

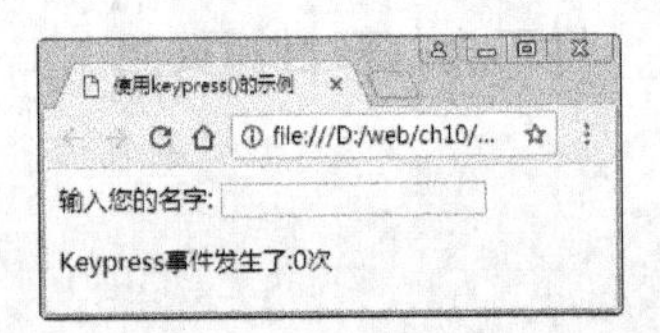

图 10-16　页面显示效果

【说明】 在文本框中每插入一个字符，就会发生一次 keypress 事件。

【例 10-16】 使用 keydown()方法和 keyup()方法的示例。当发生按键按下的 keydown 事件时，文本框变为黄色背景；当发生按键被松开的 keyup 事件时，文本框变为红色背景。本例文件 10-16.html 在浏览器中的显示效果如图 10-17 所示。

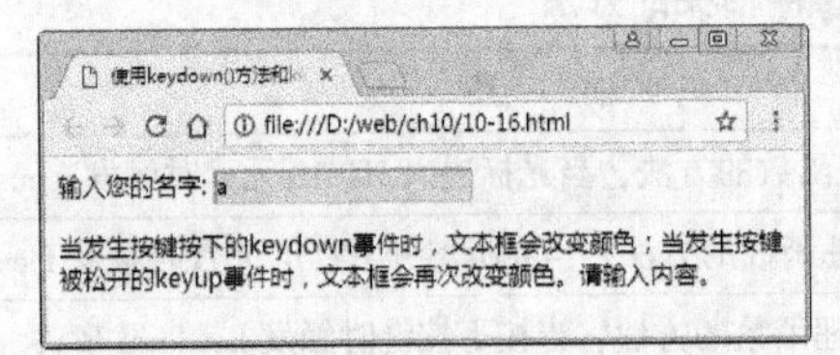

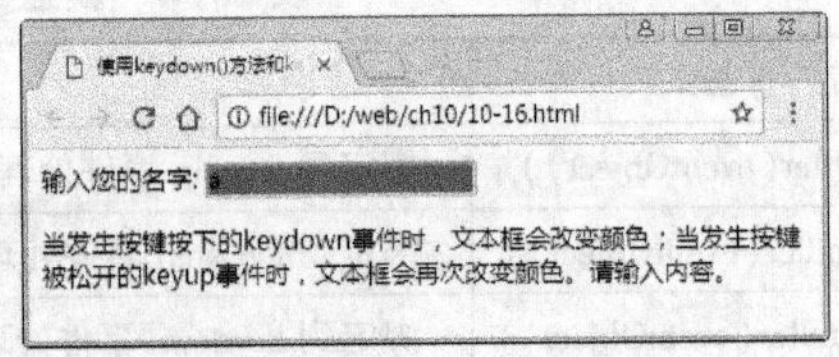

图 10-17　页面显示效果

代码如下：

```
<html>
<head>
<title>使用keydown()方法和keyup()方法示例</title>
<script src="js/jquery-3.2.1.min.js" type="text/javascript"></script>
<script type="text/javascript">
$(document).ready(function(){
  $("input").keydown(function(){
```

```
        $("input").css("background-color","yellow");//按键按下的 keydown 事件,文本框变为黄
                                                       //色背景
    });
    $("input").keyup(function(){
        $("input").css("background-color","red");//按键松开的 keyup 事件,文本框变为红色背景
    });
});
</script>
</head>
<body>
  输入您的名字：<input type="text" />
  <p>当发生按键按下的 keydown 事件时,文本框会改变颜色;当发生按键被松开的 keyup 事件时,
文本框会再次改变颜色。请输入内容。</p>
</body>
</html>
```

10.7.2 鼠标事件

jQuery 提供的与鼠标事件相关的方法，见表 10-5。

表 10-5 鼠标事件相关的方法

方法	描述
click(handler(eventObject))	绑定到 click 事件处理函数的方法，当单击鼠标时触发 click 事件
dblclick(handler(eventObject))	绑定到 dblclick 事件处理函数的方法，当双击鼠标时触发 dblclick 事件
focusin(handler(eventObject))	绑定到 focusin 事件处理函数的方法，当光标进入 HTML 元素时触发 focusin 事件
focusout(handler(eventObject))	绑定到 focusout 事件处理函数的方法，当光标离开 HTML 元素时触发 focusout 事件
mousedown(handler(eventObject))	绑定到 mousedown 事件处理函数的方法，当按下鼠标按键时触发 mousedown 事件
mouseenter(handler(eventObject))	绑定到鼠标进入元素的事件处理函数
mouseleave(handler(eventObject))	绑定到鼠标离开元素的事件处理函数
mousemove(handler(eventObject))	绑定到 mousemove 事件处理函数的方法，当移动鼠标时触发 mousemove 事件
mouseout(handler(eventObject))	绑定到 mouseout 事件处理函数的方法，当鼠标指针离开被选元素时触发 mouseout 事件
mouseover(handler(eventObject))	绑定到 mouseover 事件处理函数的方法，当鼠标指针位于元素上方时触发 mouseover 事件
toggle(handler(eventObject))	绑定 2 个或更多处理函数到指定元素，当单击指定元素时，交替执行时处理函数

需要注意的是，不论鼠标指针离开被选元素还是任何子元素，都会触发 mouseout 事件；而只有在鼠标指针离开被选元素时，才会触发 mouseleave 事件。

【例 10-17】 区别 mouseleave( ) 方法与 mouseout( ) 方法不同的示例。本例文件 10-

17. html 在浏览器中的显示效果如图 10-18 所示。

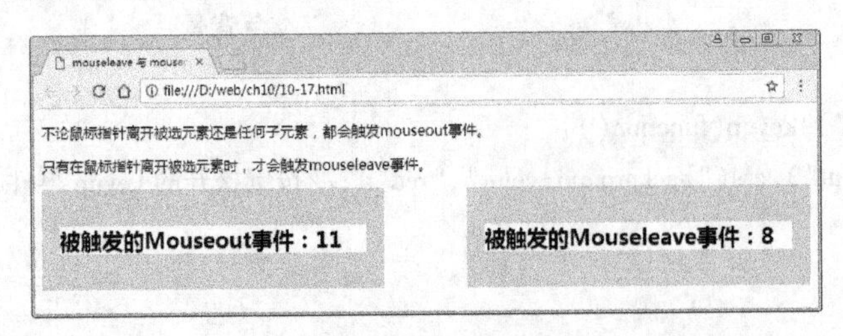

图 10-18　页面显示效果

代码如下：

```
<html>
<head>
<title>mouseleave 与 mouseout 的不同</title>
<script src="js/jquery-3.2.1.min.js" type="text/javascript"></script>
<script type="text/javascript">
x=0;
y=0;
$(document).ready(function(){
  $("div.out").mouseout(function(){           //触发 mouseout 事件
    $(".out span").text(x+=1);                //每次触发 mouseout 事件,累计次数+1
  });
  $("div.leave").mouseleave(function(){  //触发 mouseleave 事件
    $(".leave span").text(y+=1);              //每次触发 mouseleave 事件,累计次数+1
  });
});
</script>
</head>
<body>
  <p>不论鼠标指针离开被选元素还是任何子元素,都会触发 mouseout 事件。</p>
  <p>只有在鼠标指针离开被选元素时,才会触发 mouseleave 事件。</p>
  <div class="out" style="background-color:lightgray;padding:20px;width:40%;float:left">
    <h2 style="background-color:white;">被触发的 Mouseout 事件:<span></span></h2>
  </div>
  <div class="leave" style="background-color:lightgray;padding:20px;width:40%;float:right">
    <h2 style="background-color:white;">被触发的 Mouseleave 事件:<span></span></h2>
  </div>
</body>
</html>
```

10.7.3　浏览器事件

jQuery 提供的与浏览器事件相关的方法，见表 10-6。

表 10-6　浏览器事件相关的方法

方　　法	描　　述
error(handler(eventObject))	绑定到 error 事件处理函数的方法，当元素遇到错误（例如没有正确载入）时触发 error 事件
resize(handler(eventObject))	绑定到 resize 事件处理函数的方法，当调整浏览器窗口的大小时触发 resize 事件
scroll(handler(eventObject))	绑定到 scroll 事件处理函数的方法，当 ScrollBar 控件上的或包含一个滚动条的对象的滚动框被重新定位或按水平（或垂直）方向滚动时触发 scroll 事件

【例 10-18】 使用 scroll( ) 方法示例，本例文件 10-18. html 在浏览器中的显示效果如图 10-19 所示。代码如下：

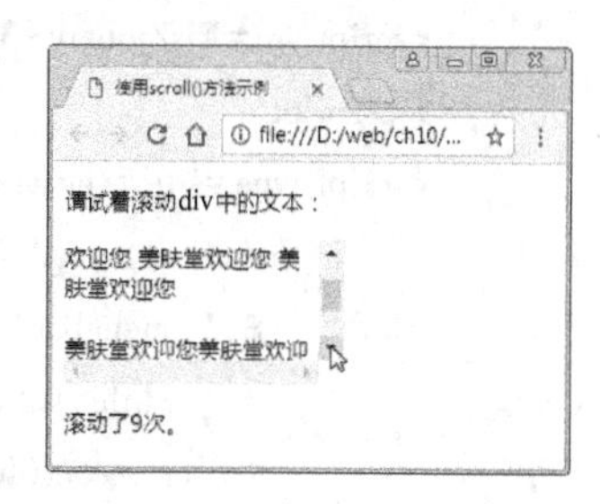

图 10-19　页面显示效果

```
<html>
<head>
<title>使用 scroll( ) 方法示例</title>
<script src = "js/jquery-3. 2. 1. min. js"  type = "text/javascript" >
</script>
<script type = "text/javascript" >
x = 0;
 $( document). ready( function( ) {
   $( "div" ). scroll( function( ) {                    //div 元素的滚动事件
      $( "span" ). text( x+ = 1);                       //每次拉动滚动条触发滚动事件，累计滚动次数+1
   } );
} );
</script>
</head>
<body>
<p>请试着滚动 div 中的文本:</p>
<div style = "width:200px;height:100px;overflow:scroll;" >
  美肤堂欢迎您美肤堂欢迎您 美肤堂欢迎您 美肤堂欢迎您 美肤堂欢迎您 美肤堂欢迎您
  <br /><br />
  美肤堂欢迎您美肤堂欢迎您 美肤堂欢迎您 美肤堂欢迎您 美肤堂欢迎您 美肤堂欢迎您
</div>
<p>滚动了<span>0</span>次。</p>
</body>
</html>
```

【说明】 scroll 事件适用于所有可滚动的元素和 window 对象（浏览器窗口）。

10. 8　综合案例——制作美肤堂产品系列导航菜单

在讲解了 jQuery 常用事件处理的基础上，本节讲解一个综合案例巩固前面讲解的知识点。

【例 10-19】使用 jQuery 中的 mouseover 事件和 mouseout 事件制作美肤堂产品系列导航菜单，本例文件 10-19. html 在浏览器中的显示效果如图 10-20 所示。代码如下：

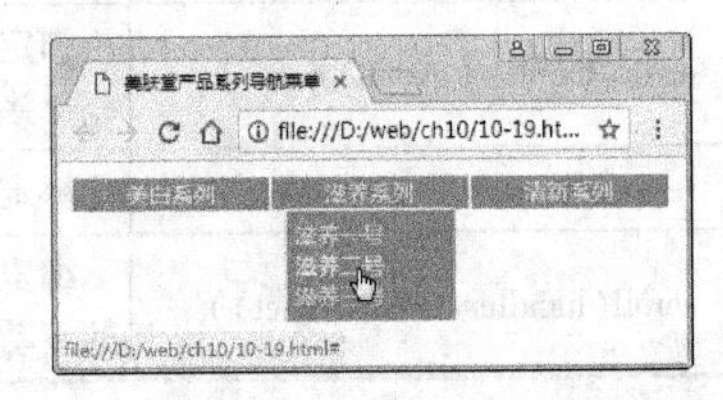

图 10-20　页面显示效果

```
<!doctype html>
<html>
<head>
<title>美肤堂产品系列导航菜单</title>
<script src="js/jquery-3.2.1.min.js" type="text/javascript"
></script>
<script type="text/javascript">
    $(document).ready(function(){
        $(".menubar").mouseover(function(){      //当鼠标移到元素上时
            $(this).find(".menu").show();         //显示当前的子菜单
        }).mouseout(function(){                    //当鼠标移出元素时
            $(this).find(".menu").hide();         //将该子菜单隐藏
        });
    });
</script>
<style type="text/css">
.menubar{
    position:absolute;
    top:10px;
    width:130px;
    height:20px;
    cursor:default;
    border-width:1px;
    border-style:outset;
    color:#99FFFF;
    background:#669900
}
.menu{
    top:32px;
    width:100px;
    display:none;
    border-width:2px;
    border-style:outset;
    border-color:white sliver sliver white;
    background:#669900;
    padding:5px
}
```

```
.menu a{
    text-decoration:none;
    color:#99FFFF;
}
.menu a:hover{
    color: #FFFFFF;
}
</style>
</head>
<body>
<table width="400" border="0" align="center" cellpadding="0" cellspacing="0" style="font-size:15px">
    <tr>
        <td width="30%">
            <div align="center" id="Tdiv_1" class="menubar">
                <div class="header">美白系列</div>
                <div align="left" id="Div1" class="menu">
                    <a href="#">美白一号</a><br>
                    <a href="#">美白二号</a><br>
                    <a href="#">美白三号</a>
                </div>
            </div>
        </td>
        <td width="30%">
            <div align="center" id="Tdiv_2" class="menubar">
                <div class="header">滋养系列</div>
                <div align="left" id="Div2" class="menu">
                    <a href="#">滋养一号</a><br>
                    <a href="#">滋养二号</a><br>
                    <a href="#">滋养三号</a>
                </div>
            </div>
        </td>
        <td width="30%">
            <div align="center" id="Tdiv_3" class="menubar">
                <div class="header">清新系列</div>
                <div align="left" id="Div3" class="menu">
                    <a href="#">清新一号</a><br>
                    <a href="#">清新二号</a><br>
                    <a href="#">清新三号</a>
                </div>
```

```
            </div>
        </td>
    </tr>
</table>
</body>
</html>
```

【**说明**】本例通过 mouseover 事件先将所有子菜单隐藏，且只显示当前主菜单下的子菜单，然后通过 mouseout 事件将所有子菜单隐藏。

习题 10

1）简述$(document).ready()方法和 window.onload()方法的区别。

2）如何为元素绑定事件？如何解除绑定的事件？

3）什么是事件冒泡？怎样阻止事件冒泡？

4）简述同时停止事件冒泡和元素默认行为的方法。

5）简答 jQuery 模拟用户操作的方法。

6）使用 one()方法为页面中两个段落元素绑定一次性 click 事件，单击段落时放大段落的字体，每个段落只能放大一次字体，如图 10-21 所示。

7）通过 bind()方法为下拉菜单绑定 change()事件，实现表格动态换肤，如图 10-22 所示。

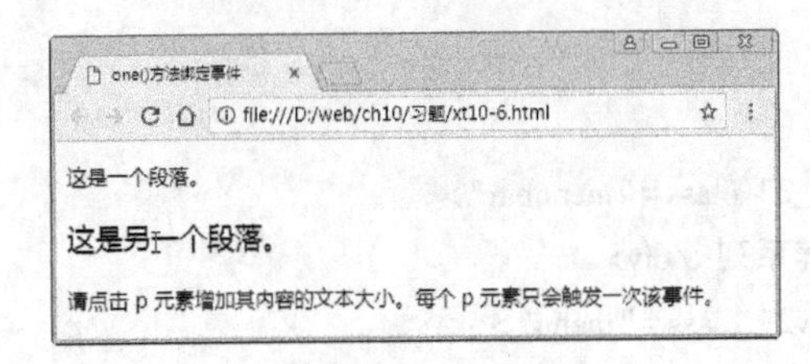

图 10-21　题 6 图

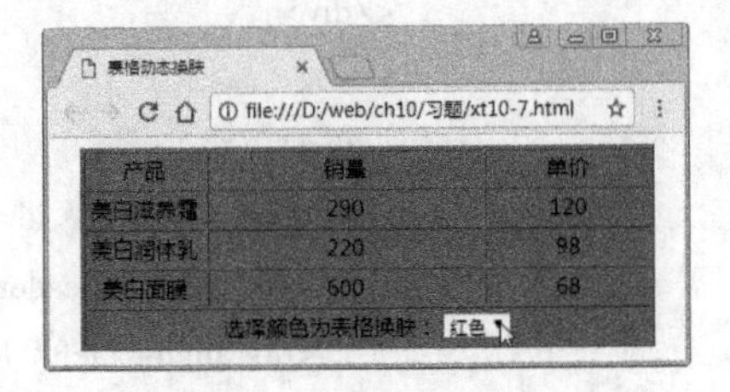

图 10-22　题 7 图

8）模拟鼠标悬停事件，当鼠标指针移动到段落上时改变段落的背景色，当鼠标指针从段落上移走时恢复段落的背景色，如图 10-23 所示。

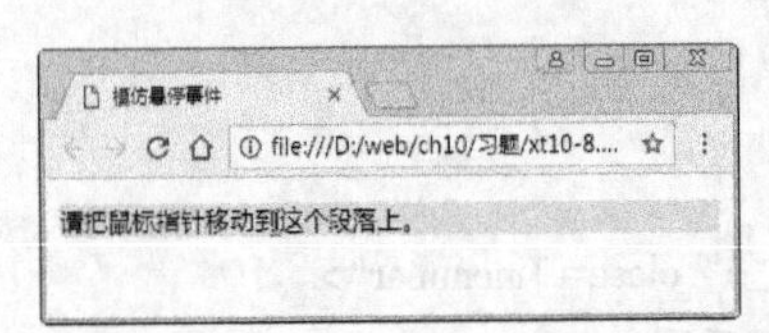

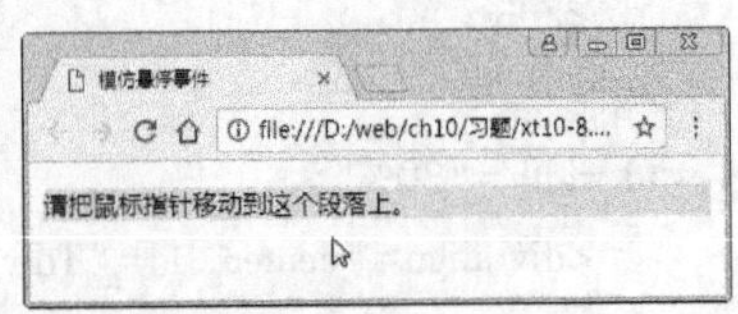

图 10-23　题 8 图

9）设计一个 3 行 2 列的表格，分别添加表格的 click 事件、数据行的 click 事件和中间行两个单元格的 click 事件。然后，对其中一个单元格设置为“没有阻止事件冒泡”，另一个单元格设置为“阻止了事件冒泡”，如图 10-24 所示。

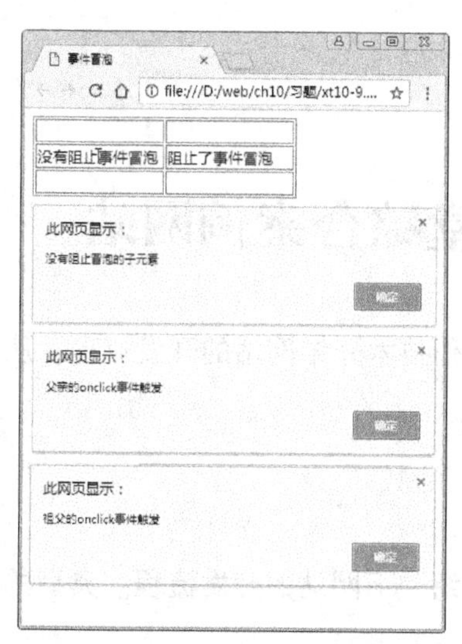

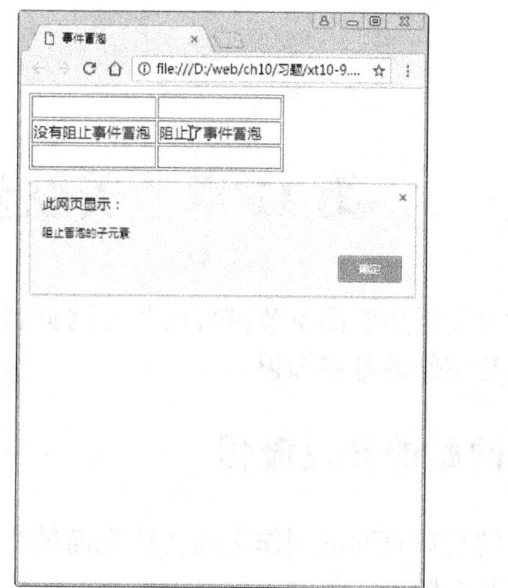

图 10-24　题 9 图

10）模拟鼠标连续单击事件，每次单击按钮，页面的背景色都会发生改变，如图 10-25 所示。

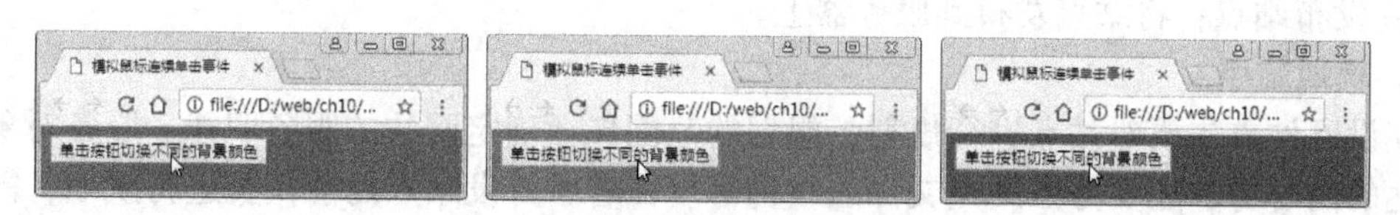

图 10-25　题 10 图

第 11 章　美肤堂综合案例网站

本章主要运用前面章节讲解的各种网页制作技术介绍网站的开发流程，从而进一步巩固网页设计与制作的基本知识。

11.1　网站的开发流程

在讲解具体页面的制作之前，首先简单介绍一下网站的开发流程。典型的网站开发流程包括以下几个阶段。

① 规划站点：包括确立站点的策略或目标、确定所面向的用户以及站点的数据需求。

② 网站制作：包括设置网站的开发环境、规划页面设计和布局、创建内容资源等。

③测试站点：测试页面的链接及网站的兼容性。

④ 发布站点：将站点发布到服务器上。

1. 规划站点

建设网站首先要对站点进行规划，规划的范围包括确定网站的服务职能、服务对象、所要表达的内容等，还要考虑站点文件的结构等。在着手开发站点之前认真进行规划，能够在以后节省大量的时间。

（1）确定建站的目的

建立网站的目的通常是为了宣传推广企业，增加企业利润。创建美肤堂网站的目的是为了宣传推广企业，提高企业的知名度，增加企业之间的合作，美肤堂网站正是在这样的业务背景下建立的。

（2）确定网站的内容

内容决定一切，内容价值决定了浏览者是否有兴趣继续关注网站。美肤堂网站的主要功能模块包括公司简介、公司新闻、产品中心、公司理念、联系我们等。

（3）使用合理的文件夹保存文档

若要有效地规划和组织站点，除了规划站点的内容外，就是规划站点的基本结构和文件的位置，可以使用文件夹来合理构建文档结构。首先为站点建立一个根文件夹（根目录），在其中创建多个子文件夹，然后将文档分门别类存储到相应的文件夹下。设计合理的站点结构，能够提高工作效率，方便对站点的管理。

（4）使用合理的文件名称

当网站的规模变得很大的时候，使用合理的文件名就显得十分必要，文件名应该容易理解且便于记忆，让人看文件名就能知道网页表述的内容。由于 Web 服务器使用的是英文操作系统，不能对中文文件名提供很好的支持，中文文件名可能导致浏览错误或访问失败。如果实在对英文不熟悉，可以采用汉语拼音作为文件名称来使用。

2. 网站制作

完整的网站制作包括以下两个过程：

（1）前台页面制作

当网页设计人员拿到美工效果图以后，需要综合使用 HTML、CSS、JavaScript、jQuery 等 Web 前端开发技术，将效果图转换为 .html 网页，其中包括图片收集、页面布局规划等工作。

（2）后台程序开发

后台程序开发包括网站数据库设计、网站和数据库的连接、动态网页编程等。本书主要讲解前台页面的制作，后台程序开发读者可以在动态网站设计的课程中学习。

3. 测试网站

网站测试与传统的软件测试不同，它不但需要检查是否按照设计的要求运行，而且还要测试系统在不同用户端的显示是否合适，最重要的是从最终用户的角度进行安全性和可用性测试。在把站点上传到服务器之前，要先在本地对其测试。实际上，在站点建设过程中，最好经常对站点进行测试并解决出现的问题，这样可以尽早发现问题并避免重犯错误。

测试网页主要从以下 3 个方面着手。

- 页面的效果是否美观。
- 页面中的链接是否正确。
- 页面的浏览器兼容性是否良好。

4. 发布站点

当完成了网站的设计、调试、测试和网页制作等工作后，需要把设计好的站点上传到服务器来完成整个网站的发布。可以使用网站发布工具将文件上传到远程 Web 服务器以发布该站点，以及同步本地和远端站点上的文件。

11.2 网站结构

网站结构包括站点的目录结构和页面组成。

11.2.1 创建站点目录

在制作各个页面前，用户需要确定整个网站的目录结构，包括创建站点根目录和根目录下的通用目录。

1. 创建站点根目录

本书所有章节的案例均建立在 D:\web 下的各个章节目录中。因此，本章讲解的综合案例建立在 D:\web\ch11 目录中，该目录作为站点根目录。

2. 根目录下的通用目录

对于中小型网站，一般会创建如下通用的目录结构。

- images 目录：存放网站的所有图片。
- css 目录：存放 CSS 样式文件，实现内容和样式的分离。
- js 目录：存放 jQuery 和 JavaScript 脚本文件。

在 D:\web\ch11 目录中依次建立上述目录，整个网站的目录结构如图 11-1 所示。

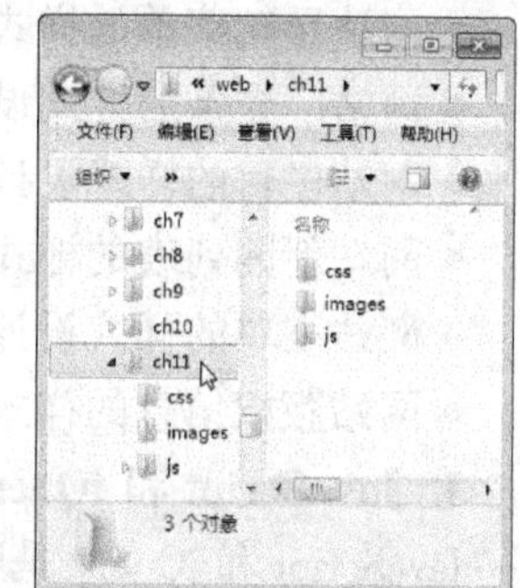

图 11-1　站点目录结构

对于网站下的各网页文件（如 index. html 等）一般存放在网

站根目录下。需要注意的是，网站的目录、网页文件名及网页素材文件名一般都为小写，并采用代表一定含义的英文命名。

11.2.2 网站页面的组成

美肤堂网站的主要组成页面如下。

首页（index.html）：显示网站的 logo、导航菜单、广告、公司新闻、最新产品、文化环境和版权声明等信息。

公司新闻页（news.html）：显示公司新闻、公司荣誉、品牌资讯和护肤学堂的页面。

新闻明细页（newsdetail.html）：显示新闻详细内容的页面。

产品中心页（product.html）：显示产品系列的页面。

产品明细页（productdetail.html）：显示产品详细内容的页面。

公司理念页（company.html）：显示公司理念、公司介绍和品牌历史的页面。

联系我们页（contact.html）：显示公司联系方式和在线留言的页面。

11.3 网站技术分析

制作美肤堂网站的使用的主要技术如下。

1. HTML5

HTML5 是网页结构语言，负责组织网页结构，站点中的页面都需要使用网页结构语言建立起网页的内容架构。制作本网站中使用的 HTML5 的主要技术如下：

- 搭建页面内容架构。
- div 布局页面内容。
- 使用文档结构元素定义页面内容。
- 使用列表和链接制作导航菜单。
- 使用表单技术制作在线留言和搜索框。

2. CSS3

CSS3 是网页表现语言，负责设计页面外观，统一网站风格，实现表现和结构相分离。制作本网站中使用的 CSS3 的主要技术如下：

- 网站整体样式的规划。
- 网站顶部 logo 与宣传语的样式设计。
- 网站导航菜单的样式设计。
- 网站广告条的样式设计。
- 网站栏目的样式设计。
- 网站新闻列表的样式设计。
- 网站表单的样式设计。
- 网站版权信息的样式设计。

3. JavaScript 和 jQuery

JavaScript 和 jQuery 是网页行为语言，实现页面交互与网页特效。制作本网站中使用的 JavaScript 和 jQuery 的主要技术如下：

- 使用 jQuery 自动完成插件实现搜索框智能提示。
- 使用 jQuery 实现首页的选项卡切换效果。
- 使用 jQuery 实现首页广告条图片的切换效果。
- 使用 jQuery 实现首页产品中心图片的自动播放展示。
- 使用 jQuery 实现产品中心页的产品内容展示和分页效果。
- 使用 jQuery 实现首页产品明细页的关联产品图片的循环播放展示。
- 使用 JavaScript 结合 HTML5 获取地理位置及百度地图。

11.4 制作首页

网站首页包括网站的 logo、导航菜单、广告、公司新闻、产品中心、文化环境和版权声明等信息，效果如图 11-2 所示。

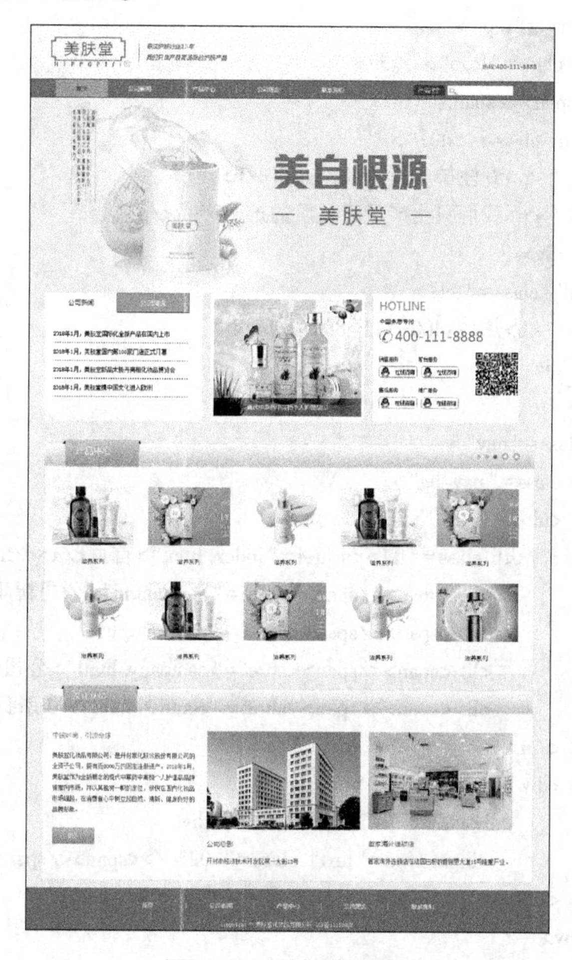

图 11-2 网站首页效果

1. 页面结构代码

首先列出页面的结构代码，让读者对页面的整体结构有一个全面的认识，然后在此基础上重点讲解页面交互与网页特效的实现方法。首页（index. html）的结构代码如下：

```
<!doctype html>
<html>
<head>
<meta charset="gb2312" />
<title>美肤堂首页</title>
<link href="css/index.css" type="text/css" rel="stylesheet" />
<link href="css/base.css" type="text/css" rel="stylesheet" />
<script src="js/jquery.js"></script>
<script src="js/js.js"></script>
</head>
<body>
    <div class="banner">
        <!--头部-->
        <div class="top">
          <div class="logo"></div>
            <span></span>
            <div class="txt01">
                <p>专注护肤行业<b>15 年</b></p>
                <p>我们只生产最高品质的护肤产品</p>
            </div>
            <div class="tel">
                <b>热线:400-111-8888</b>
            </div>
        </div>
        <div class="nav">
          <div class="nav_bg">
              <ul>
                  <li class="ff"><a href="index.html">首页</a></li>
                    <li><span></span><ahref="news.html">公司新闻</a></li>
                    <li><span></span><ahref="product.html">产品中心</a></li>
                    <li><span></span><ahref="company.html">公司理念</a></li>
                    <li><span></span><ahref="contact.html">联系我们</a></li>
              </ul>
              <div class="search">
                  <div class="s01">产品搜索</div>
                    <input type="text" class="s02" /><span></span>
              </div>
          </div>
       </div>
    </div>
    <div class="customer">
       <div class="news">
         <span><a href="javascript:">公司新闻</a></span>
```

```
<span class="cur"><a href="javascript:">公司理念</a></span>
<ul>
  <li><a href="newsdetail.html">2018 年 1 月,美肤堂国际……(此处省略文字)</a></li>
  <li><a href="newsdetail.html">2018 年 1 月,美肤堂国内……(此处省略文字)</a></li>
  <li><a href="newsdetail.html">2018 年 1 月,美肤堂新品……(此处省略文字)</a></li>
  <li><a href="newsdetail.html">2018 年 1 月,美肤堂携……(此处省略文字)</a></li>
</ul>
<ul>
  <p><a href="newsdetail.html">2018 年 1 月</a><a href="company.html">,现代中
草药个人护理专家 &mdash;&mdash;美肤堂首家体验型专卖店……(此处省略文字)</a></p>
</ul>
</div>
<div class="product">
  <ul>
    <li>
      <a href="newsdetail.html"><img src="images/004.png"></a>
      <big></big>
      <p><a href="productdetail.html">现代中草药中高档个人护理品 01</a></p>
    </li>
    <li>
      <a href="newsdetail.html"><img src="images/005.png"></a>
      <big></big>
      <p><a href="productdetail.html">现代中草药中高档个人护理品 02</a></p>
    </li>
    <li>
      <a href="newsdetail.html"><img src="images/008.png"></a>
      <big></big>
      <p><a href="productdetail.html">现代中草药中高档个人护理品 03</a></p>
    </li>
  </ul>
  <a href="javascript:"><i><span class="curr"><b></b></span>
    <span><b></b></span><span><b></b></span></i></a>
</div>
<div class="consult">
  <span>HOTLINE</span><p>全国免费专线</p><big>400-111-8888</big>
    <div class="web">
      <div class="qq">
        <p><a href="#">销售服务</a><a href="#">前台服务</a></p>
        <span><a href="#">在线咨询</a><a href="#">在线咨询</a></span><br><br>
          <p><a href="#">售后服务</a><a href="#">推广服务</a></p>
          <span><a href="#">在线咨询</a><a href="#">在线咨询</a></span>
      </div>
      <a href="#" class="two"><img src="images/07.png"></a>
```

```
            </div>
        </div>
    </div>
    <div class = " main01" >
    <h2>
            <span></span>
            <div class = " right" >
                <b class = " curr01" ></b><b></b><b></b>
                <a href = " javascript: " ><p><i></i></p><p><big></big></p></a>
            </div>
        </h2>
        <div class = " goods" >
            <ul>
                <li><a href = "#" ><img src = " images/index01. png" /><p>太极系列</p></a></li>
                <li><a href = "#" ><img src = " images/index02. png" /><p>太极系列</p></a></li>
                …(此处省略 8 条类似的图片定义)
            </ul>
            <ul>
                <li><a href = "#" ><img src = " images/index04. png" /><p>美肤系列</p></a></li>
                <li><a href = "#" ><img src = " images/index05. png" /><p>美肤系列</p></a></li>
                …(此处省略 8 条类似的图片定义)
            </ul>
            <ul>
                <li><a href = "#" ><img src = " images/index07. png" /><p>滋养系列</p></a></li>
                <li><a href = "#" ><img src = " images/index05. png" /><p>滋养系列</p></a></li>
                …(此处省略 8 条类似的图片定义)
            </ul>
        </div>
    </div>
    <div class = " main02" >
        <h2>
        <span></span>
        <div class = " right" >
            <b></b><b></b><b class = " curr01" ></b>
            <p class = " curr02" ></p><p></p>
        </div>
        </h2>
            <div class = " company01" ><span>中国时尚,引领全球</span>
            <p>美肤堂化妆品有限公司,是开封家化联合股份……(此处省略文字)</p>
            <a href = "#" >更多</a>
        </div>
        <div class = " company02" >
            <img src = " images/002. jpg" >
```

```
            <p>公司总部</p>
            <span>开封市经济技术开发区第一大街 12 号</span>
          </div>
          <div class="company03">
            <img src="images/003.jpg">
            <p>首家海外连锁店</p>
            <span>首家海外连锁店在法国巴黎的香榭里大道 15 号隆重开业。</span>
          </div>
      </div>
      <div class="bottom">
        <div class="bb">
                  <ul>
                        <li><a href="index.html">首页</a></li>
                        <li><span></span><a href="news.html">公司新闻</a></li>
                        <li><span></span><a href="product.html">产品中心</a></li>
                        <li><span></span><a href="company.html">公司理念</a></li>
                        <li><span></span><a href="contact.html">联系我们</a></li>
                  </ul>
          </div>
          <p>Copyright &copy;美肤堂化妆品有限公司 ICP 备 11118888</p>
      </div>
</body>
<script src="js/index.js"></script>
</html>
```

2. 页面交互与网页特效的实现

（1）使用 jQuery 自动完成插件实现首页搜索框智能提示

制作过程如下。

① 准备工作。由于搜索框的智能提示功能要使用 jQuery UI 的自动完成插件，因此需要将 jQuery UI 插件的文件夹复制到当前站点的 js 文件夹中。

② 打开首页 index.html，添加代码实现搜索框的智能提示功能，关键代码如下：

```
<html>
<head>
<meta charset="gb2312" />
<title>美肤堂首页</title>
<link href="css/index.css" type="text/css" rel="stylesheet" />
<link href="css/base.css" type="text/css" rel="stylesheet" />
<script src="js/jquery.js"></script>
<script src="js/js.js"></script>
<link rel="stylesheet" href="js/jquery-ui-1.12.1.custom/jquery-ui.css" />
<script src="js/jquery-ui-1.12.1.custom/external/jquery/jquery.js"></script>
<script src="js/jquery-ui-1.12.1.custom/jquery-ui.js"></script>
```

```
<style>
  . ui-autocomplete {
    max-height: 100px;                /* 菜单最大高度 100px,超出高度时出现垂直滚动条 */
    overflow-y: auto;                 /* 垂直滚动条自动适应 */
    overflow-x: hidden;               /* 防止水平滚动条 */
  }
  #search_div{                        /* 搜索框的样式 */
    width:78px;
    height:25px;
    line-height:25px;
    text-align:center;
    background:#58594d;
    color:#FFFFFF;
    float:left;
    position:relative;
    z-index:1;
  }
</style>
<script>
  $(function() {
    vardatas = [                      //定义查询词条
      "美肤常识",
      "美肤科技",
      "美肤会展",
      "美肤画廊",
      "美肤社区",
      "美肤杂志",
      "美肤网站",
      "美肤交流"
      "美肤空间",
      "美肤博客"
    ];
    $("#tags").autocomplete({         //调用自动完成方法
      source:datas                    //绑定词条到搜索文本框
    });
  });
</script>
</head>
<body>
  …(省略的页面其他代码,下面是搜索文本框所在的 div 代码)
      <div class="search">
        <div class="ui-widget" id="search_div">产品搜索</div>
          <input id="tags" type="text" class="s02" /><span></span>
```

```
        </div>
    …(省略的页面其他代码)
    </body>
    </html>
```

在浏览器中再次打开首页 index. html，输入搜索关键词“美肤”，可以看到智能提示的效果，如图 11-3 所示。

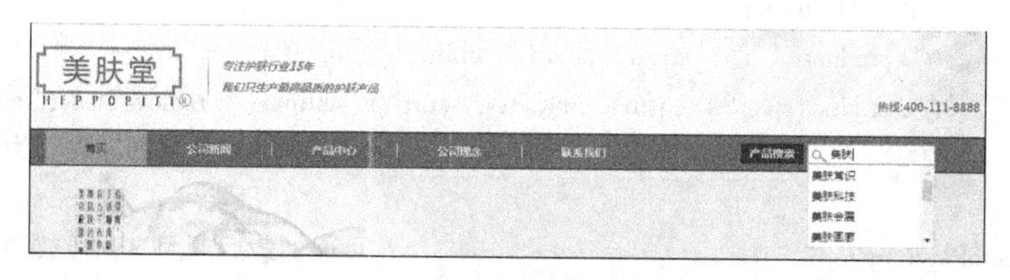

图 11-3　搜索框的智能提示的效果

需要注意的是，读者在制作本页面时一定要记得在页面<head>区域添加引用 jQuery UI 插件的代码。

（2）使用 jQuery 实现首页的选项卡切换效果

实现首页选项卡切换效果的 jQuery 程序存放于 js 目录下的 js. js 文件中，效果如图 11-4 所示。代码如下：

```
var v;
v= $(". search . s02"). val();
$(". search . s02"). focus(function(){            //第 2 个选项卡获得焦点
  var a= $(". search . s02"). val();
  if(v= =a) $(this). val("");
  else $(this). val(a);
});
$(". search . s02"). blur(function(){             //第 2 个选项卡失去焦点
    var a= $(". search . s02"). val();
    if(a= =") $(this). val(v);
    else $(this). val(a);
});
```

（3）使用 jQuery 实现首页广告条图片的切换效果

实现首页广告条图片切换效果的 jQuery 程序存放于 js 目录下的 index. js 文件中，效果如图 11-5 所示。代码如下：

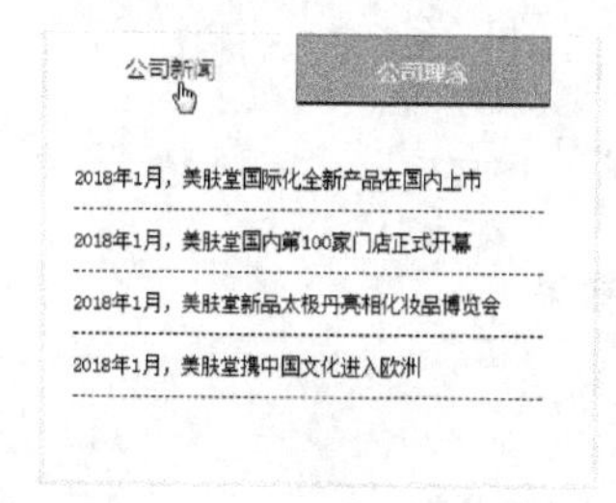

图 11-4　页面显示效果

图 11-5　页面显示效果

```
$(".product ul li:gt(0)").hide();
    var tt,n=0,len;
    len=$(".product ul li").length;                    //计算广告图片的个数
    functionautoPlay(){                                //自动播放广告图片的函数
      tt=setInterval(function(){
        n++;
        if(n>=len)n=0;
        $(".product ul li").eq(n).show().siblings().hide();
        $(".product span").eq(n).addClass("curr").siblings().removeClass("curr");
      },3000);                                         //设置图片切换的间隔时间为3000ms
    }
    autoPlay();                                        //页面加载后调用自动播放函数
    $(".product span").each(function(index){
      $(this).mouseover(function(){                    //鼠标经过切换按钮后切换图片
        n=index;
        $(".product ul li").eq(n).show().siblings("li").hide();//相邻图片隐藏
        $(".product span").eq(n).addClass("curr").siblings().removeClass("curr");//显示当前图片
      });
    });
    $(".product").hover(function(){                    //鼠标经过图片时取消定时器
        clearInterval(tt);                             //取消setInterval()方法设置的定时器
    },function(){
        autoPlay();
    });
```

（4）使用jQuery实现首页产品中心图片的自动播放展示

实现首页产品中心图片自动播放展示的jQuery程序存放于js目录下的index.js文件中，效果如图11-6所示。

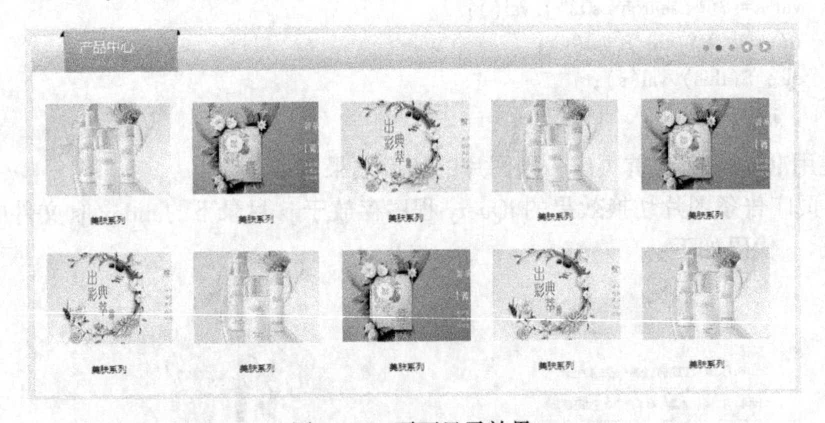

图11-6　页面显示效果

代码如下：

```
$(".goods ul:gt(0)").hide();
```

```
len= $(".goods ul").length;                          //计算播放图片的个数
var i=0;
functionautoPlay01(){
    t=setInterval(function(){
        i++;
        if(i>=len)i=0;
        $(".goods ul").eq(i).show().siblings().hide();
        $(".main01 .right b").eq(i).addClass("curr01").siblings().removeClass("curr01");
    },3000);                                          //设置图片切换的间隔时间为 3000 ms
}
autoPlay01();
$(".goods").hover(function(){                         //鼠标经过图片时取消定时器
    clearInterval(t);                                 //取消 setInterval()方法设置的定时器
},function(){
    autoPlay01();
});
$(".main01 .right p:eq(0)").hover(function(){         //鼠标经过图片时
    clearInterval(t);
    $(".main01 .right p:eq(0)").addClass("curr02"); //为图片添加样式
},function(){
    autoPlay01();                                     //开始播放展示图片
    $(".main01 .right p:eq(0)").removeClass("curr02"); //播放完毕移除样式
});
$(".main01 .right p:eq(1)").hover(function(){
    clearInterval(t);
    $(".main01 .right p:eq(1)").addClass("curr02");
},function(){
    autoPlay01();
    $(".main01 .right p:eq(1)").removeClass("curr02");
});
$(".main01 .right p:eq(0)").click(function(){         //单击图片时取消定时器
    clearInterval(t);                                 //取消 setInterval()方法设置的定时器
    if(i<=0)i=len;
    i--;
    $(".main01 .right p:eq(0)").addClass("curr02");
    $(".goods ul").eq(i).show().siblings().hide();
    $(".main01 .right b").eq(i).addClass("curr01").siblings().removeClass("curr01");
});
$(".main01 .right p:eq(1)").click(function(){         //单击图片时取消定时器
    clearInterval(t);                                 //取消 setInterval()方法设置的定时器
    i++;
    if(i>=len)i=0;
    $(".main01 .right p:eq(1)").addClass("curr02");
```

```
        $(".goods ul").eq(i).show().siblings().hide();
        $(".main01 .right b").eq(i).addClass("curr01").siblings().removeClass("curr01");
    });
```

至此，美肤堂网站首页的页面交互与网页特效制作完毕，读者可以在此基础上根据自己的喜好修改相关的 CSS 规则，进一步美化页面。

11.5 制作产品中心页

首页完成以后，其他页面在制作时就有章可循，相同的样式和结构可以复用，所以在实现其他页面的实际工作量会大大小于首页制作。

产品中心页用于展示美肤堂网站的系列产品，页面效果如图 11-7 所示。

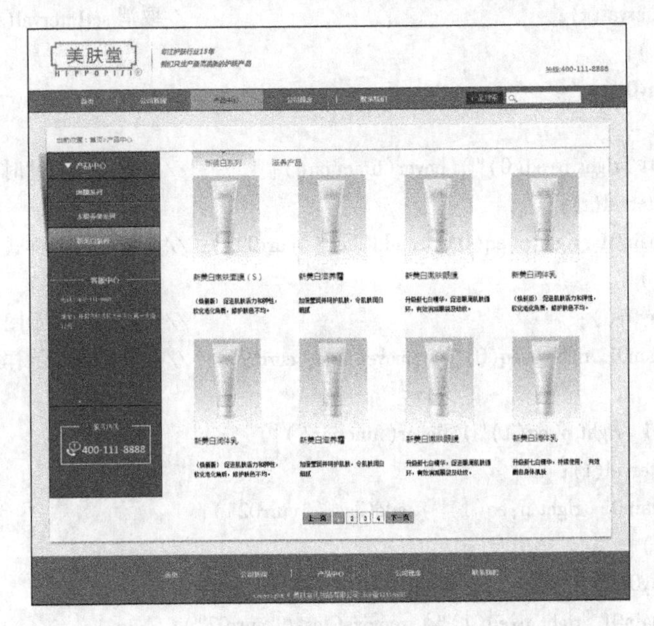

图 11-7　产品中心页

产品中心页的布局与首页非常相似，例如网站的 logo、导航菜单、版权区域等，读者可以参考素材提供的代码，这里不再赘述其实现过程，而是重点讲解如何使用 jQuery 实现产品内容展示和分页效果。

1. 页面结构代码

首先列出页面的结构代码，然后在此基础上重点讲解使用 jQuery 实现产品内容展示和分页效果。产品中心页（product.html）的部分结构代码如下：

```
<!doctype html>
<html>
<head>
<meta charset="gb2312" />
<title>产品中心</title>
<linkhref="css/base.css" type="text/css" rel="stylesheet" />
```

```
<linkhref="css/product.css" type="text/css" rel="stylesheet" />
<script src="js/jquery.js"></script>
</head>
<body>
    …(页面顶部的代码和首页相同,这里省略,下面是页面主体内容的代码)
    <div class="main">
      <h2>当前位置:首页>产品中心</h2>
        <div class="left">
          <div class="title"><span></span>产品中心</div>
            <ul>
              <li><a href="#">面膜系列</a></li>
              <li><a href="#">太极养美系列</a></li>
              <li class="curr"><a href="#">新美白系列</a></li>
            </ul>
            <div class="ad">
              <div class="s01"><span></span><p>客服中心</p><span></span></div>
              <div class="s03"><p>电话:400-111-8888</p><p>地址:开封市经济技术开发区
第一大街 12 号</p></div>
            </div>
            <div class="tel">
              <div class="box01"><span>服务热线</span><i></i><p>400-111-8888</p></div>
            </div>
            <div class="yin"><img src="images/yin01.png" /> </div>
        </div>
        <div class="right" id="center">
          <div class="title"><p class="curr"><a href="javascript:">新美白系列</a></p><p>
<a href="javascript:">滋养产品</a></p></div>
            <div class="line"><b></b><i></i></div>
            <div class="box02">
            <div class="set01">
              <ul>
                <li><ahref="productdetail.html"><img src="images/013.png" style="border:
solid 1px #d2e0ce" /><span>新美白嫩肤面膜(S)</span></a><p>(焕新版) 促进肌肤活力和弹
性,软化老化角质,修护肤色不均。</p></li>
                <li><a href="productdetail.html"><img src="images/013.png" style="border:
solid 1px #d2e0ce" /><span>新美白滋养霜</span></a><p>加倍莹润并呵护肌肤,令肌肤润白细
腻</p></li>
            …(此处省略 6 条类似的图片定义)
              </ul>
            </div>
            <div class="set02">
              <ul>
                <li><ahref="productdetail.html"><img src="images/product016.png" style=
```

```
"border:solid 1px #d2e0ce" /><span>新美白嫩肤面膜(S)</span></a><p>(焕新版) 促进肌肤活力和弹性,软化老化角质,修护肤色不均。</p></li>
                    <li><a href="productdetail.html"><img src="images/product016.png" style="border:solid 1px #d2e0ce" /><span>新美白滋养霜</span></a><p>加倍莹润并呵护肌肤,令肌肤润白细腻</p></li>
                …(此处省略 6 条类似的图片定义)
                    </ul>
                </div>
            </div>
                <div class="num">
                    <b><a href="javascript:">上一页</a></b>
                    <span class="curr"><ahref="javascript:">1</a></span>
                    <span><ahref="javascript:">2</a></span>
                    <span><ahref="javascript:">3</a></span>
                    <span><ahref="javascript:">4</a></span>
                    <b><ahref="javascript:">下一页</a></b>
                </div>
            </div>
        </div>
        …页面底部版权区域的代码和首页相同,这里省略
</body>
<script src="js/js.js"></script>
</html>
```

2. 页面交互与网页特效的实现

产品中心页的主要网页特效是使用 jQuery 实现产品内容展示和分页效果，程序存放于 js 目录下的 js.js 文件中。代码如下：

```
//产品中心右侧内容效果
var h1=0,h2=0;
h1= $(".right").height();
h2= $(".left").height();
if(h1<=h2){ $(".right").css("height","720px");}
else{ $(".right").css("height","auto");}
 $("#center .title p:eq(1)").click(function(){          //第 2 个选项卡的单击事件
    $("#center .set01").hide();                        //隐藏第 1 个选项卡
    $("#center .set02").show();                        //显示第 2 个选项卡
    //下面是选项卡切换的过渡效果
    $("#center .title p").eq(1).addClass("curr").siblings().removeClass("curr");
    $("#center .line b").animate({marginLeft:"135px"});
    $("#center .line i").animate({marginLeft:"135px"});
    h1= $(".right").height();
    h2= $(".left").height();
    if(h1<=h2){ $(".right").css("height","720px");}
```

```
        else{ $(".right").css("height","auto");}
    });
    $("#center .title p:eq(0)").click(function(){         //第1个选项卡的单击事件
        $("#center .set02").hide();                       //隐藏第2个选项卡
        $("#center .set01").show();                       //显示第1个选项卡
        //下面是选项卡切换的过渡效果
        $("#center .title p").eq(0).addClass("curr").siblings().removeClass("curr");
        $("#center .line b").animate({marginLeft:"0"});
        $("#center .line i").animate({marginLeft:"0"});
        h1= $(".right").height();
        h2= $(".left").height();
        if(h1<=h2){ $(".right").css("height","720px");}
        else{ $(".right").css("height","auto");}
    });
    //产品中心右侧分页效果
    $("#center .set01 ul:gt(0)").hide();
    var l= $("#center .set01 ul").length;
    var j=0;
    $("#center .num span").each(function(index){        //单击分页数字链接
        $(this).click(function(){
            j=index;
            $("#center .set01 ul").eq(j).show().siblings("ul").hide();
            //隐藏之前数字的样式,显示当前单击数字的样式
            $("#center .num span").eq(j).addClass("curr").siblings().removeClass("curr");
        });
    });
    $("#center .num b:eq(0)").click(function(){          //单击上一页链接
        if(j<=0)j=l;
        j--;
        $("#center .set01 ul").eq(j).show().siblings("ul").hide();
            //隐藏之前数字的样式,显示上一页数字的样式
        $("#center .num span").eq(j).addClass("curr").siblings().removeClass("curr");
    });
    $("#center .num b:eq(1)").click(function(){          //单击下一页链接
        j++;
        if(j>=l)j=0;
        $("#center .set01 ul").eq(j).show().siblings("ul").hide();
            //隐藏之前数字的样式,显示下一页数字的样式
        $("#center .num span").eq(j).addClass("curr").siblings().removeClass("curr");
    });
```

11.6 制作产品明细页

产品明细页用于显示产品详细内容，页面效果如图 11-8 所示。

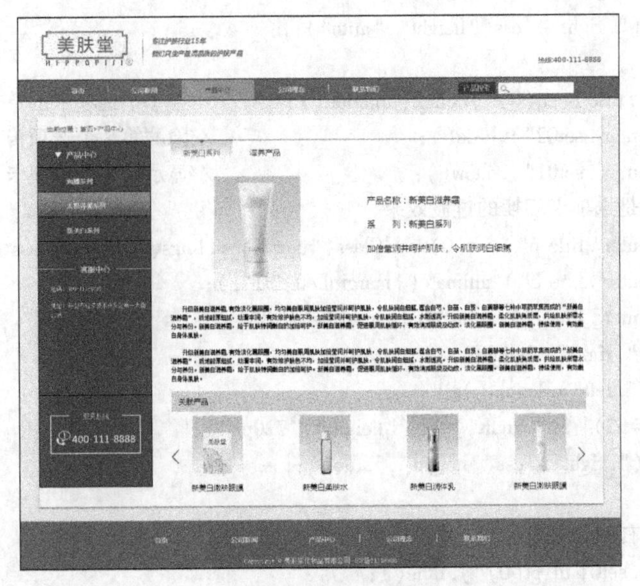

图 11-8　产品明细页

产品明细页的布局与产品中心页非常相似，读者可以参考素材提供的代码，这里不再赘述其实现过程，而是重点讲解如何使用 jQuery 实现关联产品图片的循环播放展示。

1. 页面结构代码

首先列出页面的结构代码，然后在此基础上重点讲解图片循环播放展示的实现方法。产品明细页（productdetail. html）的部分结构代码如下：

```
<!doctype html>
<html>
<head>
<meta charset="gb2312" />
<title>产品明细</title>
<linkhref="css/base. css" type="text/css" rel="stylesheet" />
<linkhref="css/productdetail. css" type="text/css" rel="stylesheet" />
<script src="js/jquery. js"></script>
</head>
<body>
    …(页面顶部的代码和首页相同,这里省略,下面是关联产品图片循环播放的代码)
    <div class="box02" id="display">
      <ul>
        <li><img src="images/product001. jpg" style="border:solid 1px #d2e0ce" /><br/><span>
新美白日霜</span></li>
        <li><img src="images/product002. jpg" style="border:solid 1px #d2e0ce" /><br/><span>
新美白润体乳</span></li>
        …(此处省略 6 条类似的图片定义)
      </ul>
      <div class="prev"><ahref="javascript:"></a></div>
```

```
    <div class="next"><ahref="javascript:"></a></div>
  </div>
  …页面底部版权区域的代码和产品中心页相同,这里省略
</body>
<script src="js/js.js"></script>
</html>
```

2. 页面交互与网页特效的实现

产品明细页的主要网页特效是使用 jQuery 实现关联产品图片的循环播放展示，程序存放于 js 目录下的 js.js 文件中。代码如下：

```
//产品中心关联产品图片的循环播放展示效果
varvalW;
valW=$("#display ul li").length*228;          //定义产品图片所在列表项的宽度
$("#display ul").css("width",valW+'px');      //单位是像素
tt=setInterval(function(){
    $("#display ul").animate({marginLeft:"-244px"},2000,function(){
        $("#display ul").css("margin-left","-16px").find("li:first").appendTo("#display ul");
    });
},3000);                                       //设置图片切换的间隔时间为 3000ms
$("#display").hover(function(){               //鼠标经过图片时的事件
    clearInterval(tt);                         //取消 setInterval()方法设置的定时器
},function(){
    tt=setInterval(function(){
        $("#display ul").animate({marginLeft:"-244px"},2000,function(){
            $("#display ul").css("margin-left","-16px").find("li:first").appendTo("#display ul");
        });
    },3000);
});
$("#display .next").click(function(){         //鼠标单击右侧下一屏链接“>”的事件
    $("#display ul").animate({marginLeft:"-244px"},1000,function(){
        $("#display ul").css("margin-left","-16px").find("li:first").appendTo("#display ul");
    });
});
$("#display .prev").click(function(){         //鼠标单击左侧上一屏链接“<”的事件
    $("#display ul").css("margin-left","-244px").find("li:last").prependTo("#display ul");
    $("#display ul").animate({marginLeft:"-16px"},1000);
});
```

11.7 制作联系我们页

联系我们页用于显示公司联系方式和在线留言，页面效果如图 11-9 所示。

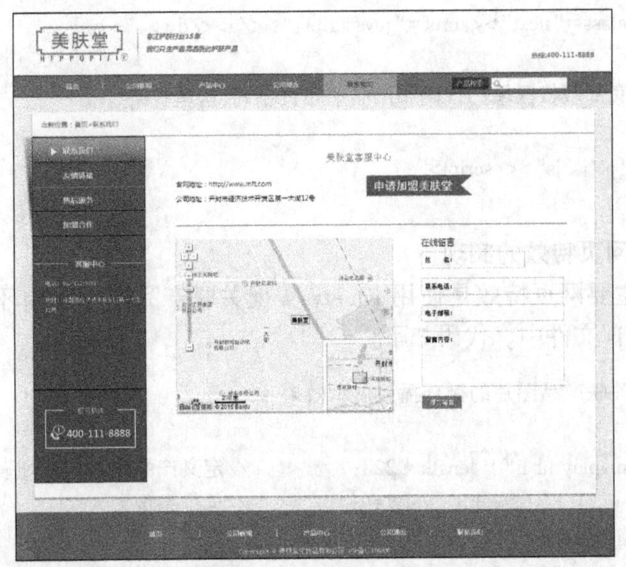

图 11-9　联系我们页

联系我们页的布局与产品中心页非常相似，读者可以参考素材提供的代码，这里不再赘述其实现过程，而是重点讲解如何使用 JavaScript 结合 HTML5 获取地理位置及百度地图。

使用 HTML5 获取地理位置及百度地图需要互联网在线支持，因此，在网页的<head>区域需要添加获取地理位置及百度地图的 JavaScript 脚本引用代码。脚本文件来自于互联网，因此，用户网站中不需要相关的 . js 文件，只需要正确引用网络资源的位置即可。代码如下：

```
<script type="text/javascript" src="http://api.map.baidu.com/api? key=&v=1.1&services=true">
</script>
```

1. 页面结构代码

首先列出页面的结构代码，然后在此基础上重点讲解获取地理位置及百度地图的实现方法。联系我们页（contact. html）的部分结构代码如下：

```
<!doctype html>
<html>
<head>
<meta charset="gb2312" />
<title>联系我们</title>
<linkhref="css/base.css" type="text/css" rel="stylesheet" />
<linkhref="css/contact.css" type="text/css" rel="stylesheet" />
<script type="text/javascript" src="http://api.map.baidu.com/api? key=&v=1.1&services=true">
</script>
<script src="js/jquery.js"></script>
<script src="js/js.js"></script>
<link rel="stylesheet" href="js/jquery-ui-1.12.1.custom/jquery-ui.css" />
<script src="js/jquery-ui-1.12.1.custom/external/jquery/jquery.js"></script>
<script src="js/jquery-ui-1.12.1.custom/jquery-ui.js"></script>
</head>
```

```
<body>
    …(页面顶部的代码和首页相同,这里省略,下面是百度地图和在线留言区域的代码)
        <div class="right">
          <div class="box01">
              <h4>美肤堂客服中心</h4>
                <div class="ad">
                    <span><p>官网地址:http://www.mft.com</p><p>公司地址:开封市经济
技术开发区第一大街 12 号</p></span>
                    <ahref="#">申请加盟美肤堂<p></p></a>
                </div>
            </div>
            <div class="box02">
              <div id="dituContent"></div><!--调用百度地图定义的 dituContent 容器-->
                <div class="message">
                  <span>在线留言</span>
                    <input type="text" value="姓    名:" class="name" />
                  <input type="text" value="联系电话:" class="tel" />
                    <input type="text" value="电子邮箱:" class="email" />
                    <input type="text" value="留言内容:" class="messg" />
                    <input type="submit" value="提交留言" class="sub" />
                </div>
            </div>
        </div>
    …页面底部版权区域的代码和产品中心页相同,这里省略
</body>
<script src="js/map.js"></script>
</html>
```

2. 页面交互与网页特效的实现

联系我们页的主要页面交互是使用 JavaScript 结合 HTML5 获取地理位置及百度地图，程序存放于 js 目录下的 map.js 文件中。代码如下：

```
//创建和初始化地图函数:
functioninitMap(){
    createMap();                        //创建地图
    setMapEvent();                      //设置地图事件
    addMapControl();                    //向地图添加控件
    addMarker();                        //向地图中添加 marker
}
//创建地图函数:
functioncreateMap(){
    var map = newBMap.Map("dituContent");  //在百度地图中创建一个地图容器
    var point = newBMap.Point(114.283922,34.790187);     //定义一个中心点坐标
    map.centerAndZoom(point,16);      //设定地图的中心点和坐标并将地图显示在地图容器中
```

```
    window.map = map;                          //将 map 变量存储在全局
}
//地图事件设置函数:
functionsetMapEvent(){
    map.enableDragging();                      //启用地图拖拽事件,默认启用(可不写)
    map.enableScrollWheelZoom();               //启用地图滚轮放大缩小
    map.enableDoubleClickZoom();               //启用鼠标双击放大,默认启用(可不写)
    map.enableKeyboard();                      //启用键盘上下左右键移动地图
}
//地图控件添加函数:
functionaddMapControl(){
  //向地图中添加缩放控件
  var ctrl_nav = new BMap.NavigationControl({anchor:BMAP_ANCHOR_TOP_LEFT,
    type:BMAP_NAVIGATION_CONTROL_LARGE});
  map.addControl(ctrl_nav);
  //向地图中添加缩略图控件
  var ctrl_ove = new BMap.OverviewMapControl(
    {anchor:BMAP_ANCHOR_BOTTOM_RIGHT,isOpen:1});
  map.addControl(ctrl_ove);
  //向地图中添加比例尺控件
  var ctrl_sca = new BMap.ScaleControl({anchor:BMAP_ANCHOR_BOTTOM_LEFT});
  map.addControl(ctrl_sca);
}
//标注点数组,定义美肤堂在百度地图中的地理坐标
varmarkerArr = [{title:"美肤堂",content:"我的备注",point:"114.283922|34.790187",
    isOpen:0,icon:{w:23,h:25,l:46,t:21,x:9,lb:12}}
];
//创建 marker
functionaddMarker(){
    for(var i=0;i<markerArr.length;i++){
        varjson = markerArr[i];
        var p0 =json.point.split("|")[0];
        var p1 =json.point.split("|")[1];
        var point = new BMap.Point(p0,p1);
        var iconImg = createIcon(json.icon);
        var marker = newBMap.Marker(point,{icon:iconImg});
        var iw =createInfoWindow(i);
        var label = newBMap.Label(json.title,
            {"offset":new BMap.Size(json.icon.lb-json.icon.x+10,-20)});
        marker.setLabel(label);
        map.addOverlay(marker);
        label.setStyle({
            borderColor:"#808080",
```

```
            color:"#333",
            cursor:"pointer"
          });
            (function(){
                var index = i;
                var _iw = createInfoWindow(i);
                var _marker = marker;
                _marker.addEventListener("click",function(){
                    this.openInfoWindow(_iw);
                });
                _iw.addEventListener("open",function(){
                    _marker.getLabel().hide();
                })
                _iw.addEventListener("close",function(){
                    _marker.getLabel().show();
                })
                label.addEventListener("click",function(){
                    _marker.openInfoWindow(_iw);
                })
                if(!!json.isOpen){
                    label.hide();
                    _marker.openInfoWindow(_iw);
                }
          })()
      }
  }
//创建 InfoWindow
functioncreateInfoWindow(i){
    varjson = markerArr[i];
    var iw = newBMap.InfoWindow("<b class='iw_poi_title' title='" + json.title + "'>" + json.title
+ "</b><div class='iw_poi_content'>"+json.content+"</div>");
    return iw;
    }
    //创建一个 Icon
    functioncreateIcon(json){
      var icon = newBMap.Icon("http://app.baidu.com/map/images/us_mk_icon.png", new
BMap.Size(json.w,json.h),{imageOffset: new BMap.Size(-json.l,-json.t),infoWindowOffset:new
BMap.Size(json.lb+5,1),offset:new BMap.Size(json.x,json.h)})
      return icon;
    }
    initMap();                                    //创建和初始化地图
```

【说明】本页面中获取地理位置及百度地图的关键技术有以下两点。

① 在页面的<head>区域添加引用地图互联网在线支持的 JavaScript 脚本。

② 在页面中使用<div id="dituContent"></div>代码调用 map. js 中定义的百度地图容器(dituContent)。

至此，美肤堂网站的主要页面和关键技术讲解完毕，其余页面的制作方法与主页非常类似，局部内容的制作已经在前面章节中讲解，读者可以在此基础上制作网站的其余页面。

习题 11

1）制作美肤堂网站的公司新闻页（news. html），如图 11-10 所示。

2）制作美肤堂网站的新闻明细页（newsdetail. html），如图 11-11 所示。

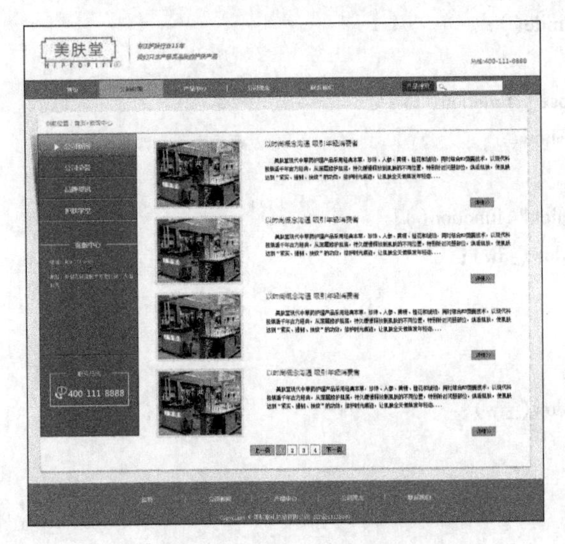

图 11-10 题 1 图

图 11-11 题 2 图

3）制作美肤堂网站的公司理念页（company. html），如图 11-12 所示。

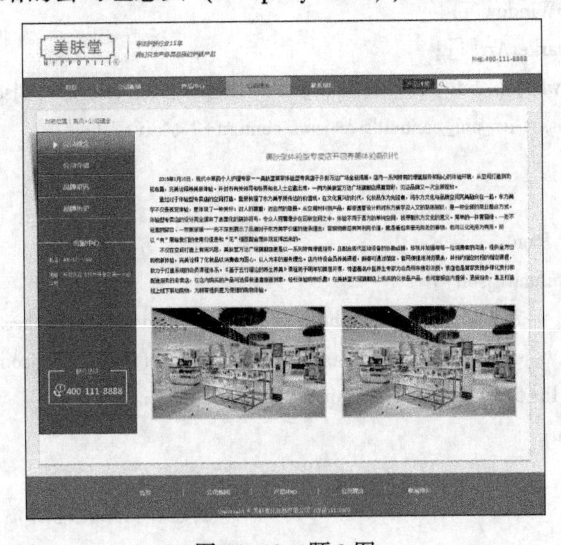

图 11-12 题 3 图